숫자는 거짓말을 한다

숫자는 거짓말을 한다

통계와 그래프에 속지 않는 데이터 읽기의 힘

How Charts Lie

알베르토 카이로 지음 | **박슬라** 옮김

웅진지식하우스

추천의 글

데이터는 표현 방식에 따라 거짓을 보여줄 수도 있고 진실을 보여줄 수도 있다. 그 섬세하고도 결정적인 차이를 가려내려는 이들에게 완벽한 입문서다. 나는 이 책이 너무나 마음에 든다!

찰스 윌런, 경제학자 · 『벌거벗은 통계학』 저자

재미있고 흡입력 넘치고 수학적으로도 정확하다. 매사에 정확한 지식을 추구하는 사람이라면 반드시 읽어야 할 책이다.

캐시 오닐, 수학자 겸 데이터 과학자 · 『대량살상 수학무기』 저자

이런 책이 필요 없는 세상에 살고 싶지만 어쩌겠나. 호시탐탐 우리를 속이려 드는 수치와 차트로부터 스스로를 지켜야 하는 세상인걸! 즉, 당신에겐 이 강력한 호신용 책이 필요하다.

조던 엘렌버그, 수학자 · 『틀리지 않는 법』 저자

현명하고 재치 있고 아주 탁월한 책이다. 통계 수치와 그래프를 읽고 해석하는 능력을 단련하는 데 이보다 훌륭한 선생은 없을 것이다.

팀 하포드, 《파이낸셜타임스》 수석 칼럼니스트 · 『경제학 콘서트』 저자

알베르토 카이로는 데이터를 낱낱이 파헤치려는 이들을 향해 데이터 시각화와 스토리텔링에 관한 가장 훌륭한 사례들을 제시한다.

도나 M. 웡, 『월스트리트저널 인포그래픽 가이드』 저자

세상 모든 사람이 어떻게 시각 자료를 자신의 입맛에 맞게 활용하는지 안다면 눈이 번쩍 뜨일 것이다. 시각 디자인 분야의 거장인 알베르토 카이로는 차트에 숨겨진 욕망과 의도를 해독하는 법을 알려준다. 이 책을 읽고 나면 다시는 차트를 순진하게 바라보지 못할 것이다!

카이저 펑, 통계학자 · 『넘버스, 숫자가 당신을 지배한다』 저자

그림 하나가 천 마디 말보다 값질 수 있지만, 어디까지나 그것을 판독할 줄 알아야 가능한 이야기다. 알베르토 카이로는 우리 주변의 차트를 꼼꼼하고 신중하게 분석하며 시각 정보에 똑똑해지는 법을 가르쳐준다. 이 책에서 훔치고 싶은 것들이 너무나 많다. 당신도 분명 그럴 것이다.

오스틴 클레온, 『훔쳐라, 아티스트처럼』 저자

부모님께 이 책을 바친다.

숫자 없이는 세상을 이해할 수 없다.
그리고 숫자만으로 세상을 이해할 수도 없다.

한스 로슬링, 통계학자 · 『팩트풀니스』 저자

자유는 진실과 자신이 듣고 싶은 것을 분별하는 시민들에게 달려 있다.
권위주의가 부상하는 이유는 사람들이 그것을 원하기 때문이 아니라
사실과 욕망을 구분하는 능력을 잃기 때문이다.

티머시 스나이더, 역사학자 · 『가짜 민주주의가 온다』 저자

한국어판 서문

나는 2016년 미국 대통령 선거를 계기로 이 책의 초안을 썼다. 선거운동 기간 내내 이런 책이 꼭 필요하다고 생각했기 때문이다. 각종 소셜 미디어에서는 가짜 정보와 잘못된 정보들이 흘러넘쳤다. 미국뿐 아니라 내 조국인 스페인과 아이들을 낳고 길렀던 브라질도 마찬가지였다. 좌우 진영을 막론하고 정치가와 선동가들이 형편없는 차트와 의심스러운 숫자들을 서로에게 마구잡이로 던져댔다.

1997년부터 차트와 인포그래픽을 디자인하고 만들면서 나는 얼마나 많은 사람들이 교육 수준과 지적 배경을 막론하고 차트를 잘못 읽거나 사용—대부분은 아무 의도도 없이—하는지 보았다. 이에 2012년 이후부터 차트를 만드는 사람들이 대중을 오도하기 위해 그래픽과 데이터를 왜곡하는 다양한 방식에 대해 진지하게 연구하기 시작했다.

뭔가 행동이 필요하다고 생각했다. 그래픽이나 지도의 시각 정보를 더욱 신중하고 회의적이고 세심하게 읽게 해주는 매뉴얼이 필요했다. 나아가 현실을 제대로 이해하도록 올바르게 설계한 차트가 어떤 위력을 발휘하는지도 알리고 싶었다. 그래서 이 책을 썼다.

나는 스페인에서 태어나 미국에서 교수 겸 컨설턴트로 일해왔기 때문에 이 책에서 두 나라의 사례를 많이 언급했다. 그렇지만 이 책의 조언들은 보편적이므로 어느 나라 독자든 자신만의 현실에 대입할 수 있다. "그림 하나가 천 마디 말보다 낫다"라는 신화는 사실이 아니다. 그림을 올바로 읽는 법을 모르면 소용이 없기 때문이다. "데이터는 그 자체로 말한다"라는 경구도 마찬가지다. 숫자는 항상 면밀하게 검토하고 해석하고 맥락을 고려해야 의미를 제대로 도출할 수 있다. 그럼에도 아무런 비판 없이 앵무새처럼 이런 말을 반복하는 사람들을 무수히 목격했다. 한국도 예외는 아니리라.

이 책의 서론에 등장하는 미국의 대통령 선거 결과 지도는 각 지역의 인구밀도는 무시한 채 공화당이 압도적인 지지를 얻었다는 주장의 근거로 쓰이곤 하는데(잘못된 선택이지만), 다른 여러 국가에도 똑같이 적용할 수 있다. 일례로 〈그림 1〉은 2017년 한국 대통령 선거 결과를 나타낸 지도다.

한국의 인구 통계 구성과 인구밀도를 모른 상태에서 이 지도를 면밀히 살피지 않았다면 나는 두 후보의 지지율을 잘못 추론했을 것이다. 얼핏 보기에는 더불어민주당 후보이자 현 대통령인 문재인이 압승을 거둔 듯하다. 어쨌거나 지도의 3분의 2가 회색이고 붉은색은 3분의 1뿐이니 말이다. 그러나 실제로 문재인 후보의 득표율은 41%였고, 그의 맞수였던 자유한국당 홍준표 후보는 24%의 표를 얻었다. 세 번째 후보인 국민의당 안철수 후보는 21%의 지지를 얻었는데, 이 지도에 표시조차 되지 않았다. 1위를 차지

▶ **그림 1 2017년 제19대 한국 대선 결과**

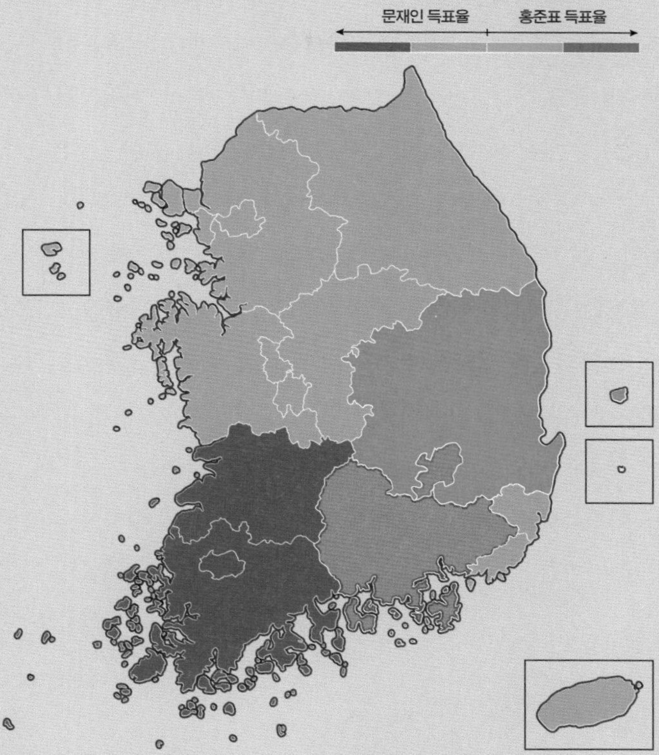

출처 | 위키미디어 공용Wikimedia Commons

한 지역이 없기 때문이다.

이 해석의 문제는, 내가 한국의 정치 지형과 인구 통계적 특성에 무지하며 이 지도를 본래의 목적이 아닌 다른 방향으로 해석하려 했다는 데 있다. 본문에 나오는 미국의 대통령 선거 지도도 마찬가지다. 〈그림 1〉은 '각 지역에서 어느 당 후보가 가장 많은 표를 얻었는가'를—과반이 아니라 다수—

드러낸다. 단순히 말하면 '누가 이겼는가'를 보여주기 위해 만든 이 지도는 오직 그 목적으로 사용할 때만 유용하고 다른 용도로는 적합하지 않다. 이 지도는 지지율을 자세히 나타내기 위해 작성된 것이 아니다. 내가 문재인 대통령에게 표를 던졌다면 이 지도를 압도적인 승리의 증거로 읽고 싶어 할 수도 있다. 앞으로 살펴보겠지만, 우리가 매일같이 접하는 차트에서 믿고 싶은 것만 보고 기존의 믿음을 확인하는 것은 편리하지만 위험한 일이다.

이 책은 뉴스나 소셜 미디어에 자주 등장하는 표와 그래프를 한눈에 이해할 수 있다고 착각하지 말라는 일종의 경고다. 이익 단체나 꿍꿍이를 숨긴 개인, 플랫폼들이 정보를 무기로 삼고, 정작 우리가 그것을 면밀하게 살필 틈은 주지 않는 오늘날에는 이런 경고가 시급하고 중요하다. 부디 독자들이 이 책을 즐겨주길 바란다.

한국어판 서문을 쓰도록 도와준 마이애미대학교의 제자 한승조에게 감사의 말을 전한다.

알베르토 카이로

들어가며

숫자는 거짓말하지 않는다는 거짓말

우리는 숫자와 차트로 가득한 세상에 살고 있다. 학교 수업과 일터에서 데이터를 표와 그래프로 정리해 프레젠테이션을 하고, 기업에서는 다양한 매출 지표를 바탕으로 경영 전략과 직원들의 업무 실적을 평가한다. 그뿐만이 아니다. TV를 켜고, 신문을 펼치고, 소셜 미디어에 접속하는 순간 우리는 온갖 통계 수치와 차트의 현란한 폭격에 노출된다. '이번 감세 정책으로 평균적인 가정은 월 100달러(약 11만 9000원)를 절약할 수 있을 것입니다.' '경제 부양 정책에 힘입어 실업률이 사상 최저치인 4.5%를 기록했습니다.' '국민의 59%가 대통령의 직무 수행을 부정적으로 평가하고 있습니다.' '치과의사 10명 중 9명이 우리 회사의 칫솔을 추천합니다!' '오늘 비가 올 확률은 20%입니다.' '초콜릿을 많이 먹으면 노벨상을 수상할 가능성이 높아집니다!'[1]

마케터와 광고업자, 언론인, 정치인까지 거의 모든 사람들이 데이터와 그것을 시각화한 차트를 앞세우는 이유는 분명하다. 숫자와 차트는 객관적이고 이성적이며 정확해 보이므로 상대를 현혹하고 설득하기도 쉽다.[2] 과장하기를 좋아하는 몇몇 학자들은 정량적 측정이 만연한 현상에 대해 "숫자의 횡포", "측정 지표의 횡포"[3]라고 명명하기도 했다. 데이터 시각화를 전문으로 하는 언론학자이자 정보 디자이너로서 나 또한 이러한 상황이 걱정스럽다. 그토록 믿어왔던 데이터와 차트도 얼마든지 우리를 속일 수 있기 때문이다.

"백문이 불여일견" 또는 "그림 하나가 천 마디 말보다 값지다"라는 말을 들어봤을 것이다. 얼핏 보면 숫자 데이터를 시각화한 차트에도 들어맞는 말 같다. 그러나 이 책을 읽은 당신은 그러지 않기를 바란다. "그림을 읽을 줄 안다면"이라는 전제 없이는 말이다. 지도나 막대그래프처럼 평범하고 단순한 차트도 여러 의미로 해석할 수 있으며, 어떤 경우에는 전혀 이해하지 못할 수도 있다.

이 책은 TV와 신문, 소셜 미디어, 책, 광고에서 일상적으로 접하는 표, 그래프, 지도, 다이어그램 등의 차트가 우리를 어떻게 속이는지 밝혀낸다. 의도적으로 조작된 차트가 아니라도 잘못된 생각과 오해를 낳을 수 있다. 반대로 차트는 진실을 일깨워줄 수도 있다. 잘 설계된 차트는 세상을 편견 없이 이해하고 더 나은 방향으로 바꿀 힘을 부여한다. 깊이 있는 소통을 이끌어내고 복잡한 데이터에서 핵심을 간파하는 통찰력을 선사한다. 단언컨대 차트는 숫자 뒤에 숨은 패턴과 경향을 드러내는 가장 좋은 수단이다.

좋은 차트는 우리를 더 똑똑하게 만들어준다. 그러려면 먼저 차트를 주의 깊게 살펴보고 제대로 이해해야 한다. 즉, 차트를 단순한 그림이나 도안으로 ‘보는’ 것이 아니라 정확히 ‘읽고 해석하는’ 법을 익히는 것이다. 차트 속에서 진실을, 나아가 세상을 바로 읽어내는 방법을 이제부터 알아보자.

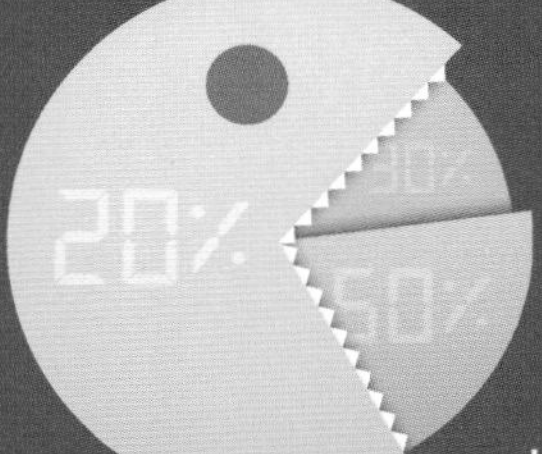

How Charts Lie

차 례

서론

차트는 어떻게 우리를 눈멀게 하는가

붉게 물든 대선 지도의 비밀

2017년 4월 27일 도널드 J. 트럼프Donald J. Trump 대통령이 취임 100일을 맞이하여 로이터통신 기자 스티븐 J. 애들러Steven J. Adler, 제프 메이슨Jeff Mason, 스티브 홀랜드Steve Holland와 인터뷰를 했다. 중국과 시진핑 주석에 관해 한창 이야기하던 트럼프가 말을 멈추더니 세 기자에게 2016년의 대통령 선거 지도를 나눠주었다(〈그림 1〉).[1] 트럼프가 말했다. "그거 가져가요. 최종 결과를 종합한 지도요. 보기 좋죠? 당연히 빨간색이 우리지."

인터뷰를 읽은 나는 트럼프 대통령이 그 지도를 좋아하는 이유를 알 것 같았다. 투표 전만 해도 모든 여론조사 기관이 트럼프의 당선 확률을 1~33%로 내다봤지만 그는 2016년 대통령 선거에서 승리했다. 공화당 주

▶ 그림 1 2016년 제45대 미국 대선 결과

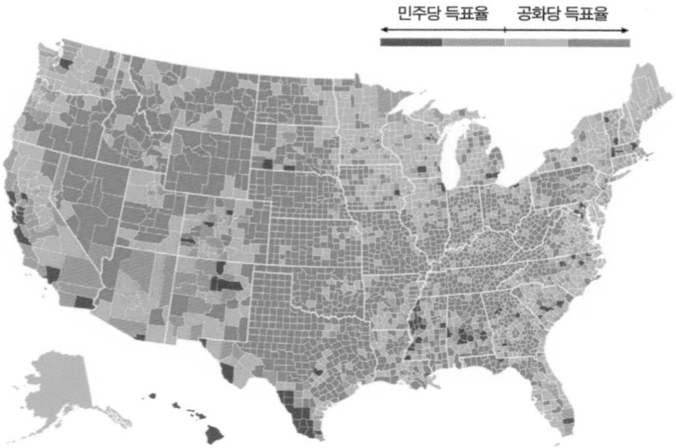

출처 | 「쿡 정치 보고서The Cook Political Report」

류파는 트럼프를 불신했다. 그의 선거 홍보 광고는 알맹이가 없고 난잡했다. 여성과 소수자 집단, 정보기관, 심지어 참전 군인들에 대해서도 적절하지 않은 발언으로 빈축을 샀다. 여러 전문가와 정치가가 트럼프의 패배를 예언했지만 결과는 달랐다. 그는 모든 역경과 낮은 가능성을 물리치고 당선됐다. 그러나 승리했다는 사실이 잘못된 그래프에 대한 변명이 될 수는 없다. 이 지도를 설명이나 맥락 없이 제시하면 누구든 잘못 해석하기 쉽다.

2017년 한 해 동안 이 지도가 수많은 곳에 등장했다. 인터넷 매체 힐Hill에 따르면[2] 대통령 집무실이 있는 백악관 서쪽 별관 벽에는 이 지도가 커다란 액자로 걸려 있다고 한다. 여러 언론 매체, 특히 폭스뉴스와 브레이트바트Breitbart(백인 우월주의와 반이민을 주장하는 극우 성향 언론 매체–옮긴이), 인

포워즈InfoWards(음모론을 앞세우는 극우 성향 웹 사이트–옮긴이)도 자주 이 지도를 내세운다. 유명 우익 소셜 미디어 계정을 운영하는 잭 포소비에크Jack Posobiec는 자신의 저서 『트럼프를 지지하는 시민들Citizens for Trump』의 표지에 이 지도를 사용했다.

20년 넘도록 차트를 연구해온 나는 차트를 고안하고 디자인하는 법도 가르친다. 누구든 차트를 올바로 읽는 법을 배우고 나아가 '직접' 좋은 차트를 만들 수 있다고 믿기 때문에 누군가 도움을 구하면 기꺼이 조언을 해준다. 그래서 소셜 미디어에서 포소비에크의 책을 처음 본 나는 그에게 제목이나 표지를 바꿔야 한다고 말했다. 왜냐하면 지도가 책의 제목과 일치하지 않기 때문이다.

이 지도는 각 후보자에게 투표한 '유권자'의 수를 나타냈다고 해석되기 때문에 잘못되었다. 실제로는 그렇지 않다. 사실 이 지도는 '구역'을 표시한 것이다. 나는 포소비에크에게 책 제목과 부제에 맞도록 표지 그림을 바꾸거나 책 제목을 '트럼프를 지지하는 카운티들'이라고 수정하라고 조언했다. 그쪽이 올바르기 때문이다. 그는 내 충고를 무시했다.

지도에 표시된 색깔, 즉 붉은색(공화당)과 회색(민주당)의 비율을 추정해 보자. 대략 80%의 붉은색과 20%의 회색으로 구성된 이 지도는 트럼프가 압도적인 표차로 승리했다고 암시한다. 그러나 트럼프는 대선에서 압승을 거두지 못했다. 일반 유권자 투표—포소비에크가 말하는 '시민들의 투표'—에서 두 후보는 비슷하게 득표했다(〈그림 2〉).

엄밀히 따지면 2016년 미국 대선 투표율은 약 60%[3]였으므로 실제로는 유권자의 40% 이상이 조사 결과에 포함되지 않았다. 차트에 모든 유권자를 포함하면 두 후보에게 표를 던진 미국 시민이 각각 총유권자 수의 3분의 1에

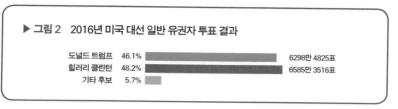

▶ 그림 2 2016년 미국 대선 일반 유권자 투표 결과

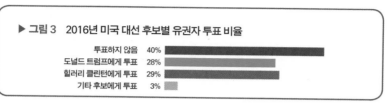

▶ 그림 3 2016년 미국 대선 후보별 유권자 투표 비율

도 못 미친다는 사실을 알 수 있다(〈그림 3〉).

여기에 모든 시민을 포함하면 어떻게 될까? 미국에는 약 3억 2500만 명이 사는데 카이저재단Kaiser Foundation에 따르면 그중 3억 명 정도가 미국 시민이다. '트럼프를 지지하는 시민들' 또는 '힐러리 클린턴을 지지하는 시민들'은 미국 전체 시민 중 각각 5분의 1을 조금 넘는 정도다.

트럼프를 비판하는 진영은 백악관 방문객들에게 카운티 단위의 지도를 나눠준 일을 비난했다. 어째서 지리적 면적만 강조하고, 트럼프를 지지한 카운티들(2626개)[4]이 대부분 면적은 넓지만 인구는 적은 반면 클린턴을 지지한 카운티들(487개)은 대부분 면적이 좁고 인구밀도가 높은 도시라는 사실을 무시하는가?

지도학자 케네스 필드Kenneth Field가 만든 다음 지도를 보면 진실이 드러난다(〈그림 4〉). 여기서 각 점은 유권자를 의미하며, 점의 위치는 유권자가 투표한 장소를 나타낸다. 회색은 민주당 지지자, 붉은색은 공화당 지지자다. 꽤 넓은 지역이 비어 있음을 알 수 있다.

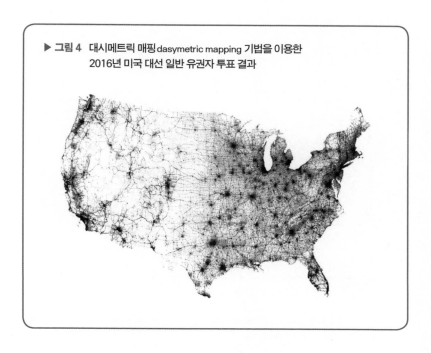

▶ **그림 4 대시메트릭 매핑dasymetric mapping 기법을 이용한 2016년 미국 대선 일반 유권자 투표 결과**

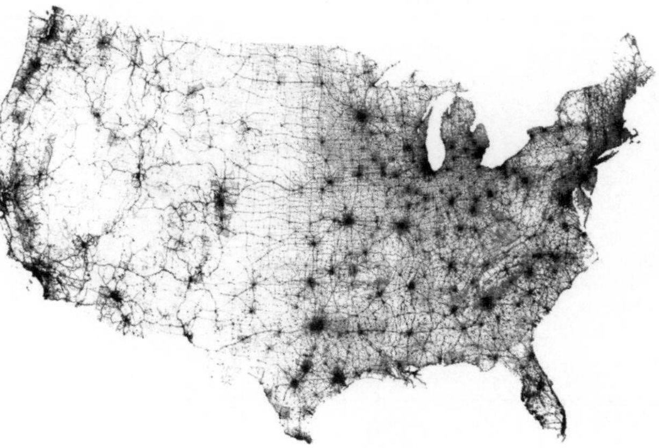

나는 매체를 편식하지 않기 위해, 이념이 각기 다른 인물들의 인터넷 계정과 자료를 구독한다. 최근 미국에서 두드러진 이념적 양극화는 차트의 선호도마저 양 극단으로 가르고 있다. 어떤 보수주의자들은 트럼프 대통령이 기자들에게 나눠준 지도를 아주 좋아하고, 자신들이 운영하는 웹 사이트나 소셜 미디어에 꾸준히 올린다.

반면에 진보 및 자유주의 진영은 《타임》 등의 매체에서 사용하는 거품 차트bubble chart를 선호한다(〈그림 5〉).[5] 이 지도에서 거품의 크기는 각 카운티에서 승리한 후보가 얻은 득표수에 비례한다.

보수주의 진영과 자유주의 진영 모두 상대의 어리석음을 비웃는다. "어떻게 저런 지도를 트윗할 수가 있어? 선거 결과의 왜곡이 뻔히 보이는데?"

▶ 그림 5

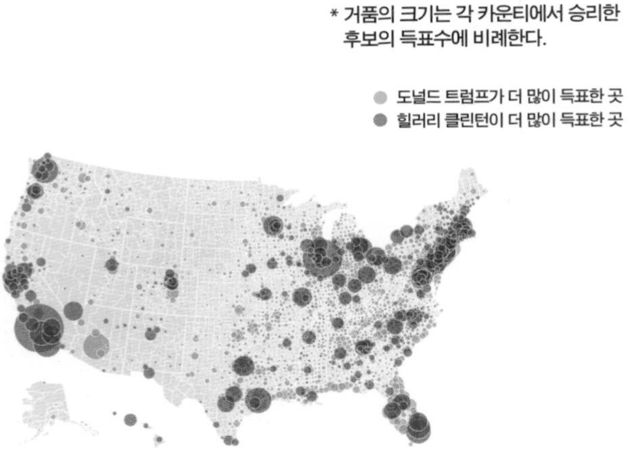

웃을 일이 아니다. 양 진영이 각자의 믿음을 강화하려고 정보를 이용하여 서로 다른 지도를 제시하기 때문이다. 보수주의자들은 2016년 대선에서 압승했다고 뽐내고 싶어 하고, 자유주의 진영은 힐러리 클린턴이 일반 투표에서는 앞섰다는 사실을 강조하며 위안을 삼는다.

카운티를 색으로 표시한 지도가 각 후보가 얻은 표의 '숫자'를 정확히 반영하지 않는다는 자유주의자들의 주장은 옳다. 그러나 그들이 좋아하는 거품 차트도 오독되기는 마찬가지다. 이 차트는 각 카운티에서 승리한 후보만 표시함으로써 '패배한' 후보가 얻은 표를 무시한다. 보수적인 지역에서도 많은 사람이 힐러리 클린턴에게 표를 던졌다. 진보적인 지역에서도 많은 사람이 도널드 트럼프에게 표를 던졌다.

일반 유권자 투표에 주목하고 싶다면 케네스 필드가 만든 지도나 다음 지도(〈그림 6〉)가 적절하다. 두 지도를 비교하면 붉은색 거품(트럼프)이 회색 거품(클린턴)보다 눈에 띄게 더 많고, 그 대신 회색 거품은 개수가 적지만 대부분 크기가 압도적이다. 두 지도를 나란히 놓고 보면 어째서 전체 선거 결과가 몇몇 주에서의 비교적 적은 표 차로 갈리는지 이해할 수 있다. 회색 거품을 합한 면적과 붉은색 거품을 합한 면적이 비슷하기 때문이다.

▶ 그림 6

* 거품의 크기는 카운티별 득표율에 비례

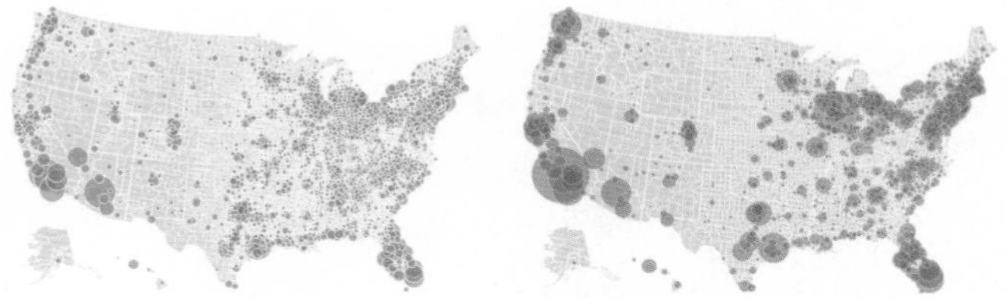

도널드 트럼프의 득표율 / 힐러리 클린턴의 득표율

보수주의 진영과 자유주의 진영 모두 요점을 놓치고 있다. 미국 대선에서 승리를 결정하는 요소는 지지 지역이나 전국 단위의 득표수가 아니라 538명의 대통령 선거인단이다. 대선에서 이기려면 선거인단에서 최소한 270명의 지지를 얻어야 한다.

미국의 각 주는 주 의회 대표 수와 같은 수의 선거인을 배정받는다. 즉, 상원 의원 2명과 인구수에 비례한 하원 의원을 합한 수다. 가령 인구 규모가 작아 뽑을 수 있는 의원이 상원 의원(주당 2명으로 고정) 외에 하원 의원 1명뿐이라면 그 주는 3명의 선거인을 배정받는다.

인구 규모가 작은 주들은 종종 인구수에 기반한 계산보다 더 많은 선거인을 보유한다. 모든 주가 인구가 얼마나 적든 간에 최소한 3명의 선거인단을 확보하기 때문이다.

그렇다면 각 주를 대표하는 선거인의 표를 어떻게 얻을 수 있는지 알아보자. 네브래스카주와 메인주를 제외하면 주의 일반 유권자 투표에서 승리한 후보는 아무리 적은 표 차로 이겨도 그 주의 모든 선거인의 표를 얻는다.

즉, 일반 유권자 투표에서 상대 후보보다 딱 1표만 더 확보하면 전체적으로 얼마나 더 많은 표를 얻든 상관없다. 과반을 넘을 필요도 없고, 최다 득표만 하면 그만이다. 예컨대 당신이 어느 주의 일반 투표에서 45%의 득표율을 올렸고 다른 후보들이 각각 40%와 15%의 표를 얻었다면, 당신은 그 주의 모든 선거인의 표를 얻는다.

트럼프는 선거인단 중 304명의 지지를 얻었다. 반면 클린턴은 일반 투표에서 300만 표를 앞섰고 캘리포니아처럼 인구가 많은 주에서 열렬한 지지를 받았지만 선거인단에서는 227표를 얻는 데 그쳤다. 7명의 선거인은 심지어 후보도 아닌 이들에게 표를 던졌다.

나는 미국인이 아니므로 불가능하지만, 미국 대통령에 당선되어 승리를 자축하는 의미로 큰 액자에 넣은 차트를 백악관 벽에 건다면 〈그림 7〉 같은 차트를 선택할 것이다. 이 지도는 정말 중요한 숫자, 즉 승리한 카운티의 수나 일반 유권자 투표의 득표수가 아닌 각 후보가 얻은 선거인단의 득표수에 바탕을 둔다.

지도는 이 책에 나오는 여러 종류의 차트 중 하나다. 안타깝게도 가장 오용되는 차트 중 하나이기도 하다. 2017년 7월, 나는 유명 가수 키드 락Kid Rock이 2018년 미국 연방 의원 선거에 출마할 계획이라는 기사를 읽었다.[6] 나중에 그는 농담이었다고 밝혔지만[7] 어쨌든 당시엔 꽤 진지하게 들렸다.

나는 키드 락을 몰랐기 때문에 그의 소셜 미디어 계정을 방문했다가 그

▶ **그림 7 2016년 미국 대선 선거인단 득표수**

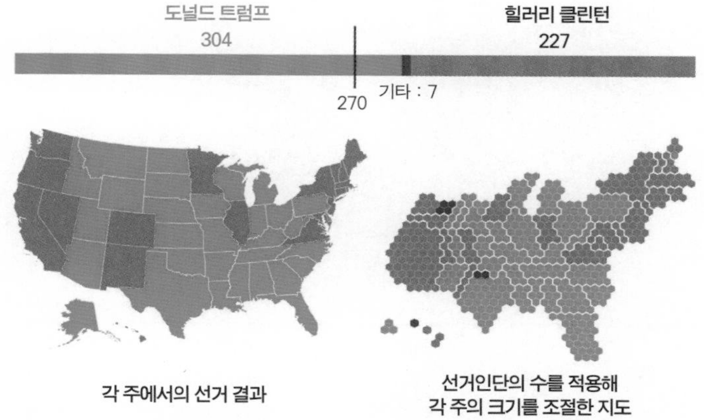

가 온라인 상점 키드락닷컴KidRock.com에서 판매하는 상품 몇 가지를 봤다. 지도와 그래프를 정말 좋아하는 나는 2016년 대선 결과에 관한 흥미로운 지도(〈그림 8〉)가 인쇄된 한 티셔츠에서 눈을 뗄 수 없었다. 키드 락에 따르면 이 대선 결과는 두 나라의 국경선과 일치한다.

짐작하겠지만, 이 지도는 미국('공화당 미국')과 돌대가리국('민주당 미국')의 국경선을 잘못 표시했다. 주가 아니라 선거구나 카운티 단위로 그려야 정확하기 때문이다.

여담이지만 나는 2005년부터 2008년까지 노스캐롤라이나주에 살았다. 스페인 출신인 나는 타르 힐Tar Heel(노스캐롤라이나주의 별칭-옮긴이)주에 관해 아는 것이 적었다. 즐겨 보던 스페인 신문에 실린 미국 대통령 선거 지도에서 주로 붉은색으로 표시된 것만 봤다. 그래서 무척 보수적인 지역일 것이라고 생각했다. 나야 중도 성향이니 별 상관은 없었다. 하지만 놀랍게도

▶ 그림 8

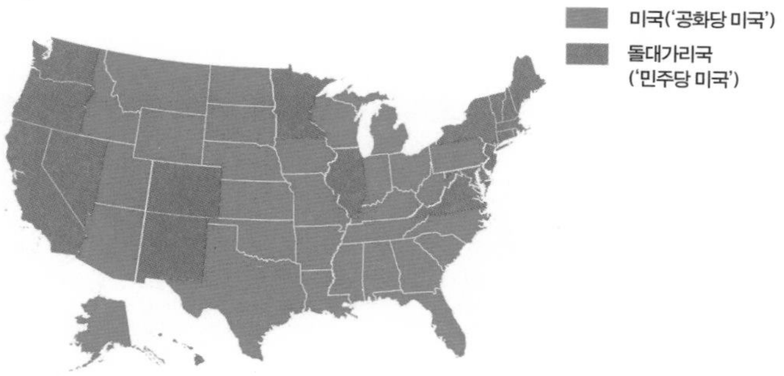

내가 살게 된 곳은 미국—어쨌든 키드 락의 의견에 따르면—이 아니라 엄청난 돌대가리국이었다! 내가 거주한 오렌지 카운티의 채플힐-카버러 지역은 노스캐롤라이나의 다른 지역들보다 진보적이고 자유주의적이었다.

내가 지금 사는 플로리다주 켄들은 거대한 마이애미 지역의 일부로서 역시 자랑스러운 돌대가리국의 전통을 잇고 있다. 키드 락의 티셔츠에 그려진 두 나라의 진정한 국경선은 〈그림 9〉와 같아야 한다.

1명의 살인마가 범죄율에 미치는 영향

2018년 1월 30일 트럼프 대통령이 취임 후 새해 첫 국정 연설을 했다. 그가 텔레프롬프터를 읽는 동안 유명 극우주의자들은 멋진 연설이라며 칭송했고 좌익들은 비판을 퍼부었다. 그는 많은 시간을 범죄 이야기에 할애했는데, 노벨경제학상 수상자이자 《뉴욕타임스》 칼럼니스트인 폴 크루그먼Paul

▶ 그림 9

Krugman은 그 부분에 주목했다.

2016년 대선 운동 기간뿐 아니라 이후 백악관에서 생활할 때도 트럼프는 미국에서 급증한다고 알려진 폭력 범죄, 특히 살인을 여러 번 언급했다. 그는 불법체류자를 원인으로 지목했지만 이 주장은 틀렸음이 거듭 드러났고, 크루그먼은 칼럼에서 트럼프의 주장을 "개 호루라기(의도적으로 특정 집단을 겨냥하는 정치적 메시지-옮긴이)"라고 칭했다.[8]

크루그먼은 또한 트럼프가 "문제를 과장하거나 비난의 화살을 엉뚱한 사람들에게 돌리는 정도가 아니라, 존재하지도 않는 문제를 지어내고 있다"라고 덧붙였다. "왜냐하면 범죄율은 급증하지 않았기 때문이다. 최근 약간 오르내리긴 했지만 미국의 많은 대도시에서 외국인 인구가 급증하는 현상과 맞물려, 폭력 범죄가 급격히 줄고 있다. 믿기 힘들지도 모르겠지만." 〈그림 10〉은 크루그먼이 증거로 제시한 차트다.

크루그먼의 말은 사실 같다. 미국의 살인 범죄율은 1970년대부터 1990년

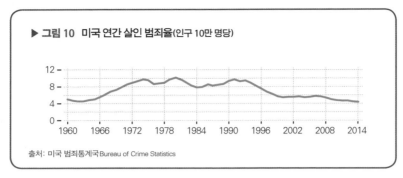

▶ **그림 10 미국 연간 살인 범죄율**(인구 10만 명당)

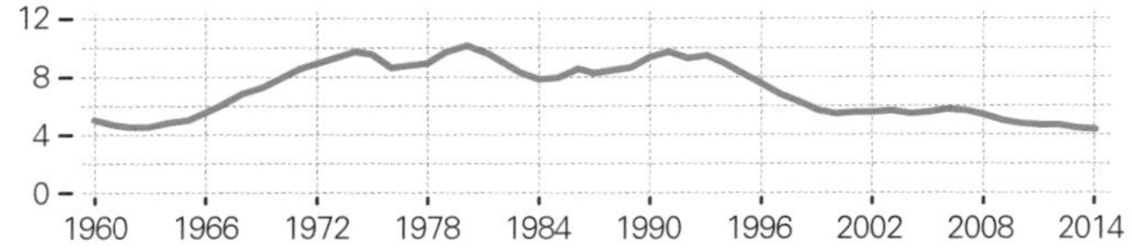

출처: 미국 범죄통계국Bureau of Crime Statistics

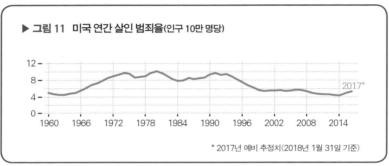

▶ **그림 11 미국 연간 살인 범죄율**(인구 10만 명당)

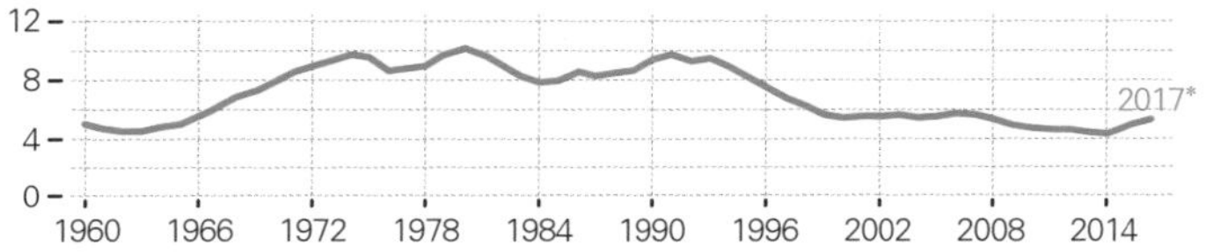

* 2017년 예비 추정치(2018년 1월 31일 기준)

대 초반까지 절정을 기록한 후 눈에 띄게 감소했다. 일반 폭력 범죄도 마찬가지다.

그런데 2018년 초반에 발표한 기사에 2014년까지의 통계만 인용하다니 좀 이상하지 않은가? 구체적인 범죄 통계는 구하기 힘드니 크루그먼이 칼럼을 발표한 날까지 범죄율 추정 자료를 얻지 못했을 수도 있지만, 미국 연방수사국Federal Bureau of Investigation, FBI는 이미 2016년의 통계와 2017년에 관한 예비 추정치를 작성한 상태였다.[9] 그 자료들을 더하면 〈그림 11〉 같은 그래프가 나온다. 살인 범죄율은 2015년, 2016년 그리고 2017년에 조금씩 증가했다. "약간 오르내리긴" 한 것 같지 않다.

나는 크루그먼처럼 훌륭한 경력의 인물이 의도적으로 관련 자료를 숨겼다고 생각하지는 않는다. 나도 차트 전문가이자 언론인으로서 바보 같은 실수를 많이 저질렀고, 덕분에 부주의나 경솔함, 어설픔으로 설명할 수 있는 상황을 악의적으로 해석하면 안 된다는 점을 배웠다.

크루그먼의 말대로 살인 범죄율이 30년 전보다 훨씬 줄어든 것은 사실이다. 차트 전체를 멀리서 보면 범죄율이 장기적으로 하향세임을 알 수 있다. 한편 범죄에 강경하게 대응하라고 외치는 정치가와 평론가들은 종종 이 사실을 무시하며 꽤나 편리하게도 최근 몇 년 사이에만 초점을 맞춘다.

2014년 이후 살인 범죄율이 약간 증가한 현상은 삶과 밀접하므로 감춰서는 안 된다. 그런데 우리의 삶과 얼마나 밀접할까? 당신이 어디에 사느냐에 달려 있다.

이 전국 단위의 살인 범죄율 차트는 단순해 보이지만 사실은 보여주는 것만큼 많은 것을 숨기고 있다. 차트의 일반적 특성 때문이다. 차트는 매우 복잡한 현상을 단순하게 나타낸다. 살인 범죄율이 미국 전역에서 증가하고 있는 것은 아니다. 미국의 지역 대부분은 상당히 안전하다.

미국의 살인 범죄는 주로 지역적인 문제다. 폭력 사건이 많이 일어나는 대도시나 중간 규모 도시의 일부 동네가 전국의 범죄율을 왜곡한다.[10] 이 지역들을 차트로 그리면 기준 척도에서 최고치를 한참 상회할 것이고, 페이지 밖까지 뻗어 나갈 수도 있다! 반대로 그 수치를 차트에서 빼면 살인 범죄율은 변함이 없거나 최근 몇 년 사이에도 계속 감소하는 듯 보일 것이다.

물론 그런 수정은 적절하지 않다. 이 차가운 숫자들은 정말로 사람들이 죽고 있다는 의미니까. 하지만 이런 자료를 논할 때는 정치가와 논평가들에게 전반적인 비율과 그 비율을 왜곡할 수 있는 극단값—'특이값outlier'이라고도 하는—양쪽 모두를 언급하라고 요구할 수 있고 또 요구해야 한다.

통계의 의미와 극단값의 역할에 관한 비유를 들어보자. 당신은 술집에서 맥주 한잔을 즐기는 중이다. 당신을 포함해 9명이 술을 마시며 잡담하고 있다. 그때 또 다른 사람이 술집에 들어온다. 그는 전문 살인 청부업자이며 지금까지 50명을 저세상으로 보냈다. 이제 그 술집에 있는 사람들의 1인당 평균 살인율은 5명으로 뛰어오른다! 그렇지만 당신이 암살범인 것은 아니다.

정확한 데이터만으로는 부족하다

잘못되거나 너무 적은 정보를 표기하면 차트는 거짓말할 수 있다. 하지만 적절한 정보를 포함한 차트도 거짓말할 수 있다. 디자인이 잘못되거나 데이터 표기를 엉뚱하게 한 경우에 그렇다.

2012년 7월 폭스뉴스가 버락 오바마Barack Obama 대통령이 조지 W. 부시George W. Bush 대통령이 도입한 최고 연방세율 인하 법안을 2013년부터 폐지할 계획이라고 보도했다. 이제 미국 최고의 부자들은 인상된 세금 고지서를 받을 예정이었다. 세금은 얼마나 올랐을까? 〈그림 12-A〉에서 두 번째 막대를 보고 첫 번째 막대와의 차이가 얼마나 클지 짐작해보라. 첫 번째 막대는 부시 대통령 시기의 최고 연방세율이다. 세금이 무지막지하게 오를 것 같지 않은가?

폭스뉴스가 몇 초 동안 노출한 차트에는 숫자가 적혀 있었지만 글자가 너무 작아 눈에 들어오지 않았다. 실제 세금 인상률은 5% 남짓에 불과했지만 폭스뉴스는 그 차이를 과장하기 위해 막대를 기형적으로 부풀렸다(〈그림

▶ 그림 12 부시의 감세 법안이 폐지되었을 때 최고 세율은?

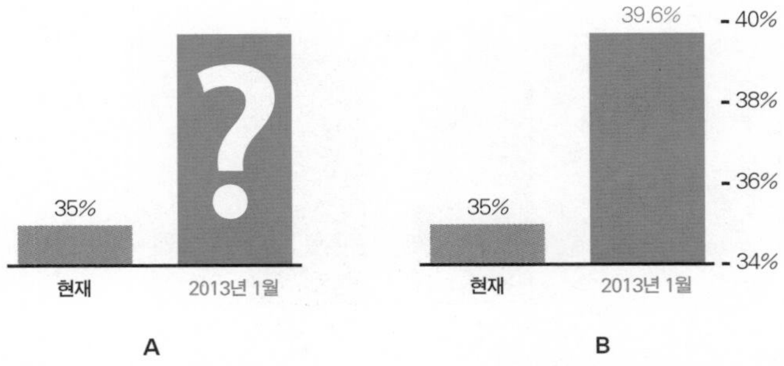

12-B〉).

누구나 세금은 적게 내고 싶어 한다. 하지만 정치적으로 어느 쪽을 지지하든 정확하지 않은 차트를 방패처럼 사용해서는 안 된다. 이 차트를 만든 사람은 차트 설계의 가장 기본적인 원칙을 어겼다. 수치를 어떠한 개체(이 경우에는 막대)의 높이나 길이로 표시할 때는 반드시 그 높이나 길이를 수치에 비례하도록 나타내야 한다. 따라서 차트의 기준선은 영점으로 설정하는 것이 바람직하다(〈그림 13〉).

막대 차트를 0이 아닌 다른 기준선에서 시작하는 눈속임은 그나마 쉽게 알아차릴 수 있다. 그럼에도 수치에 대한 감각을 왜곡하는 눈금 날조는 진영을 막론하고 거짓말쟁이와 사기꾼들이 동원하는 수많은 전략 중 하나다. 앞으로 살펴보겠지만 훨씬 알아차리기 힘들고 교묘한 수법도 많다.

올바르게 설계한 차트도 우리를 속일 수 있다. 차트의 상징과 문법을 이해하지 못해서 제대로 읽는 법을 모르거나 의미를 잘못 해석하거나 양쪽 모두일 때 그렇다. 많은 사람이 좋은 차트는 직관적이고 이해하기 쉬운 단

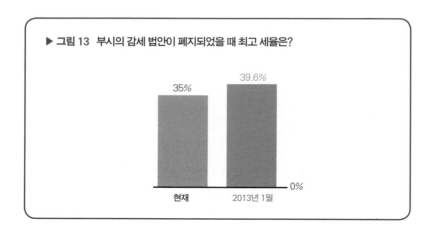

▶ 그림 13 부시의 감세 법안이 폐지되었을 때 최고 세율은?

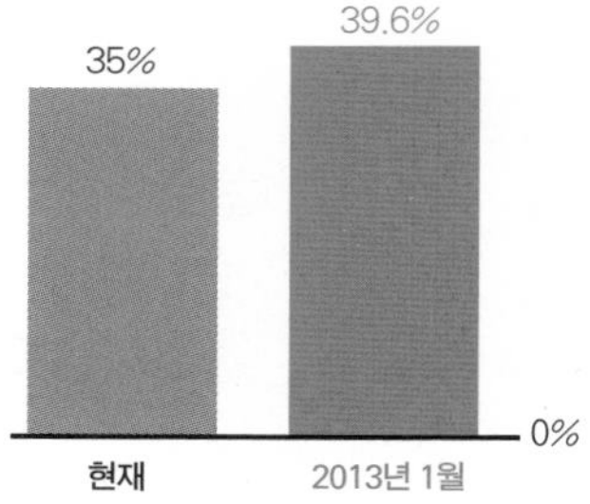

순하고 예쁜 그림이라고 믿지만 사실은 그렇지 않다.

2015년 9월 10일 퓨 리서치 센터Pew Research Center가 기초과학에 관한 미국 시민들의 이해도를 조사한 결과를 발표했다.[11] 설문지에는 다음 차트를 해석해보라는 항목도 있었다(〈그림 14〉). 틀려도 좋으니 당신도 답해보라.

이처럼 점으로 표현한 그래프를 산점도散點圖라고 한다. 각각의 점은 국가를 나타낸다. 가로축에서 각 점의 위치는 1인당 하루 당류 섭취량을 가리킨다. 다시 말해 점이 오른쪽으로 갈수록 그 나라 국민들이 평균적으로 더 많은 당을 섭취한다.

세로축에서 점의 위치는 1인당 평균 충치 수다. 따라서 점이 높을수록 그 나라 국민들의 치아 상태가 평균적으로 더 나쁘다는 의미다.

차트를 보면 눈에 띄는 패턴이 있다. 몇 가지 예외가 있지만 오른쪽으로 갈수록 점이 세로축의 상단에 위치한다. 이는 2개의 측정 지표가 양의 상관관계를 지녔다는 뜻이다. 즉, 국가적 차원의 1인당 당류 섭취량과 우려스러운 치아 건강 상태는 정적正的 상관관계에 있다. (잠시 후에 언급하겠지만 이 차

▶ **그림 14 1인당 당류 섭취량과 평균 충치 개수의 상관관계**

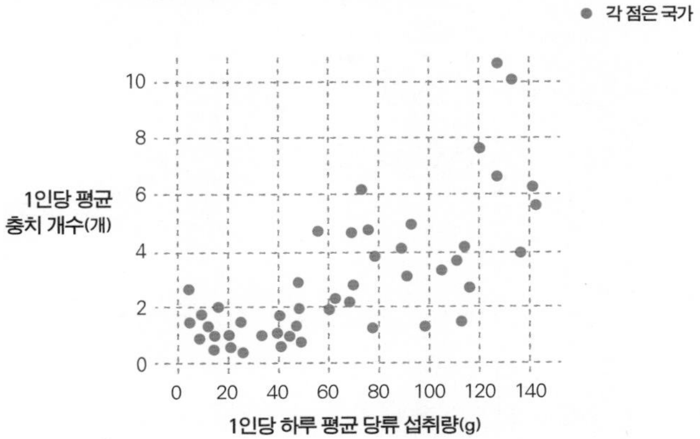

출처 | 퓨 리서치 센터

트만으로는 당류를 많이 섭취할수록 충치가 늘어난다는 사실을 입증할 수 없다.) 반대로 음의 상관관계도 존재하는데, 국민들의 교육 수준이 높은 국가일수록 일반적으로 빈곤층의 비율이 낮다.

산점도는 초등학교 때 배우는 막대그래프와 선 그래프, 원형 도표처럼 가장 오랫동안 사용된 차트 중 하나다. 그런데도 응답자 10명 중 4명(37%)이 이 산점도를 올바로 해석하지 못했다. 질문 방식이나 다른 요인이 영향을 미쳤겠지만 이 결과는 미국 인구의 상당 비율이 과학 또는 뉴스 매체에 점점 더 자주 등장하는 차트를 읽기 어려워한다는 걸 의미한다.

산점도뿐만이 아니다. 쉽고 단순한 차트에서도 같은 현상이 나타났다. 컬럼비아대학교 연구진은 100명 이상의 사람들에게 다음 차트를 보여주었다(〈그림 15〉).[12]

이 차트는 가상의 인물 '빅터'가 같은 또래의 남성들보다 일주일에 과일

▶ **그림 15 주당 과일 섭취량**

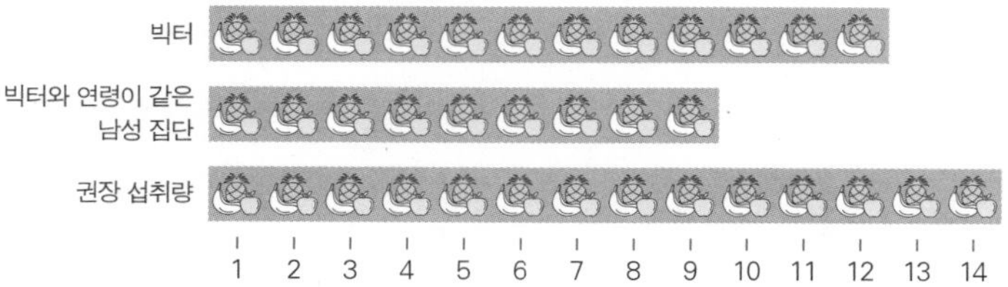

출처 | 아드리아나 아르시아Adriana Arcia

을 더 많이 섭취하지만 주당 14회인 권장 섭취량보다는 적게 섭취하고 있음을 보여준다. 이 차트가 말하려는 의도는 다음과 같다. 빅터는 어떤 과일이든 매주 12회 섭취하고 있다. 그는 연령 집단이 같은 일반적인 남성보다는 과일을 더 많이 섭취하지만 12회만으로는 충분하지 않다. 14회는 먹어야 한다.

하지만 많은 응답자가 이 차트를 있는 그대로 해석했다. 그들은 빅터가 매주 14회씩 차트의 그림과 종류와 분량이 똑같은 과일을 먹어야 한다고 생각했다. 한 응답자는 이렇게 불평했다. "파인애플 하나를 통째로 먹어야 한다고요?" 과일 섭취량을 의미하는 그림을 파인애플이 아니라 사과로 바꿔도 결과는 비슷했다. 한 응답자는 날마다 똑같은 과일을 먹어야 하는 단조로움에 관해 불평했다.

표와 그래프를 해독하는 힘, 도해력

많은 사람이 올바로 읽든 그렇지 못하든 차트는 현혹적이며 설득력이 높다. 2014년에 뉴욕대학교 연구진이 차트가 문자 정보보다 얼마나 설득력이 높은지 알아보는 실험을 했다.[13] 연구진은 각각 법인세와 수감률, 아이들이 비디오게임을 하는 이유에 관한 세 종류의 차트를 보여주고 그것이 사람들의 생각을 어떻게 바꾸는지 조사했다. 예를 들어 응답자들에게 아이들이 비디오게임을 하는 이유가 일반적인 언론 매체의 주장처럼 폭력을 즐기기 때문이 아니라 휴식을 취하거나 상상력을 펼치기 위해 혹은 친구들과 교류하기 위해서임을 보여주는 차트를 제시했다.

그 결과 차트를 접한 많은 응답자가 기존의 의견을 바꿨다. 해당 주제에 확고한 견해가 없었던 사람들이 그런 경우가 더 많았다. 연구진은 "숫자로 뒷받침되는 증거"가 "부분적으로 객관성을 높였기 때문"이라고 추정했다.

연구진도 알고 있었듯이 이런 종류의 연구에는 한계가 있다. 예컨대 차트가 실험 대상을 정확히 어떻게 설득했는지 짚어내기가 어렵다. 수치를 시각자료로 표현했기 때문인가, 아니면 수치 자체 때문인가? 앞으로 더 많은 연구가 필요하겠지만, 잠정적 증거에 따르면 해석 능력에 상관없이 많은 사람이 미디어가 제시하는 단순한 차트와 숫자에 쉽게 회유될 수 있다는 의미다.

차트의 강력한 설득력은 대가를 초래한다. 차트가 거짓말할 수 있는 이유는 우리가 스스로에게 거짓말하는 경향이 있기 때문이다. 인간은 차트와 숫자로 기존의 의견과 편견 그리고 확증 편향이라는 심리적 경향을 강화한다.[14]

2018년 2월 이민 제한 정책을 지지하는 공화당 의원 스티브 킹Steve King이 트위터에 이런 트윗을 올렸다.

> 불법체류자들은 미국인들이 꺼리는 일을 하고 있다. 우리는 미국보다 폭력 사망률이 16.74%나 높은 문화에서 젊은이들을 수입하고 있다. 그 결과 더 많은 미국인이 목숨을 잃고 있음을 의회는 **알아야** 한다.[15]

킹은 표 하나를 첨부했다(〈그림 16〉). 이 표에는 없지만 미국은 85위를 차지하며, 폭력 사망률은 인구 10만 명당 약 6명이다.

차트와 데이터에 속은 킹은 자신의 지지자와 폴로어들 일부까지 속게 만들었다. 그렇다. 이 나라들에서는 폭력 사고가 자주 일어난다. 하지만 이 차트만으로는 이 나라들에서 미국으로 이주한 사람들의 성향이 폭력적인지

▶ 그림 16 폭력 범죄로 인한 사망률 순위(인구 10만 명당)

순위	국가	사망률	순위	국가	사망률
1	엘살바도르	93	11	파나마	34
2	과테말라	71	12	콩고 민주공화국	31
3	베네수엘라	47	13	브라질	31
4	트리니다드 토바고	43	14	남아프리카 공화국	29
5	벨리즈	43	15	멕시코	27
6	레소토	42	16	자메이카	27
7	콜롬비아	37	17	가이아나	26
8	온두라스	36	18	르완다	24
9	스위스	36	19	나이지리아	21
10	아이티	35	20	우간다	20

를 알 수 없다. 사실은 그 반대일지도 모른다! 위험한 국가, 즉 범죄자들 때문에 열심히 일해도 성공할 수 없는 사회에서 이민 오거나 피난 온 사람이라면 오히려 온순하고 평화적일 가능성이 더 크지 않을까?

이해를 돕기 위해 비유를 해보자. 나와 나이가 비슷한 스페인 남자들은 대개 축구와 투우, 플라멩코 춤 그리고 레게톤Reggaeton(중남미와 카리브해 지역에서 인기 있는 댄스음악 장르—옮긴이) 노래 〈데스파시토Despacito〉를 좋아한다. 나와 내 친구들은 스페인 출신임에도 이들을 좋아하지 않는다. 오히려 보드게임이나 만화, 대중 과학서, SF를 좋아한다. 이렇듯 모집단의 통계적 패턴에 근거해 개인의 특성을 유추하지 않도록 항상 경계해야 한다. 과학자들은 이것을 생태학적 오류라고 부르는데,[16] 뒤에서 더 자세히 이야기하겠다.

차트는 여러 방식으로 거짓말할 수 있다. 잘못된 데이터를 표기하거나, 분량이 적절하지 않은 데이터를 포함하거나, 잘못 설계하는 식으로 말이다. 이 모든 것을 피해도 차트에 너무 많은 의미를 부여하거나 믿고 싶은 것을 볼 경우 속아 넘어갈 수 있다. 차트는 좋든 나쁘든 세상 어디에나 존재하며 설득력이 무척 강하다.

이러한 요소들이 결합하면 틀린 정보와 가짜 뉴스라는 거대한 재앙으로 이어질 수 있다. 그러므로 차트를 읽을 때는 신중하게 주의하며 정확한 정보를 인지해야 한다. 즉, 도해圖解 능력을 키워야 한다.

도해력graphicacy은 지리학자 윌리엄 G. V. 발친William G. V. Balchin이 1950년대에 고안한 개념이다. 그는 1972년에 열린 지리학협회Geographical Association의 연례 학술대회 기조연설에서 그 의미를 설명했는데, 문해력이 읽고 쓰는 능력이고 구어력이 말을 구사하는 능력, 산술력이 숫자를 다루는 능력이라면, 도해력은 시각 자료를 해석하는 능력이다.[17]

이후 도해력이라는 용어가 많은 문헌에 등장하기 시작했다. 고전인 『지도와 거짓말』을 저술한 지도학자 마크 몬모니어Mark Monmonier는 일찍이 성인이라면 문해력과 구어력뿐만 아니라 산술력과 도해력을 갖춰야 한다고 말했다.[18]

도해력은 오늘날 더욱 필요하다. 현대사회의 공적 논의는 통계와 이를 시각적으로 표현한 차트로 뒷받침되며, 교양 있는 현대 시민으로서 공적 논의에 참여하려면 통계와 차트를 해독하고 사용할 줄 알아야 한다. 차트에 익숙하고 잘 읽으면 차트를 잘 고안하고 그릴 수도 있다. 차트 설계는 마법이 아니다. 요즘은 컴퓨터나 인터넷 프로그램만 있으면 누구든 차트를 만들 수 있다. 구글 시트Google Sheets나 마이크로소프트의 엑셀Excel, 애플의 넘버스Numbers, 리브레오피스LibreOffice 같은 오픈 소스 및 소프트웨어로 말이다.[19]

이제는 차트가 거짓말할 수도 있다는 사실을 깨달았을 것이다. 나는 더 나아가 좋은 차트가 진실을 간파하게 해준다는 것을 증명하고 싶다. 적절하게 설계하고 해석하면 차트는 우리를 더욱 똑똑하게 해주고, 풍부한 대화를 나누도록 돕는다. 당신을 이 경이로운 진실의 세계로 초대한다.

1장

차트란 무엇인가

차트의 요소와 시각적 부호화

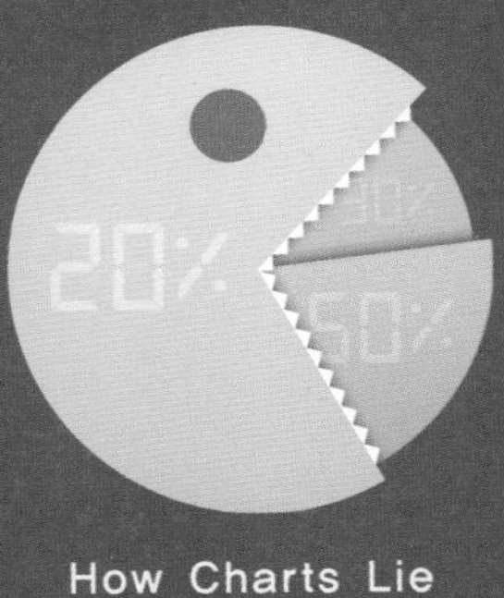

How Charts Lie

세계 최초의 차트

차트에 관해 가장 먼저 알아야 할 사실이 있다. **훌륭하게 디자인한 차트도 주의하지 않으면 잘못 이해할 수 있다.** 그렇다면 어떻게 주의해야 할까? 차트를 읽을 줄 알아야 한다. 차트가 어떻게 거짓말하는지 배우기 전에 적절하게 구현된 차트가 어떻게 작용하는지를 먼저 알아야 한다.

데이터 시각화data visualization 라고도 불리는 차트는 기호 어휘와 문법 그리고 여러 관습과 규칙을 따른다. 이 점들을 자세히 살펴보면 차트의 오용을 예방할 수 있다. 기초적인 것부터 알아보자.

1786년 무척 특이한 책이 출간되었다. 얼핏 제목과 내용이 일치하지 않는 듯했다. 엔지니어이자 정치경제학자인 윌리엄 플레이페어William Playfair[1]의 『상업 정치 도해The Commercial and Political Atlas』다. 이 책을 읽은 당대의 독자들은

▶ 그림 1 1700~82년 영국 수출입 규모 변화 추이

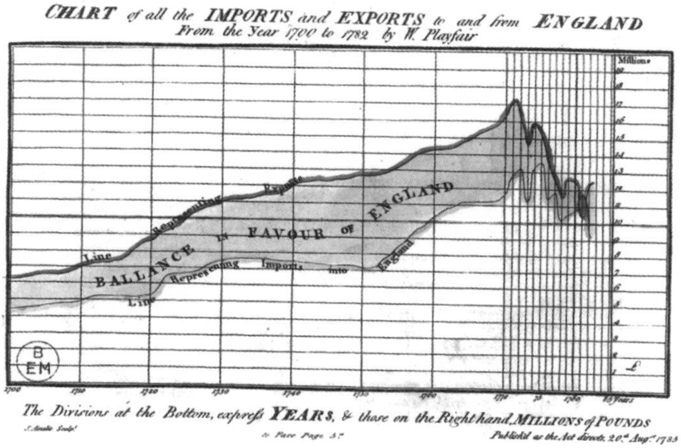

출처 | 윌리엄 플레이페어, 『상업 정치 도해』(1786)

페이지를 넘기며 의아해했다. "도해라고? 이 책에 지도는 하나도 없는데?" 하지만 있었다. 〈그림 1〉은 플레이페어가 책에 삽입한 그림 중 하나다.

이 그림은 시계열 선 그래프로 불리는 평범한 선 그래프다. 수평축(가로축)은 연도를, 수직축(세로축)은 규모를, 그리고 그림을 가로지르는 두 개의 선은 규모의 변화를 가리킨다. 위쪽의 짙은 선은 영국의 해외 수출 규모고, 옅은 선은 영국의 수입 규모다. 두 선 사이의 회색 영역은 수출과 수입의 차이인 무역수지를 의미한다.

요즘은 이런 차트를 어떻게 읽어야 할지 자세히 설명할 필요가 없다. 초등학교 3학년인 8살짜리 내 딸도 이런 그래프에 익숙하다. 그러나 18세기 말에는 그렇지 않았다. 플레이페어의 책은 숫자를 체계적으로 차트로 옮긴 최

초의 사례였고 그는 차트를 문자로 설명하는 데 많은 분량을 할애해야 했다.

플레이페어가 설명을 곁들인 이유는 차트가 첫눈에 직관적으로 다가오지 않는다는 사실을 알았기 때문이다. 차트는 문자언어처럼 기호와 상징, 그 기호를 나열해 의미를 부여하는 법칙(문법이나 통사론)과 의미 자체(의미론)를 바탕으로 구성된다. 따라서 어휘나 문법을 모르거나 자신이 보는 것에 근거해 올바르게 추론할 수 없으면 차트를 해석할 수 없다.

플레이페어의 저서에 '도해'라는 제목이 붙은 이유는 이 책이 정말로 도해서이기 때문이다. 여기 실린 지도는 지리적 장소를 표시하지는 않았지만 전통적인 지도 제작 및 기하학에서 빌려 온 원칙을 활용했다.

우리가 지표면 위에 있는 특정 지점의 위치를 어떻게 찾는지 생각해보라. 먼저 위도와 경도로 좌표를 파악한다. 예를 들어 자유의여신상은 적도 기준 북위 40.7°, 그리니치자오선 기준 서경 74°에 있다. 정확히 알고 싶으면 수평축(경도)과 수직축(위도)으로 세분화한 격자를 세계지도 위에 겹치면 된다(〈그림 2〉).

플레이페어는 경도와 위도가 양적 지표라면 이를 다른 양적 단위로 대체할 수 있다고 통찰한 덕분에 세계 최초로 선 그래프와 막대그래프를 그릴 수 있었다. 이를테면 경도(수평축) 대신 연도를, 위도(수직축) 대신 수입과 수출을 사용했다. 더불어 대부분의 차트에서 핵심이 되는 단순한 요소들을 도입했다. 바로 차트의 스캐폴딩scaffolding과 시각적 부호화 방법이다.

여기서 잠시 기술적인 부분을 짚고 넘어가야겠다. 시간을 조금만 투자하면 나중에 반드시 보람을 느낄 수 있을 것이다. 뿐만 아니라 대부분의 차트를 정확히 이해할 수 있을 것이다. 인내의 과실을 얻을 테니 조금만 참고 견뎌주시길.

▶ 그림 2

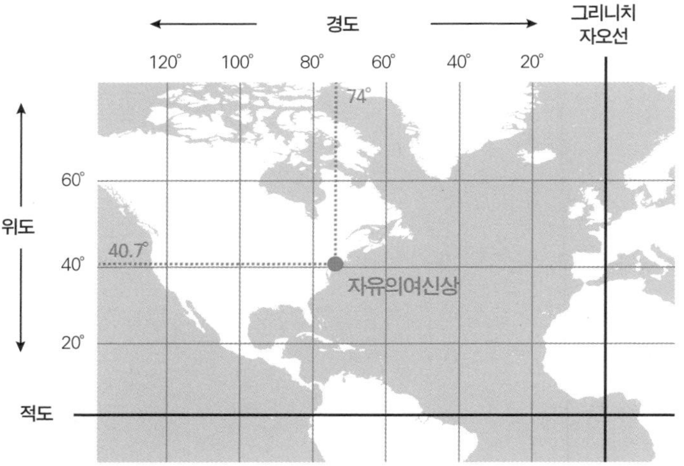

차트를 정확히 읽으려면 내용을 뒷받침하는 구성 요소—차트의 스캐폴딩—와 내용 자체—데이터의 표현 또는 '기호화' 방식—에 주목해야 한다.

스캐폴딩은 제목과 범례, 척도, 제작자 이름(누가 이 차트를 만들었는가?), 출처(이 정보는 어디에서 얻은 것인가?) 등으로 구성된다. 이 차트가 무엇에 관한 것이며, 무엇을 어떻게 측정했는지를 알려면 스캐폴딩을 주의 깊게 읽는 것이 중요하다. 스캐폴딩의 유무에 따라 차트가 어떻게 달라지는지 보여주는 예시를 소개한다(〈그림 3〉).

지도 차트의 스캐폴딩에는 명암을 기준으로 한 범례가 포함되며, 이에 따라 살인 범죄율이 높은 지역(짙은 색)과 낮은 지역(연한 색)을 알 수 있다. 선 그래프의 스캐폴딩은 차트의 제목과 측정 단위를 나타내는 부제('인구 10만 명당'), 연도를 비교하기 위한 수평축과 수직축의 눈금 라벨 그리고 데이

▶ 그림 3

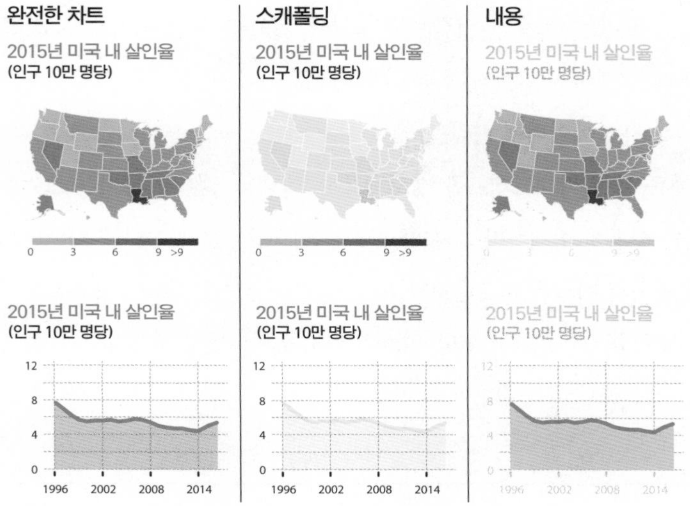

출처 | 「FBI 범죄 통계 보고서Uniform Crime Reports」

터의 출처로 구성된다.

때로는 차트의 내용을 보완하거나 중요한 요점을 강조 또는 지적 하는 짧은 설명을 붙이기도 한다. (〈그림 3〉에 "루이지애나주의 살인율은 인구 10만 명당 11.8명으로 미국에서 가장 높다"라는 설명을 추가했다고 생각해보라.) 이를 주석 레이어annotation layer라고 하는데, 이 용어는 《뉴욕타임스》 그래픽 디자이너들이 만들었다. 주석 레이어도 차트의 내용에 속한다.

숫자를 어떻게 시각적으로 보여줄 것인가

차트의 핵심 요소는 시각적 부호화다. 차트는 어떤 수치를 표현하느냐에 따라 속성이 다양한 기호—대개 사각형이나 원 같은 기하학적 기호—로 구성된다. 데이터에 따라 어떤 속성을 이용할지를 선택하는 것이 부호화다. 예를 들어 막대그래프를 생각해보자. 막대의 길이나 높이는 그것이 나타내는 수치에 비례한다. 수치가 클수록 막대는 길거나 높아진다. 〈그림 4〉에서 인도와 미국을 비교해보라. 인도의 인구는 미국의 약 4배에 달하기 때문에 수치를 길이로 표시했다. 인도의 인구를 나타내는 막대가 미국보다 4배는 길어야 하기 때문이다.

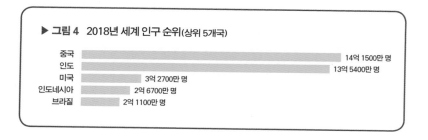

▶ 그림 4 2018년 세계 인구 순위(상위 5개국)

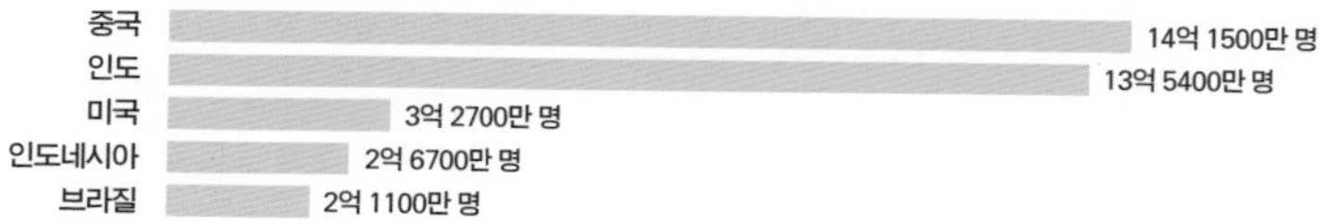

차트에는 높이나 길이 외에도 다양한 부호화를 사용할 수 있다. 가장 흔히 사용하는 방법 중 하나가 위치다. 〈그림 5〉에서 수평축(x) 위의 점 기호로 나타낸 위치는 플로리다주에 속한 각 카운티의 1인당 연간 소득을 나타낸다. 점이 오른쪽에 있을수록 해당 카운티에 사는 사람은 더 부자인 셈이다.

이 차트는 플로리다주의 카운티별 중위 소득을 비교하고 있다. 중윗값은 값의 전체 범위를 크기가 동등한 두 집단으로 나누는 경곗값이다. 예를

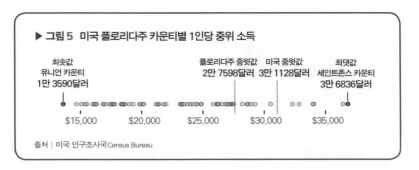

▶ **그림 5 미국 플로리다주 카운티별 1인당 중위 소득**

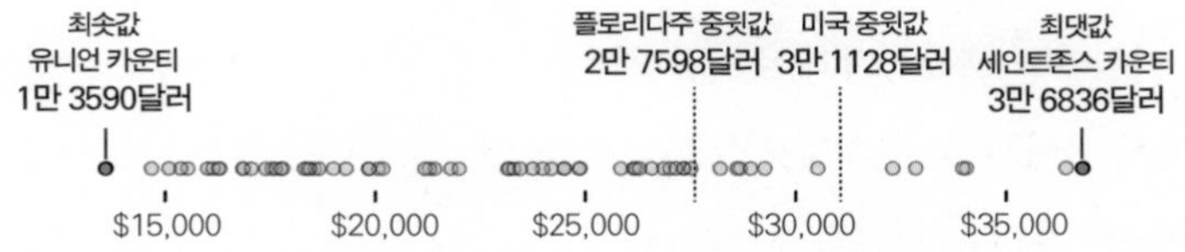

출처 | 미국 인구조사국Census Bureau

들어 유니언 카운티의 중위 소득은 1만 3590달러(약 1616만 5000원)이고 인구는 약 1만 5000명이다. 따라서 이 중위 소득으로 알 수 있는 것은 유니언 카운티에 사는 사람들 중 약 7500명은 매년 1만 3590달러보다 더 많은 돈을 벌고 나머지 7500명은 그보다 적게 번다는 것이다. 하지만 우리는 그들이 중윗값보다 '얼마나 더' 많이 또는 '얼마나 더' 적게 버는지는 알 수 없다. 어떤 사람은 소득이 0달러일 수도 있고, 또 어떤 사람들은 수백만 달러를 벌고 있을지도 모른다.

그렇다면 왜 더 흔히 알려진 산술 평균이 아니라 중윗값을 사용할까? 평균은 극단값에 매우 민감하게 반응하므로 일반 소득보다 훨씬 높게 나타나는 경향이 있기 때문이다. 가령 당신이 주민 100명이 살고 있는 카운티의 소득을 연구하고 싶다고 하자. 주민 중 99명은 1만 3590달러에 가까운 연간 소득을 올리지만 나머지 1명은 1년에 100만 달러를 번다.

이런 소득 분포 상황에서는 중윗값이 여전히 1만 3590달러에 가깝다. 사람들 중 절반은 나머지 절반보다 조금 더 가난하고, 우리의 백만장자 친구가 속한 나머지 절반은 그보다 조금 더 부유하다. 그러나 산술 평균을 내면 그보다 훨씬 높은 2만 3454달러(약 2789만 9000원)가 된다. 이는 모든 카운티 주민의 소득을 더해 100명으로 나눈 값이다. 어느 집단의 소득수준에 대해 산술 평균을 취한다면, 빌 게이츠Bill Gates 같은 사람이 포함되는 순간 나머지 사람들도 백만장자가 돼버린다.

이제 앞에서 본 산점도로 돌아가보자. 인간의 뇌는 시각 정보를 처리할 때 상당한 용량을 할애한다. 그래서 우리는 숫자가 시각적 부호화를 거쳐 제시될 때 더 쉽게 흥미로운 특성을 발견한다. 플로리다주 카운티들의 중위 소득을 숫자로만 표시한 〈표 1〉을 보자. 차트의 일종이지만 시각적 부호화를 하지 않았다.

이런 표는 각각의 수치를 찾을 때, 가령 특정 카운티의 중위 소득을 알고 싶을 때는 유용하지만 모든 카운티를 전체적으로 살펴보고 비교할 때는 유용하지 않다.

숫자로만 구성한 표가 아니라 〈그림 6〉과 같은 산점도를 사용하면 다음과 같은 데이터 특성을 파악하기가 훨씬 편하다.

- 최곳값과 최젓값을 나머지와 쉽게 비교할 수 있다.
- 플로리다주의 카운티들 대부분은 미국의 다른 지역보다 중위 소득이 낮다.
- 세인트존스 카운티와 이름을 표기하지 않은 한 카운티는 플로리다의 다른 지역보다 중위 소득이 뚜렷이 높다.
- 유니언 카운티의 중위 소득은 눈에 띄게 낮다. 유니언 카운티를 나타내는 점과 다른 점들 사이의 넓은 간격을 보라.
- 중위 소득이 낮은 카운티가 높은 카운티보다 훨씬 많다.
- 플로리다주 중위 소득보다 중위 소득이 낮은 카운티가 높은 카운티보다 훨씬 많다.

▶ 표1 미국 플로리다주 카운티별 중위 소득

카운티	1인당 소득 (달러)	카운티	1인당 소득 (달러)	카운티	1인당 소득 (달러)
플로리다주 중윗값	27,598	베이커	19,852	유니언	13,590
미국 중윗값	31,128	볼루시아	23,973	인디언 리버	30,532
개즈던	17,615	브래드퍼드	17,749	잭슨	17,525
걸프	18,546	브러바드	27,009	제퍼슨	21,184
글레이즈	16,011	브로워드	28,205	캘훈	14,675
길크리스트	20,180	새러소타	32,313	컬럼비아	19,306
나소	28,926	샌타 로자	26,861	콜리어	36,439
듀발	26,143	샬럿	26,286	클레이	26,577
드소토	15,088	섬터	27,504	테일러	17,045
딕시	16,851	세미놀	28,675	팜 비치	32,858
라피엣	18,660	세인트루시	23,285	패스코	23,736
레비	18,304	세인트존스	36,836	퍼트넘	18,377
레이크	24,183	스와니	18,431	포크	21,285
리	27,348	시트러스	23,148	프랭클린	19,843
리버티	16,266	앨라추아	24,857	플래글러	24,497
리언	26,196	에스캄비아	23,441	피넬러스	29,262
마이애미-데이드	23,174	오렌지	24,877	하디	15,366
마틴	34,057	오세올라	19,007	하이랜즈	20,072
매너티	27,322	오칼루사	28,600	해밀턴	16,295
매디슨	15,538	오키초비	17,787	허난도	21,411
매리언	21,992	와쿨라	21,797	헨드리	16,133
먼로	33,974	워싱턴	17,385	홈스	16,845
베이	24,498	월턴	25,845	힐즈버러	27,149

▶ **그림 6**

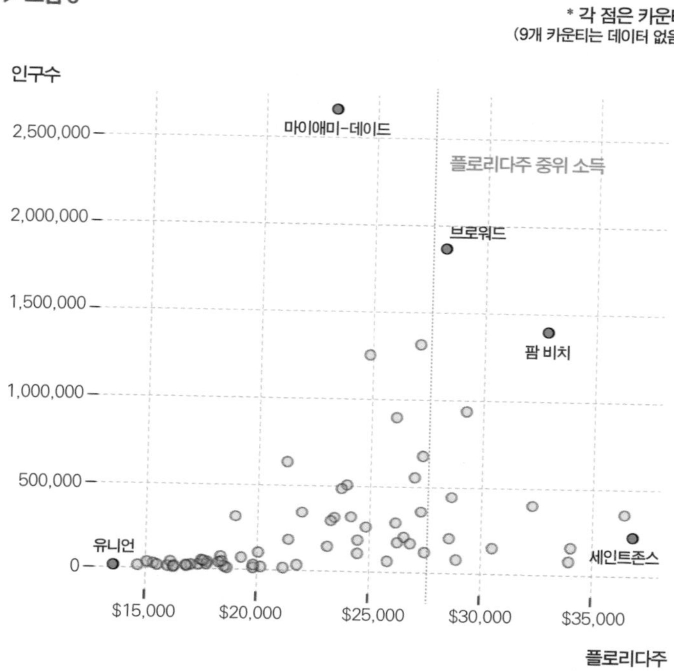

출처 | 미국 인구조사국

마지막 항목이 어떻게 가능할까? 앞에서 나는 중윗값이 인구를 절반으로 나눈 값이라고 했다. 그게 사실이라면 차트에 표기된 카운티 중 절반은 주 전체의 중윗값보다 더 가난하고 나머지 절반은 더 부자여야 하지 않을까?

하지만 통계는 그런 식으로 작동하지 않는다. 2만 7598달러는 76개 플로리다주 카운티의 중윗값의 중윗값이 아니다. 2000만 플로리다 인구의 중위 소득이며, 그들이 '어떤 카운티'에 살고 있는지는 고려하지 않았다. 따라서 플로리다에 사는 절반의 '사람들'('카운티'가 아니다)은 1년에 2만 7598달러보다 적게 버는 반면, 나머지 절반은 그보다 많이 벌고 있다.

이처럼 차트에 명백한 왜곡이 나타나는 이유는 부유한 카운티와 가난한 카운티의 인구 규모가 다르기 때문이다.

그 사실을 확인하기 위해 이번에는 데이터를 위치 형태로 부호화한 차트를 만들어보자. 〈그림 6〉에서 x축에서의 위치는 각 카운티의 중위 소득, y축의 위치는 인구 규모에 대응한다. 이 산점도는 내 예상이 맞음을 시사한다. 플로리다에서 가장 인구가 많은 마이애미-데이드 카운티의 중위 소득은 플로리다주 중위 소득보다 아주 약간 낮다(주 중위 소득을 나타내는 붉은 수직선의 왼쪽에 위치). 규모가 큰 다른 카운티, 예를 들어 내가 다른 색으로 강조한 브로워드와 팜 비치 같은 곳은 주 전체의 중윗값을 상회한다.

플로리다 중윗값의 왼쪽에 있는 카운티들을 자세히 보자. 이 카운티들은 개별적으로는 대개 인구가 적지만(수직축에서의 위치), 각 카운티의 인구를 모두 더하면 차트의 오른쪽에 있는 부유한 카운티의 인구의 합보다 많다.

수직축과 수평축에서 알 수 있는 것들

지금까지 몇 가지 숫자를 들여다보는 것만으로도 차트의 흥미로운 특성들을 알 수 있었다. 이 밖에도 차트에는 흥미로운 점이 많다. 먼저 수직축을 바꿔보자. 수직축을 단순한 인구가 아니라 2014년 기준 카운티별 대학교 졸업생의 인구 비율에 대입하는 것이다. 즉, 수직축에서 높은 곳에 있을수록 그 카운티에는 대학 교육을 받은 인구의 비율이 높다는 의미다.

두 번째로 점의 크기를 인구밀도, 즉 평방마일당 거주민의 숫자에 비례하여 나타낸다. 차트의 부호화 방식에는 길이 및 높이와 위치 외에 면적도 존재한다. 원의 크기가 클수록 해당 카운티의 인구밀도도 높다. 〈그림 7〉을 찬찬히 살펴보라. 이번에도 수직축과 수평축에 있는 모든 점의 위치를 들여다보고 거기서 어떤 사실을 파악할 수 있을지 생각해보자.

이 차트를 보고 금세 알 수 있는 정보는 다음과 같다.

첫째, 일반적으로 카운티의 중위 소득이 높을수록(수평축 상의 위치) 대학 교육을 받은 인구 비율(수직축 상의 위치)도 높다. 소득과 교육 수준은 대개

▶ 그림 7

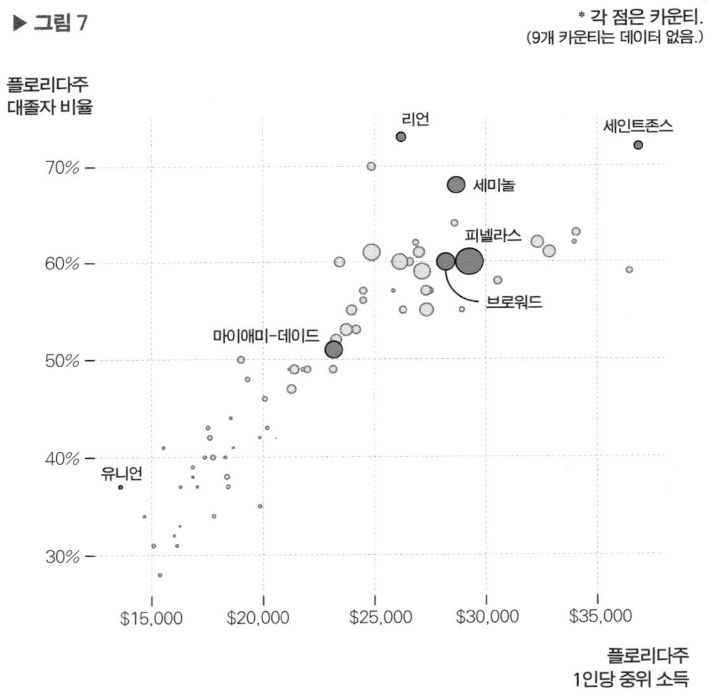

출처 | 미국 인구조사국

양의 관계다.

둘째, 위의 패턴에는 몇몇 예외가 있다. 예를 들어 플로리다의 주도 탤러해시가 있는 리언 카운티는 대학 졸업 인구 비율이 매우 높지만 중위 소득은 그만큼 높지 않다. 이유는 여러 가지다. 가령 탤러해시에는 커다란 빈민구역이 있지만, 정부 기관에서 일하거나 정치적 중심지 가까이에 살고 싶어 하는 부유한 고학력자들을 끌어들일 수 있다.

셋째, 인구밀도를 원의 면적으로 부호화한 결과, 대학 졸업 인구가 많고 부유한 카운티가 가난한 카운티보다 인구밀도가 높다는 사실을 알 수 있다.

차트에 익숙하지 않은 독자들은 이렇게 많은 정보를 한눈에 읽어내는 것이 신기해 보일지도 모른다. 차트는 문서와 비슷하다. 읽는 연습을 많이 할수록 더 빨리 파악하고 이해할 수 있다.

차트를 읽는 데 유용한 요령을 소개하면 다음과 같다. 첫째, 언제나 가장 먼저 척도를 살펴보라. 이 차트가 무엇에 관한 것이고, 무엇을 측정했는지 파악해야 한다. 둘째, 산점도에 이름이 붙은 데에는 이유가 있다. 〈그림 6〉과 〈그림 7〉은 각 점들의 상대적인 산포도散布度, 즉 점들이 서로 다른 영역에서 어떻게 집중되고 분산되어 있는지를 보여준다. 가령 차트의 점들은 수평 척도와 수직 척도 상에서 모두 넓게 분산되어 있으며, 이는 플로리다 카운티들의 중위 소득 격차가 크고 고등 교육 수준 역시 마찬가지라는 의미다.

세 번째 요령은 차트 위에 가상의 사분면을 그리고 각각 이름을 붙이는 것이다. 이렇게 하면 오른쪽 하단 사분면과 왼쪽 상단 사분면에 카운티가 거의 없음을 알 수 있다. 대부분의 카운티가 오른쪽 상단(높은 소득, 높은 교육 수준)과 왼쪽 하단(낮은 소득, 낮은 교육 수준)에 있다. 〈그림 8〉을 보라.

네 번째 방법은 원이 집중된 구역의 중심을 관통하는 가상의 선을 그리

▶ **그림 8**

* 각 점은 카운티.
(9개 카운티는 데이터 없음.)

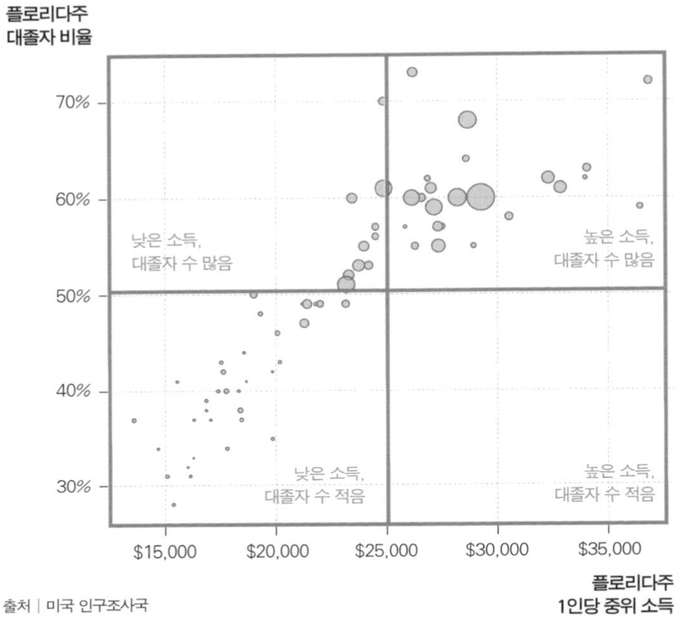

출처 | 미국 인구조사국

는 것이다(〈그림 9〉). 그러면 1인당 중위 소득과 대학 교육을 받은 사람들의 비율 사이의 전반적인 연관성과 방향을 파악할 수 있다. 이 경우에 선은 위쪽으로 향한다(보다 명확하게 알아보기 위해 척도 삭제).[2]

이런 요령들을 익히면 연관성의 추세가 오른쪽 상향을 가리키는 현상을 볼 수 있는데, 이는 수평축의 측정 항목(소득)이 많을수록 수직축의 측정 항목(대학 학위)도 증가한다는 의미다. 이것이 양의 상관관계다. 서론에서도 봤듯이, 어떤 경우에는 음의 상관관계가 나타난다. 이를테면 소득은 빈곤율과 음의 상관관계를 지닌다. 수직축(y)을 빈곤율로 놓으면 추세선이 하강할 것

▶ 그림 9

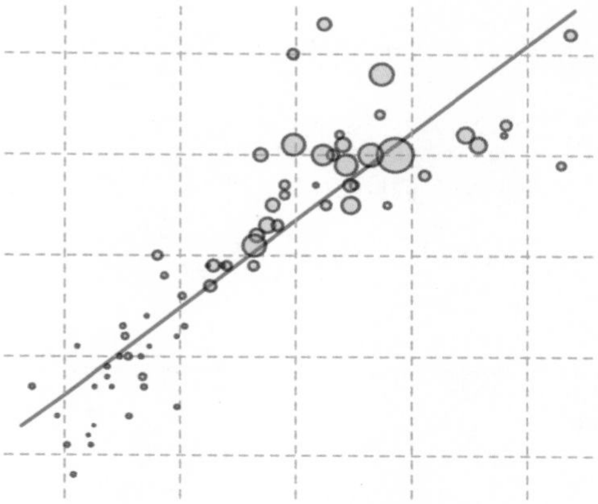

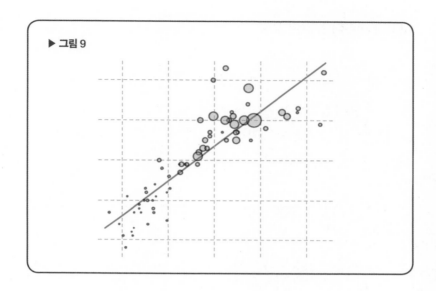

이다. 이는 카운티의 중위 소득이 높을수록 빈곤율이 낮아지는 경향이 있음을 뜻한다.

이런 차트를 접할 때 연관성을 인과관계로 추측해서는 안 된다. 통계학자들은 언제나 "상관관계는 인과관계가 아니다"라는 말을 입에 달고 다닌다. 충분한 연구를 수반했다는 점에서 종종 연관성이 현상들 사이의 인과관계로 나타날 수는 있다. 이 부분은 6장에서 자세히 다루겠다.

통계학자들이 하려는 말은 '이 차트만으로는' 대학 학위가 고소득으로 이어지거나 또는 그 반대라고 주장할 수 없다는 것이다. 이 상관관계는 옳을 수도 있고 틀릴 수도 있다. 이 차트가 보여주는 대학 교육과 편차가 큰 중위 소득의 관계를 다르게 설명할 수도 있다. 우리가 모두 알 수는 없다. 단독으로 제시된 차트는 확답을 줄 수 있는 경우가 거의 없다. 차트는 흥미로운 경향성을 드러냄으로써 다른 방식으로 해답을 찾도록 이끌어줄 뿐이다.

시각적 부호화의 기본 유형

면적은 지도에 주로 사용되는 부호화 방식이다. 서론에서 2016년 미국 대선에서 각 후보들이 얻은 득표수를 나타낸 거품 차트를 살펴봤다. 이제 또 다른 지도를 소개한다. 〈그림 10〉에서 거품으로 표시한 영역은 해당 카운티의 인구를 나타낸다.

▶ 그림 10

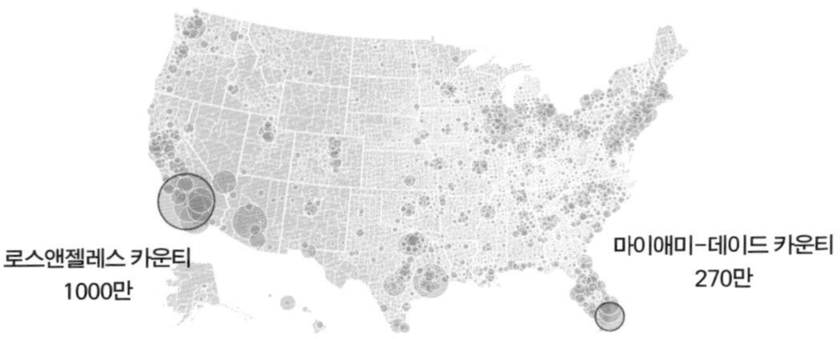

마이애미-데이드 카운티를 강조한 이유는 내가 여기 살고 있기 때문이다. 그리고 로스앤젤레스 카운티를 선택한 이유는 이곳이 그렇게 거대한지 예전에는 몰랐기 때문이다. 미국에서 인구가 가장 많은 카운티인 로스앤젤레스에는 마이애미-데이드보다 약 4배 많은 주민들이 살고 있다. 거품으로 표시한 두 데이터를 막대 차트에서 길이로 나타내보자(〈그림 11〉). 인구를 면적(거품 차트)으로 표시하면 길이나 높이(막대 차트)로 표시할 때보다 두 카운티의 격차가 적어 보인다는 사실을 눈치챘을 것이다.

▶ **그림 11**

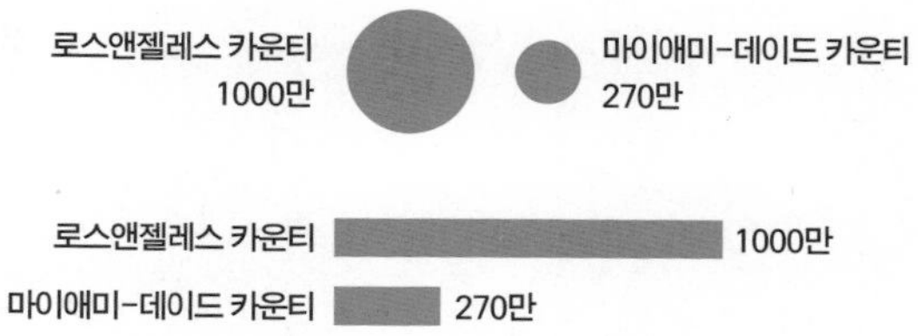

왜 그럴까? 이렇게 생각해보자. 인구가 1000만 명인 카운티는 270만 명인 카운티에 비해 인구가 약 4배나 된다. 차트에서 수치를 표시하는 데 사용한 개체의 크기가 그 수치에 정비례한다면 로스앤젤레스를 나타내는 거품에는 마이애미-데이드의 거품을 4개 집어넣을 수 있어야 하고, 로스앤젤레스의 막대에도 마이애미-데이드의 막대 4개를 포함시킬 수 있어야 한다. 그 결과는 〈그림 12〉와 같다(검은 선을 두른 작은 원들은 중첩되는 영역이 있으나 그 면적은 원들 사이의 빈 공간과 얼추 비슷하다)

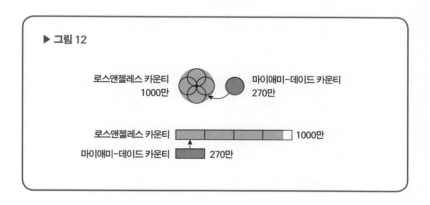

▶ **그림 12**

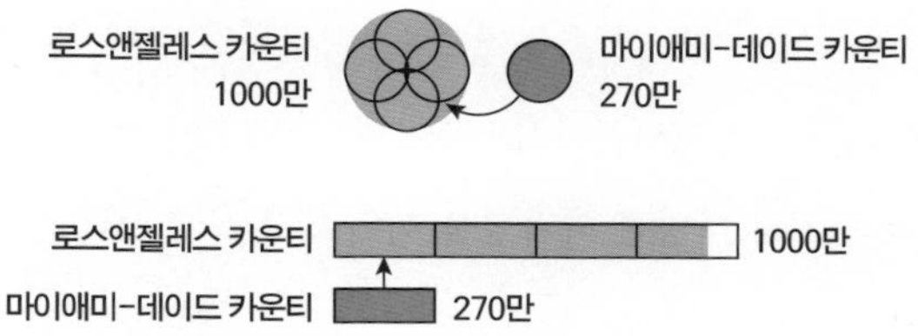

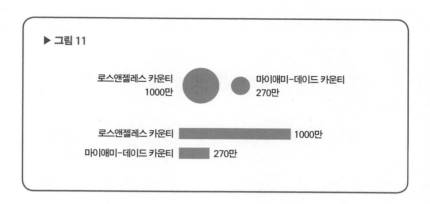

데이터를 거품으로 표시할 때 가장 흔히 저지르는 실수는 거품의 면적이 아니라 막대 차트처럼 높이나 길이(즉 지름)를 변경하는 것이다. 수치의 격차를 과장하는 사람들이 흔히 사용하는 속임수이므로 각별히 조심해야 한다.

로스앤젤레스의 인구는 마이애미-데이드의 4배지만, 원의 높이를 4배로 늘리면 길이도 함께 4배로 늘어난다. 그러면 면적은 4배가 아니라 16배로 커진다! 만약 로스앤젤레스와 마이애미-데이드를 나타내는 거품을 면적(옳음)이 아니라 직경(틀림)을 기준으로 조절하면 어떻게 될까? 로스앤젤레스의 거품 안에 마이애미-데이드의 거품을 16개나 집어넣을 수 있다(〈그림 13〉).

▶ 그림 13

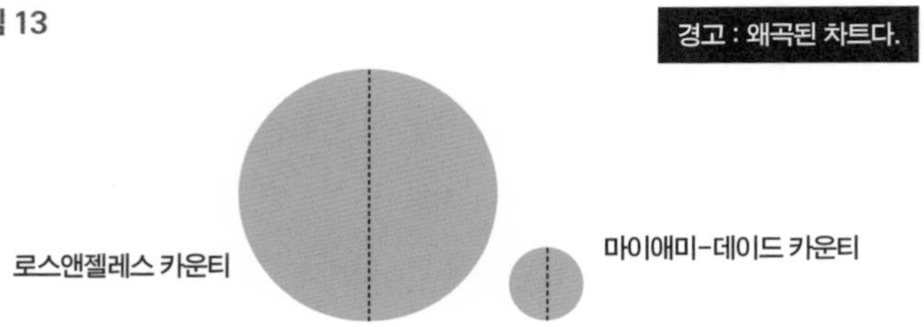

데이터를 면적으로 부호화하는 차트는 이외에도 많다. 요즘 뉴스 매체에서는 트리맵treemap, 일명 나무 지도를 선호한다. 역설적이게도 이 차트는 나무가 아니라 크기가 다양한 사각형을 끼워 맞춘 퍼즐처럼 생겼다. 예시를 보자(〈그림 14〉).

이런 차트에 트리맵이란 이름이 붙은 이유는 중첩된 계층구조로 데이터

▶ **그림 14 대륙 및 국가별 인구 분포**

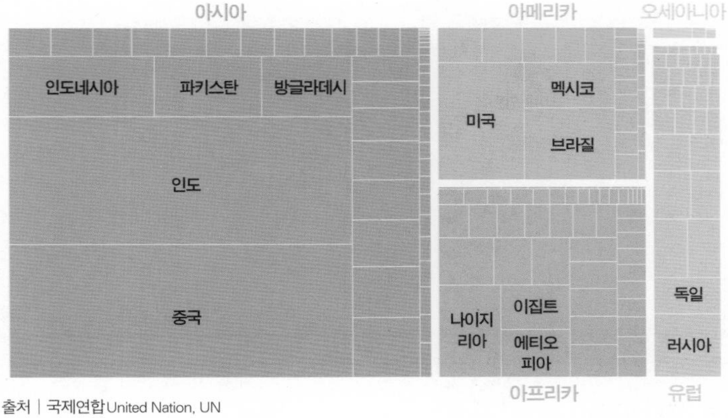

출처 | 국제연합United Nation, UN

를 표시하기 때문이다.[3] 각 직사각형의 면적은 해당 국가의 인구수에 비례한다. 대륙 내의 모든 직사각형을 합한 면적은 해당 대륙의 인구 비율이다.

트리맵은 똑같이 면적을 사용하는 그래프로 우리에게 익숙한 파이 차트(원형 도표) 대신 사용되기도 한다. 〈그림 15〉는 앞의 대륙별 인구 데이터를 파이 차트로 그린 것이다.

파이 차트를 구성하는 각 조각의 면적은 데이터에 비례하며, 부채꼴의 각도(각도는 부호화의 방법 중 하나다)와 원주의 일부인 호弧도 그렇다. 원의 전체 각도는 360°다. 아시아는 세계 인구의 60%를 차지한다. 360°의 60%는 216°이므로 아시아 조각의 반지름 2개가 이루는 각도는 216°여야 한다.

높이 및 길이, 위치와 면적, 각도 외에도 부호화 방법은 매우 많다. 색깔도 흔히 사용된다. 이 책의 서론에 제시한 지도에서도 색상과 명도를 모두 활용했다. 색상(붉은색/회색)은 각 카운티에서 우세한 후보를, 명도(밝음/어두

▶ **그림 15 대륙별 인구 분포**

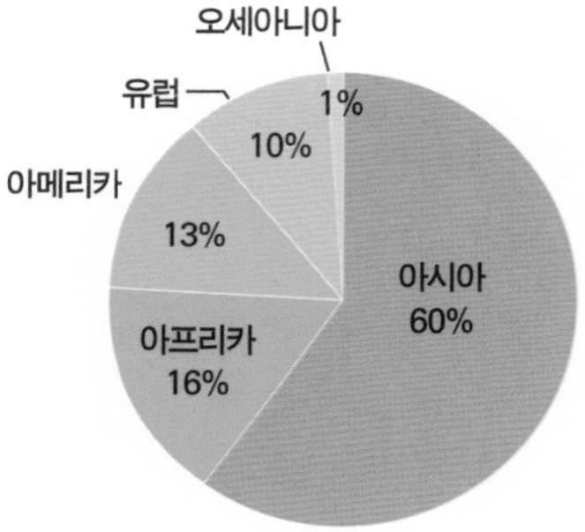

▶ **그림 16**

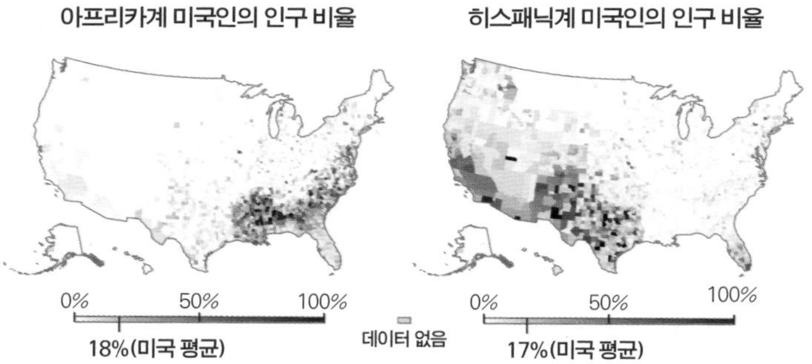

출처 | 미국 인구조사국

움)는 각 카운티에서 우세한 후보가 얻은 득표율을 나타냈다.

〈그림 16〉의 두 지도는 아프리카계 미국인과 히스패닉계 미국인의 인구 비율을 카운티별로 나타낸 것이다. 회색이 짙을수록 해당 카운티의 아프리카계 미국인이나 히스패닉계 미국인의 인구 비율이 높다는 의미다.

▶ **그림 17 월간 지구 평균기온의 변화**

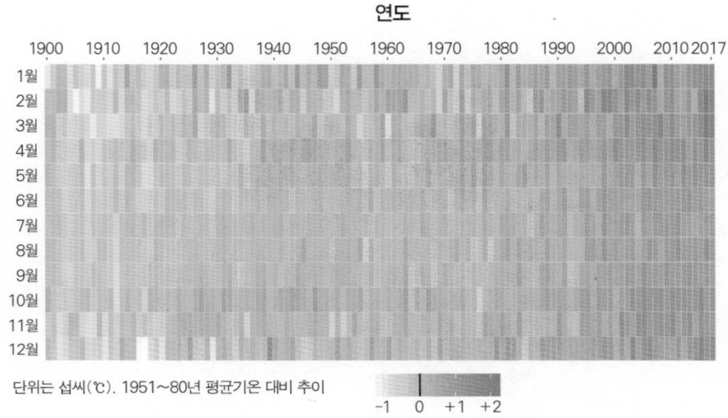

출처 | 버클리어스Berkeley Earth

명도는 테이블 히트 맵table heat map이라는 차트에서 효과적으로 쓰인다. 〈그림 17〉에서 붉은색의 강도는 연간 및 월간 지구 평균기온의 변화 추이를 1951~80년의 평균과 비교해 표현한 것이다.

차트의 각 열은 연도, 각 행은 월을 가리킨다. 척도는 지금까지 본 다른 차트들만큼 자세히 나뉘어 있지 않다. 이 차트의 목적은 세부 사항에 집중하는 것이 아니라 전반적인 변화 추이를 알아보는 것이기 때문이다. 현재에 가까워질수록 월 평균기온이 대부분 상승했음을 알 수 있다.

그리 흔치 않은 부호화 방법도 있다. 개체의 위치나 길이, 높이가 아니라 너비나 두께를 조절하는 것이다. 정보 디자이너 라자로 가미오Lazaro Gamio가 액시오스Axios 웹 사이트에 발표한 차트를 보라(〈그림 18〉). 각 선의 너비는 2017년 1월 20일부터 10월 11일 사이에 트럼프 대통령이 소셜 미디어에서

▶ **그림 18 취임 이후 트럼프 대통령이 트위터에서 비난한 대상**

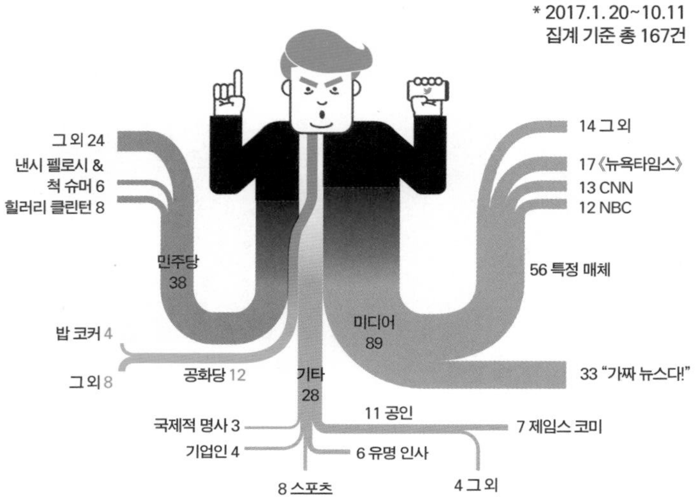

인물이나 단체를 비난한 횟수를 가리킨다.[4]

요컨대 차트는 대부분 선과 직사각형, 원 같은 다양한 기호의 속성을 활용해 데이터를 부호화한다. 이러한 속성이 바로 방금 본 부호화 방식이다. 길이나 높이, 위치, 크기나 면적, 각도, 색상이나 명도 등으로 말이다. 또한 차트는 2개 이상의 부호화 방법을 결합할 수도 있다.

이제까지 배운 내용을 종합해보자. 〈그림 19〉는 1950~2005년 스페인과 스웨덴의 출산율을 나타낸 것이다. 출산율은 해당 국가의 여성 1인당 평균 자녀 수를 뜻한다. 보다시피 1950년대에는 스페인 여성이 스웨덴 여성에 비해 평균적으로 더 많은 자녀를 출산했지만 1980년에 상황이 역전되었다. 이 차트가 사용한 부호화 방법을 생각해보자.

▶ **그림 19 스페인과 스웨덴의 출산율**(여성 1인당 합계)

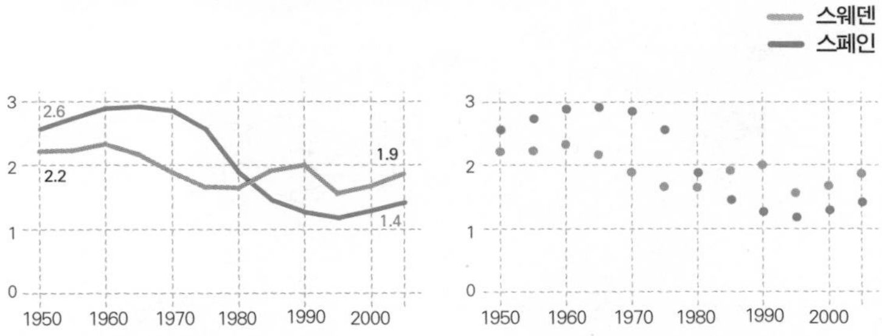

출처 | UN

먼저 스페인(붉은색)과 스웨덴(회색)을 구분하기 위해 색상을 사용했다. 수량 데이터인 1인당 합계 출산율은 위치로 부호화했다. 선 그래프는 수평축(여기서는 연도)과 수직축에 우리가 측정하려 하는 크기에 해당하는 점을 찍고 이를 선으로 연결한 것이다. 이 그래프에서 선을 제거해도 차트는 스페인과 스웨덴의 출산율 변화를 보여주지만 선 그래프에 비하면 한눈에 분명히 알아보기가 어려워진다(〈그림 19〉의 오른쪽 차트). 선 그래프에서는 기울기도 정보를 전달한다. 점을 선으로 연결하면 선의 기울기에 따라 변화 추이가 얼마나 가파르거나 저조한지 쉽게 알아볼 수 있다.

그렇다면 〈그림 20〉은 어떤가? 여기서는 어떤 부호화 방법이 사용되었을까? 아마도 제일 먼저 명도가 눈에 들어올 것이다. 색이 짙을수록 1인당 국내총생산Gross Domestic Product, GDP이 높다. 두 번째는 면적이다. 각각의 거품은 인구가 100만 명 이상인 대도시를 가리킨다. 마이애미가 이 지도에 없는 이유도 그 때문이다. 마이애미 지역은 여러 도시에 걸쳐 커다란 도회지가 넓게 퍼져 있고 그중 어느 도시도 인구가 100만을 넘지 않는다.

▶ **그림 20** 전 세계 대도시 1인당 GDP

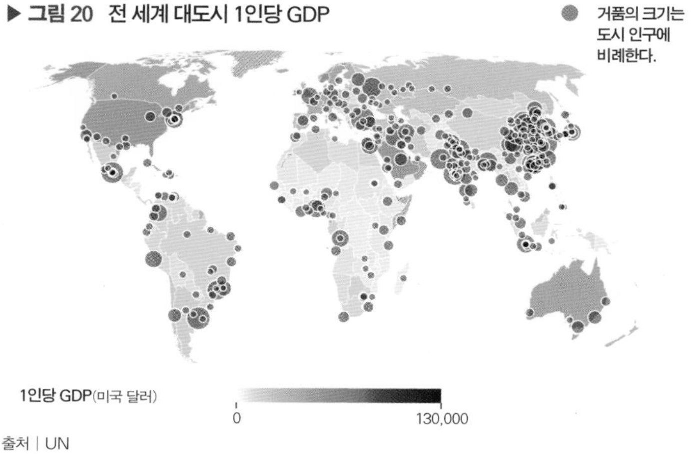

출처 | UN

여기서 끝이 아니다. 이 지도의 부호화에는 위치도 사용되었다. 왜? 이 장의 첫머리에서 배운 내용을 떠올려보라. 지도는 수평 척도(경도)와 수직 척도(위도)를 기준으로 평면 위에 점을 배치하여 구성된다. 서로 연결된 수많은 점의 집합이 지도 위의 대륙과 국경선을 이루고, 도시를 의미하는 거품의 위치는 해당 도시의 위도와 경도에 따라 결정된다.

평행좌표 그래프와 선 연결 산점도

인지심리학자들에 따르면 우리가 차트를 읽을 때는 배경지식과 기대가 결정적인 역할을 한다. 인간은 두뇌에 이상적인 심성 모형mental model이 있어서 그래픽을 볼 때마다 그것과 비교하게 된다. 심리학자 스티븐 코슬린Stephen Kosslyn은 "적절한 지식의 원칙"[5]이라는 개념을 제시했다. 이 개념을 차트에 적용하면, 차트 제작자와 수용자가 효과적으로 소통하기 위해서는 차트의 개념과 차트에서 데이터를 부호화 혹은 기호화한 방식을 함께 이해해야 한다. 다시 말해 특정 종류의 차트에서 무엇을 기대해야 할지 서로 비슷한 심성 모형을 공유해야 한다는 의미다.

심성 모형은 시간과 노력을 많이 아끼게 해준다. 예를 들어 당신이 선 그래프에 관해 다음과 같은 심성 모형이 있다고 하자. "수평축은 시간(연도, 월, 날짜)이고 수직축은 양의 단위이며, 데이터는 선을 통해 표시된다." 그러면 〈그림 21〉을 봤을 때 차트의 제목이나 표기에 주의하지 않고도 금방 해독할 수 있을 것이다.

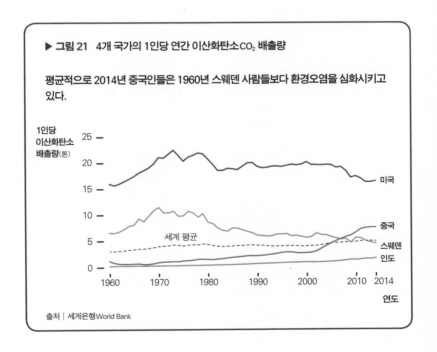

▶ **그림 21** 4개 국가의 1인당 연간 이산화탄소CO_2 배출량

평균적으로 2014년 중국인들은 1960년 스웨덴 사람들보다 환경오염을 심화시키고 있다.

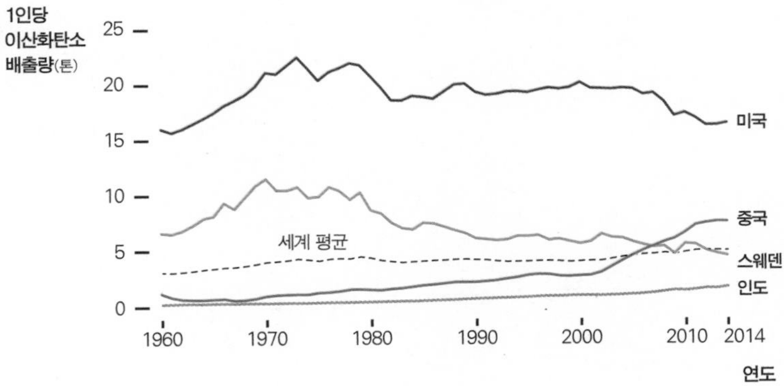

출처 | 세계은행World Bank

▶ 그림 22

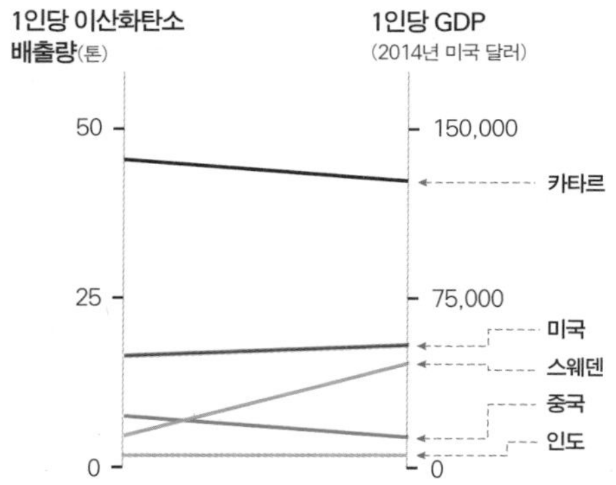
1인당 이산화탄소 배출량(톤)
1인당 GDP (2014년 미국 달러)
50
25
0
150,000
75,000
0
카타르
미국
스웨덴
중국
인도

출처 | UN

▶ 그림 23

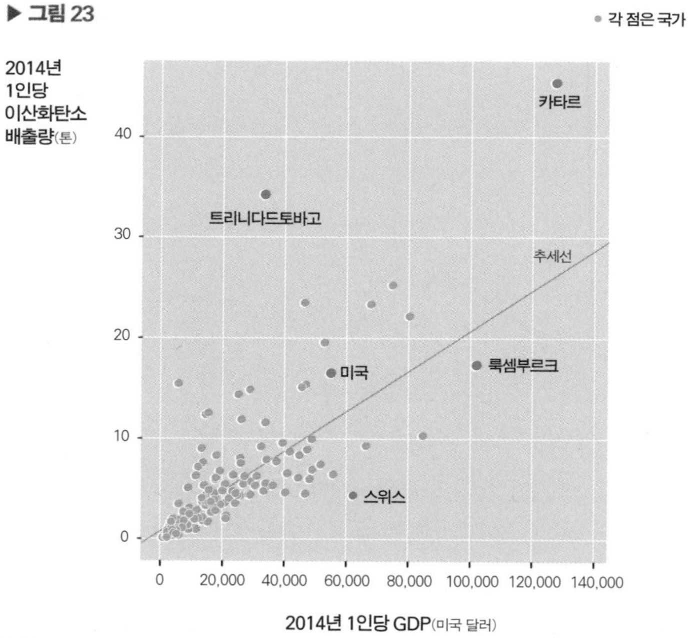
● 각 점은 국가
2014년 1인당 이산화탄소 배출량(톤)
40
30
20
10
0
카타르
트리니다드토바고
추세선
미국
룩셈부르크
스위스
0
20,000
40,000
60,000
80,000
100,000
120,000
140,000
2014년 1인당 GDP(미국 달러)

출처 | 세계은행

그러나 심성 모형은 우리를 잘못 이끌 수 있다. 선 차트에 대한 나의 심성 모형은 앞에서 묘사한 것보다 훨씬 유연하고 광범위하다. 당신이 선 차트에 관해 '수평축은 시간, 수직축은 크기'라는 심성 모형만 가지고 있다면 〈그림 22〉를 보고 혼란에 빠질 수도 있다.

이러한 차트를 평행좌표 그래프라고 한다. 마찬가지로 선을 사용하지만, 수평축의 척도는 시간이 아니다. 축의 제목을 보면 별개 변수가 2개임을 알 수 있다. 1인당 이산화탄소 배출량과 1인당 GDP다. 이 차트에서 사용한 부호화 방식은, 데이터를 나타내는 데 선을 사용하는 다른 차트들처럼 위치와 기울기다. 2개의 척도에서 높은 곳에 위치한 국가는 1인당 이산화탄소 배출량이 많거나 아니면 부유한 것이다.

평행좌표 그래프는 여러 변수를 동시에 비교하고 관계를 파악하기 위해 사용한다. 각 국가를 의미하는 선이 상향하는지 하향하는지 살펴보라. 카타르와 미국, 인도를 나타낸 선은 기울기가 완만한데, 이는 한 축에서의 위치가 다른 축에서의 위치와 부합한다는 사실을 가리킨다(높은 이산화탄소 배출량은 높은 GDP와 연관 있다).

한편 스웨덴은 환경오염 수준이 비교적 낮지만 1인당 GDP는 미국에 가까울 정도로 높다. 중국과 인도 두 나라는 1인당 GDP는 비슷하지만 이산화탄소 배출량은 상당히 다르다. 그 이유가 뭘까? 나도 모른다.[6] 차트가 항상 해답을 말해주지는 않으니까. 하지만 차트는 호기심을 자극하고 데이터에 관해 더 나은 질문을 하게 만드는 효과적인 방법이다.

여기까지 왔으니 이제 당신도 산점도에 관해 폭넓은 심성 모형을 갖추었을 것이다. 이번에 소개하는 산점도는 상당히 단순한데, 내가 보기에 흥미로운 국가에만 표시를 했다(〈그림 23〉).

산점도에 관한 일반적 심성 모형을 갖춘 당신은 차트에서 강조 표시한 몇몇 예외를 제외하면 부유한 국가일수록 환경오염을 악화시키고 있음을 알 수 있을 것이다. 여기서 선 그래프처럼 보이는 또 다른 산점도를 살펴보자(〈그림 24〉).

▶ **그림 24**

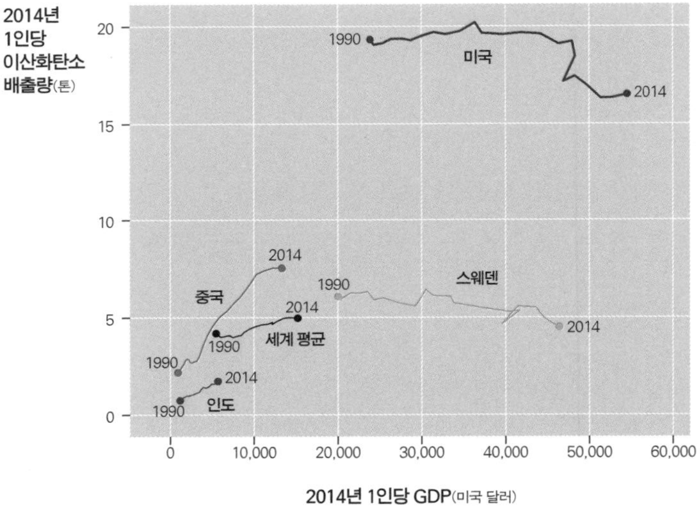

출처 | 세계은행

터질 듯한 머리를 부여잡거나 이 책을 창밖으로 던져버리기 전에, 내가 이런 차트를 처음 봤을 때 기분이 어땠는지 들어보라. 나도 당신처럼 당황했다. 이런 차트를 선 연결 산점도라고 하는데, 분석하기가 약간 어렵다. 이렇게 생각하면 된다.

▶ **그림 25**

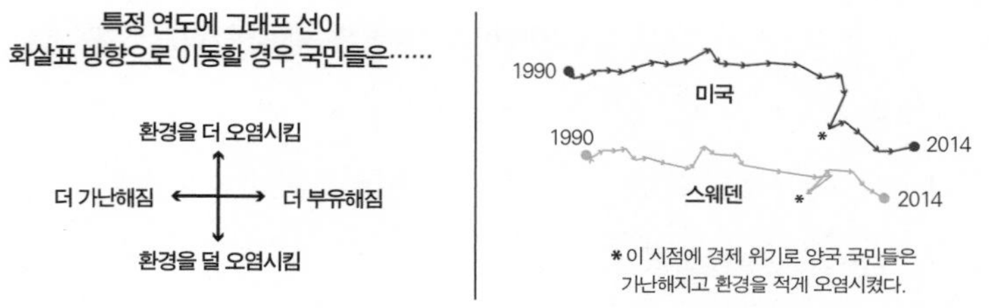

- 각각의 선은 국가를 뜻한다. 이 차트에는 네 국가와 전 세계 평균까지 도합 5개의 선이 표시되어 있다.
- 각각의 선은 각 연도의 데이터에 해당하는 점을 연결한 것이며 데이터의 시작과 끝인 1990년과 2014년만 숫자로 표시했다.
- 수평축 기준 점의 위치는 국가의 당해 1인당 GDP를 뜻한다.
- 수직축 기준 점의 위치는 국가의 당해 1인당 평균 이산화탄소 배출량을 뜻한다.

차트의 선을 각 국가가 지나온 경로로 생각하면 간편해진다. 이 선들은 해당 국가의 국민들이 해마다 부유해졌는지 가난해졌는지에 따라 앞뒤로 움직이고, 환경오염에 얼마나 악영향을 미쳤는지에 따라 위아래로 움직인다. 이해를 돕기 위해 이동 방향을 가리키는 화살표를 추가했다(〈그림 25〉).

어째서 데이터를 이렇게 특이하게 표시할까? 차트가 전달하려는 요점 때문이다. 선진 경제에서 부의 증가가 언제나 환경오염의 증가로 이어지는 것은 아니다. 예컨대 미국과 스웨덴의 국민들은 1990년부터 2014년까지 평균적으로 더 부유해졌지만—수평축에서 두 지점 사이의 거리가 매우 멀다—환경에 끼친 해악은 도리어 줄었다. 두 국가 모두 2014년의 위치가 1990년보다 낮아졌다.

개발도상국에서는 GDP와 환경오염의 관계가 다르게 나타나곤 하는데, 이들 국가에서는 주로 환경에 더 해로운 제조업과 농업 부문이 활발하기 때문이다. 예컨대 중국과 인도를 살펴보면 국민들은 더 부유해졌고—2014년 수치가 1990년보다 오른쪽에 위치한다—더 극심한 환경오염을 유발했다. 즉, 2014년 수치가 1990년보다 훨씬 위쪽에 자리한다.

이 메시지를 효과적으로 전달하려면 〈그림 26〉의 선 그래프처럼 두 변수인 1인당 이산화탄소 배출량과 GDP를 짝지어 보여주는 게 좋다.

▶ 그림 26

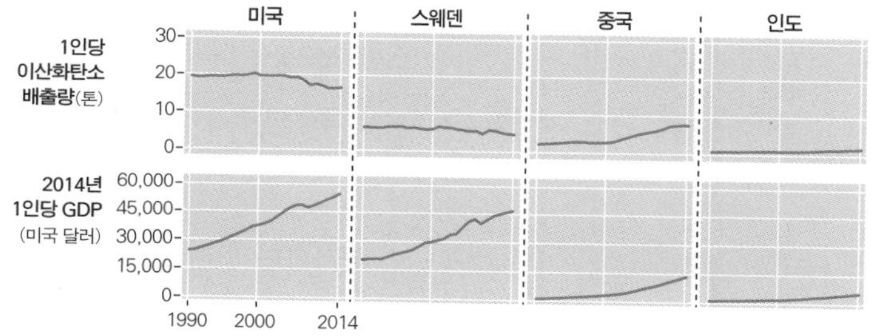

출처 | 세계은행

내가 이 장의 첫머리에서 차트가 통념과 달리 직관적이거나 자명한 경우가 드물다고 강조한 이유 중 하나는 선 연결 산점도 같은 차트 때문이다. 차트를 제대로 읽으려면 또는 처음 보는 차트에 관해 적절한 심성 모형을 만들려면 차트를 주의 깊게 살펴보고 아무것도 당연시하지 않아야 한다.

차트는 기호(선과 원, 막대 등)와 시각적 부호화(길이, 위치, 면적, 색깔 등) 그리고 텍스트(주석 레이어)로 이루어진 문법과 어휘를 기반으로 구성된다. 따라서 차트를 디자인하는 일은 언어를 사용하는 것만큼이나 탄력적이고 유연하다.

차트를 해석하는 5단계 법칙

우리는 무언가를 문자언어로 설명할 때 단어를 조합해 문장으로 엮고 문장을 단락으로, 나아가 단락을 장章으로 발전시킨다. 문장에서는 단어의 순서를 일련의 구문법에 따라 배열하는데, 전하고 싶은 내용과 유발하고 싶은 정서적 효과에 따라 다양하게 변화시킬 수도 있다. 다음은 작가 가브리엘 가르시아 마르케스Gabriel García Márquez의 걸작 『백 년 동안의 고독』의 첫 대목이다.

> 오랜 세월이 지난 후 총살대 앞에 선 아우렐리아노 부엔디아 대령은 먼 옛날의 어느 오후에 아버지를 따라 처음으로 얼음을 구경하러 간 날을 떠올렸다.

똑같은 정보를 전하되 단어들의 순서를 달리 조합해 정렬할 수도 있다.

> 아우렐리아노 부엔디아 대령은 오랜 세월이 지난 후, 먼 옛날의 어느 오후에 아버지를 따라 처음으로 얼음을 구경하러 간 날을 떠올리며 총살대 앞에 섰다.

첫 번째 문장은 분명한 음악성을 띠고 있지만 두 번째 문장은 다소 어색하고 투박하다. 그러나 두 문장 모두 똑같은 문법을 따랐기 때문에 정보량은 같다. 즉, 전자가 후자보다 나아 보이지만 천천히 읽으면 내용을 똑같이 이해할 수 있다. 차트도 비슷하다. 차트를 대충 눈으로 훑고 지나가면 내용을 제대로 이해할 수 없다. 스스로는 그렇다고 믿을지 몰라도 말이다. 잘 디자인한 차트는 정보를 명확히 전달할 뿐만 아니라 잘 쓴 문장처럼 우아하며 때로는 유희적이고 놀랍기조차 하다.

길고 심오하고 복잡한 문장을 한눈에 쉽게 이해하기 힘든 것처럼 풍성하고 중요한 정보를 담은 차트를 이해하려면 약간의 노력이 필요하다. 좋은 차트는 단순한 그림이 아니라 시각적 논증 또는 그러한 논증의 일부다. 그렇다면 이 논증을 어떤 순서로 따라가야 할까? 《워싱턴포스트》 데이터 팀에서 일하는 데이비드 바일러David Byler가 만든, 복잡해 보이지만 명확한 정보를 전달하는 차트를 예로 들겠다(〈그림 27〉). 내가 붉은색 숫자로 표시한 순서대로 따라가면 된다.

① 제목, 설명, 출처

차트에 제목과 설명이 있다면 그것부터 읽자. 출처가 명시되어 있다면 역시 살펴본다(3장에서 자세히 다룰 것이다).

② 측정 대상, 단위, 척도, 범례

차트는 무엇을 어떻게 측정했는지에 관한 정보를 문자 또는 시각 자료로 표시해야 한다. 이 표에서 수직 척도는 2016년 미국의 대선 결과와 보궐선거 결과의 격차를 나타낸다. 수평 척도는 2017년 1월 20일 트럼프 대통령의 취임식 이후 지난 날짜다. 색깔로 표시된 범례는 각 원이 보궐선거에서 이긴 후보를 의미함을 알려준다.

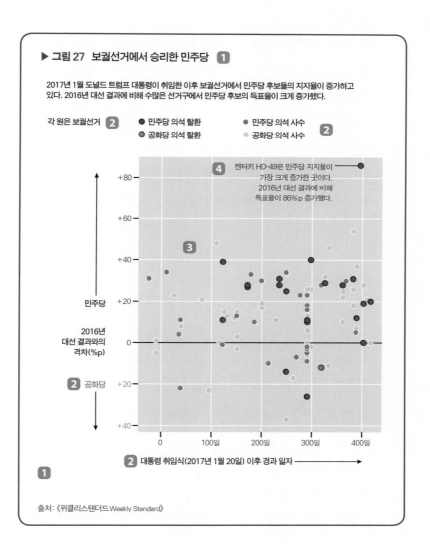

▶ 그림 27 보궐선거에서 승리한 민주당 1

2017년 1월 도널드 트럼프 대통령이 취임한 이후 보궐선거에서 민주당 후보들의 지지율이 증가하고 있다. 2016년 대선 결과에 비해 수많은 선거구에서 민주당 후보의 득표율이 크게 증가했다.

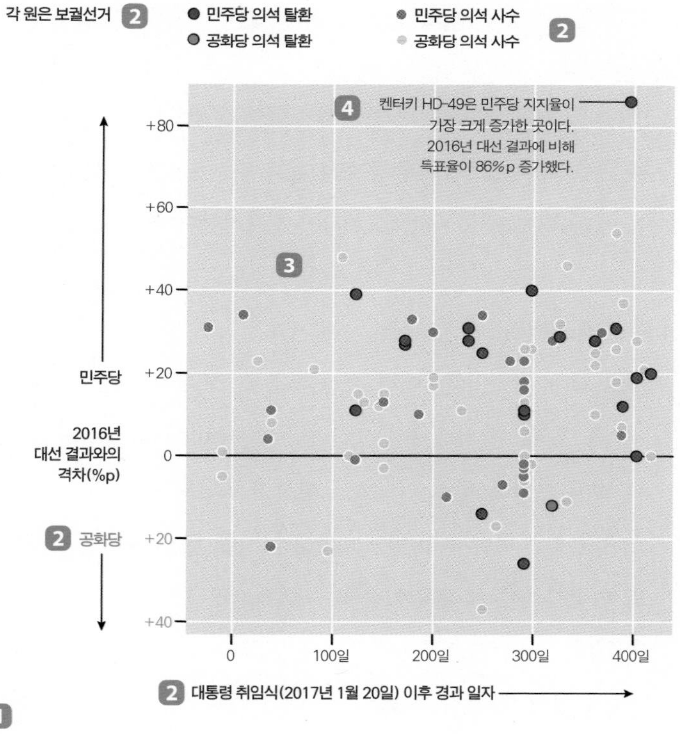

출처: 《위클리스탠더드Weekly Standard》

③ 시각적 부호화

당신은 여기서 사용된 부호화 방법 하나를 이미 알 것이다. 회색 원은 민주당 후보가, 붉은색 원은 공화당 후보가 승리했다는 의미다. 원의 명도는 양당이 기존 의석을 사수했는지 탈환했는지를 가리킨다. 두 번째는 위치다. 수직축 위의 위치는 2016년 대선 결과와의 %p 차이다. 다시 말해 원이 영점 기준선 위에 있다면 민주당이 2016년에 비해 더 많은 표를 얻은 것이고, 기준선 아래에 있다면 그 반대다. 예컨대 이 중 한 선거구에서 도널드 트럼프가 2016년 대선 때 힐러리 클린턴보다 30%p 많은 표를 얻었다고 하자. 후에 이 선거구에서 제3당이나 무소속 후보 없이 양당 후보들끼리 맞붙는 선거가 열렸다. 이때 민주당 후보가 공화당 후보보다 10%p 높은 표를 얻었다면 이 선거구는 수직축에서 +40%p(30+10)에 위치한다.

④ 주석을 읽어라

차트 제작자들은 핵심이나 요점을 강조하기 위해 짧은 설명을 곁들이기도 한다. 이 차트에서는 켄터키주 제49번 지역 선거구를 강조했다. 2016년 대선 당시 이 선거구에서는 도널드 트럼프가 49%p 차로 승리했다. 그러나 2018년 보궐선거에서는 민주당 후보가 36%p 차로 이겼기 때문에 총점이 무려 +85%p(49+36)나 된다는 사실을 알 수 있다.

⑤ 폭넓은 시야로 패턴과 동향, 관계를 파악하라

차트의 복잡한 메커니즘을 이해했다면 이제 보다 넓은 시야로 패턴과 동향 또는 변수들의 관계를 살펴봐야 한다. 차트를 전체적으로 볼 때는 각각의 기호—이 경우에는 원—가 아니라 군집을 주목해야 한다. 여기 내가 발견한 사실 몇 가지를 소개한다.

- 2017년 1월 20일 이후 민주당은 공화당보다 많은 의석을 탈환했다. 실제로 공화당이 빼앗은 의석은 하나뿐이다.
- 그러나 공화당과 민주당 모두 많은 의석을 사수하는 데 성공했다.
- 영점 기준선 아래보다 위쪽에 더 많은 점이 있다. 이는 대통령 취임식 이후 400일 동안 민주당이 2016년 대선 때보다 많은 지지율을 확보했다는 뜻이다.

내가 이 정보들을 모두 파악하는 데 시간이 얼마나 걸렸을까? 당신 생각보다는 오래 걸렸다. 그렇다고 해서 이 차트가 잘못 설계된 것은 아니다.

많은 학교에서 모든 차트는 한눈에 이해할 수 있도록 단순하고 간단해야 한다고 가르치지만 그것은 비현실적인 요구다. 몇몇 기본적인 그래프나 지도는 쉽고 간단하지만 깊고 풍부한 메시지를 담은 차트들을 이해하려면 상당한 시간과 노력이 필요하다. 차트가 훌륭하게 설계되어 있으면 그러한 투자에 걸맞은 통찰력을 얻을 수 있다. 전달하는 이야기가 단순하지 않으면 차트도 복잡해지는 경우가 많다. 다만 우리가 차트 제작자에게 할 수 있는 부탁은 차트를 필요 이상으로 복잡하게 만들지 말라는 것이다.

뉴스 기사도 제목만 읽거나 대충 훑어보면 정확히 이해할 수 없다. 의미를 이해하려면 처음부터 끝까지 꼼꼼하게 읽어야 한다. 차트도 마찬가지다. 차트가 전달하는 바를 최대한 이해하려면 그 안으로 깊숙이 들어가야 한다.

이제 기호와 문법적 차원에서 차트 읽는 법을 배우고 잘못된 차트에 대처할 수 있게 되었으니 차트를 올바로 해석하는 방법에 관한 의미론적 측면으로 넘어가자. 다음과 같은 경우 차트는 거짓말할 수 있다.

- 디자인이 잘못되었을 때
- 잘못된 데이터를 사용할 때
- 표시된 데이터의 양이 너무 많거나 적을 때
- 불확실성을 숨기거나 헷갈리게 할 때
- 잘못된 패턴을 제시할 때
- 사람들의 기대나 편견에 영합할 때

차트는 다양한 부호화 방법으로 가능한 한 충실하게 데이터를 표현하는 것이므로, 이 핵심 원칙을 어기면 시각적 거짓말로 이어진다. 이제부터 자세히 알아보자.

2장

같은 데이터, 다른 그래프

척도와 비례

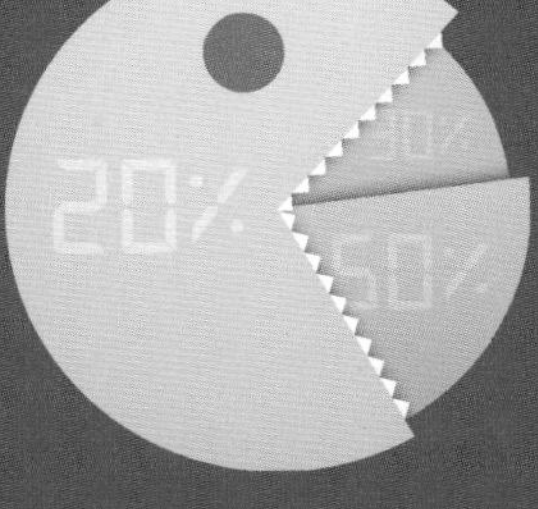

How Charts Lie

팩트와 프로파간다 사이

차트를 디자인하는 과정에서는 많은 오류가 생길 수 있다. 데이터를 나타낸 기호의 크기가 내용과 일치하지 않을 수도 있다. 심지어 차트 제작자가 전달하고자 하는 수치의 속성을 이해하지 못해 척도를 잘못 선택하기도 한다. 앞에서 차트 작성의 핵심 원칙을 배웠으니, 이 원칙을 깨트리면 어떤 일이 일어나는지 알아보자.

정치 분야에서 통용되는 차트가 정파성을 띠는 현상은 어쩔 수 없지만, 사실과 다른 차트를 만들고 퍼뜨리는 데 대한 변명이 될 수는 없다. 2015년 9월 29일 화요일 미국 가족계획연맹Planned Parenthood의 전 회장 세실 리처즈Cecile Richards에 대한 의회 청문회가 열렸다. 미국 가족계획연맹은 생식 건강 관리 및 성교육을 지원하는 비영리단체다. 보수적인 공화당은 이들이 여성의 임신중절을 지원한다는 이유로 자주 격렬하게 비난해왔다.

청문회 자리에서 리처즈와 열띤 공방을 벌이던 유타주 공화당 의원 제이슨 샤페츠Jason Chaffetz 의원이 〈그림 1〉과 같은 차트를 제시했다.[1] 잠깐, 숫자를 읽지는 마시라. 원본처럼 아주 작은 글씨로 적혀 있으니까.

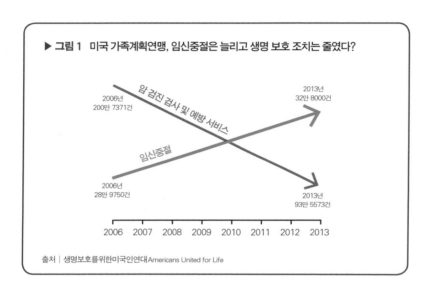

▶ 그림 1 미국 가족계획연맹, 임신중절은 늘리고 생명 보호 조치는 줄였다?

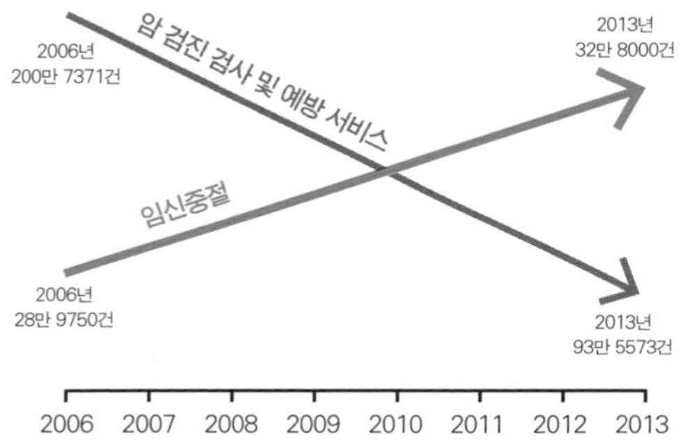

출처 | 생명보호를위한미국인연대Americans United for Life

샤페츠는 리처즈에게 차트를 보고 어떤 생각이 드느냐고 물었다. 화면과 멀리 떨어져 앉아 있던 리처즈는 차트를 보려고 눈을 가늘게 떴고, 곤혹스러워했다. 그때 샤페츠가 말했다. "회색은 유방암 검사가 줄어들고 있는 현상이고, 붉은색은 임신중절이 늘어나고 있는 현상이오. 바로 당신이 대표하는 단체가 이런 짓을 하고 있소." 리처즈는 그 차트가 어디서 나왔는지 모르겠다고 말하며 이렇게 덧붙였다. 어떤 경우에도 "그것은 가족계획연맹의 활동을 반영한 자료가 아닙니다."

샤페츠는 폭발했다. "이 수치가 당신네 보고서에서 나온 자료라는 사실을 부인하는 겁니까? 내가 그쪽 법인 보고서에서 이 숫자를 직접 뽑아 왔단 말이오!" 그러나 리처즈는 샤페츠의 말이 일부만 사실이라는 점을 지적했다. "그 차트의 출처는 생명보호를위한미국인연대인데, 이곳은 임신중절에 반대하는 단체입니다. 그러니 저는 의원님이 가져온 차트의 출처를 확인해야겠습니다." 그러자 샤페츠는 더듬거리기 시작했다. "우리…… 우리는 곧 진상을 규명할 겁니다."

그 "진상"에 따르면 차트의 수치 자체는 미국 가족계획연맹의 보고서에서 인용된 것이나, 생명보호를위한미국인연대가 차트에 숫자를 제시하는 방식을 왜곡했다. 이 차트는 암 검진 및 예방 서비스가 임신중절이 증가하는 현상과 같은 속도와 비율로 감소하고 있다고 강조한다. 하지만 그건 거짓이다. 이 차트가 거짓인 이유는 각각의 변수에 대해 서로 다른 수직 척도를 사용했기 때문이다. 이 차트만 보면 미국 가족계획연맹이 암 검진보다 임신중절 수술을 더 많이 하는 듯하다.

이제 작은 글씨를 읽어보시라. 암 검진 및 예방 서비스는 약 200만 건에서 약 100만 건으로 가파르게 하락했지만, 임신중절은 약 29만 건에서 32만 8000건으로 약간 상승했다. 이 수치들을 같은 척도를 사용해 표현하면 〈그림 2〉와 같다.

미국의 사실 검증 웹 사이트 폴리티팩트PolitiFact는 문제의 차트가 어떻게 도출되었는지 조사하고, 여러 소식통을 면담해 미국 가족계획연맹이 제공하는 서비스 유형의 변화에 관한 설명을 들었다.[2]

▶ 그림 2

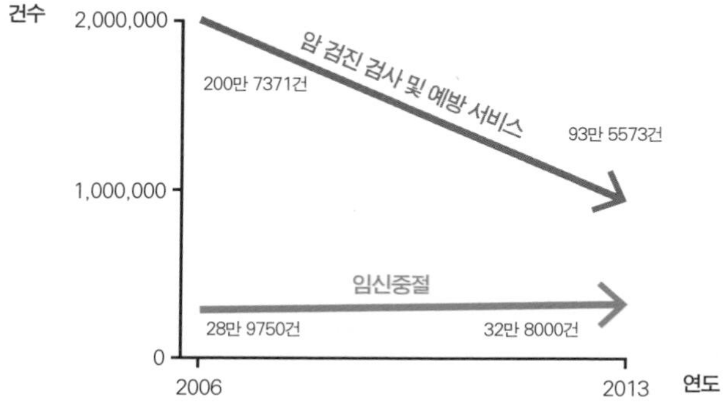

각 범주에서 제공되는 서비스의 수는 법률 및 의료 관행의 변화, 가족계획연맹의 클리닉 개설 또는 폐쇄에 이르는 다양한 이유 때문에 해마다 달라지는 경향이 있다.

임신중절은 눈에 띄지 않는 미미한 수준으로 증가했으며, 실제로는 2011년 이후 조금 감소했다. 차트의 수치가 사실이라면 어떻게 그럴 수 있을까? 그 이유는, 차트에는 2006년부터 2013년에 이르는 모든 연도가 표시되어 있었지만 선은 2006년과 2013년의 수치만 비교하고 그 중간에 일어난 일들은 무시했기 때문이다. 실제 임신중절 건수가 연도별로 변화한 추세를 살펴보자(〈그림 3〉). 근소한 차이지만 최고치를 기록한 것은 2009년과 2011년이다.

생명보호를위한미국인연대는 데이터를 왜곡해 표시했다(이 장의 핵심 주제다). 뿐만 아니라 중요한 정보를 숨겼는데, 이에 관해서는 4장에서 다루겠다.

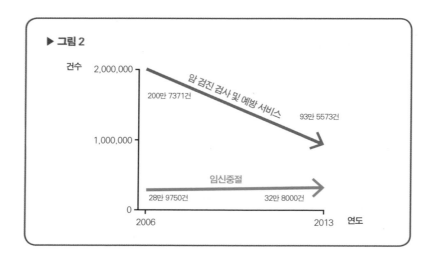

▶ **그림 3 미국 가족계획연맹이 시행한 임신중절**

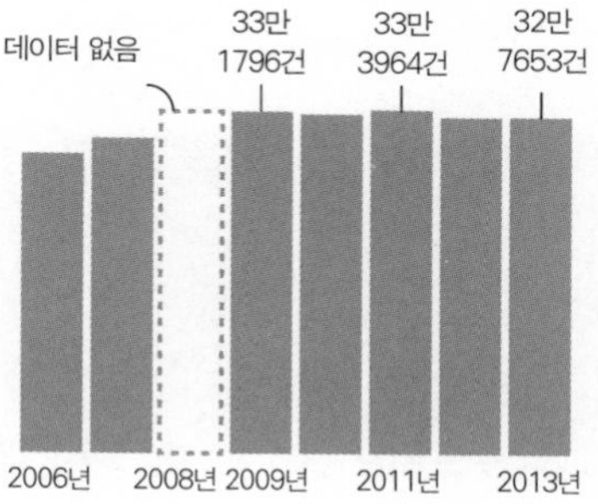

출처 | 미국 가족계획연맹

데이터 과학자이자 차트 제작자인 에밀리 슈크Emily Schuch는 미국 가족계획연맹의 2006~13년 연례 보고서를 수집하여(2008년 제외) 이 단체가 단순히 암 검진 및 예방, 임신중절보다 훨씬 많은 업무를 수행하고 있음을 보여주었다. 가족계획연맹은 여성들의 임신 및 산전 관리에 참여하며, 성병 검사와 다른 기타 서비스를 제공한다. 임신중절은 가족계획연맹이 관리하는 수많은 업무 중 일부일 뿐이다. 〈그림 4〉는 슈크가 작성한 차트다.

슈크의 차트에 따르면 가족계획연맹의 성 전파성 질환 및 성 매개 질환에 대한 검사와 치료는 2006년부터 2013년 사이에 50% 증가했다. 슈크는 또한 같은 기간 동안 암 검진이 적어진 이유를 분석하고 잠정적으로 다음과 같은 결론을 내렸다.

자궁경부암의 검진 빈도에 대한 국가 지침은 2012년에 공식적으로 바뀌었으나, 미국 산과 및 부인과 대학에서는 2009년부터 검사 빈도를 줄이도록 권고하기 시

▶ **그림 4** 2006~13년 미국 가족계획연맹에서 제공한 서비스

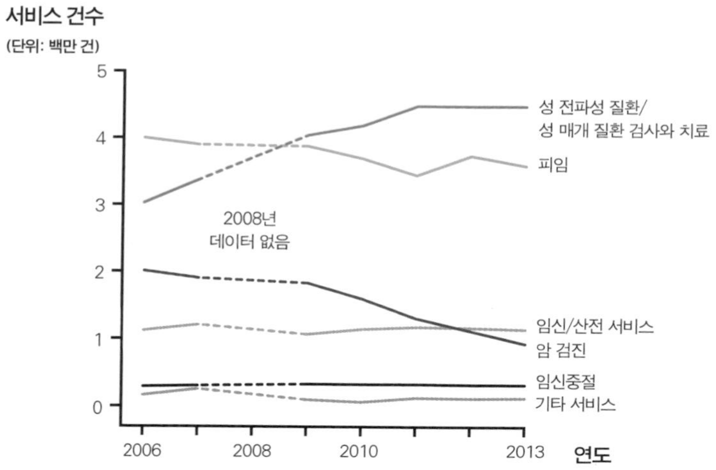

출처 | 에밀리 슈크와 미국 가족계획연맹

작했다. **기존에는 여성들에게 매년 자궁경부암 검진을 받도록 권고했으나, 이제는 3년마다 검사하도록 권고한다.**[3]

미국 가족계획연맹에 공적 기금을 지원하는 정책에 관한 개개인의 입장과 상관없이, 객관적으로 볼 때 슈크의 차트가 생명보호를위한미국인연대의 차트보다 훨씬 낫다. 모든 관련 데이터를 포함했고, 당파적 주장을 위해 데이터를 왜곡하지도 않았기 때문이다. 공공 사회에 정보를 제공하고 정직한 논의를 유도하기 위한 차트와 엉성한 프로파간다를 퍼뜨리기 위한 차트는 크게 다르다.

극적인 대비가 낳은 극적인 오류

차트를 올바로 읽고 디자인할 수 있는 이들이 보기에는 시각적 왜곡이 대부분 우스꽝스럽지만 때로는 분노를 자극한다. 가령 A라는 회사가 경쟁 업체보다 얼마나 뛰어난지 홍보하기 위해 차트로 설명한다고 치자. A 회사는 시장을 지배하고 있으며(저 어마어마한 시장점유율을 보라!) 2011년 이래 끊임없이 성장하고 있다(〈그림 5〉).

▶ **그림 5** "매출이 치솟고 있다!" 2018년 A 회사의 기록적인 매출

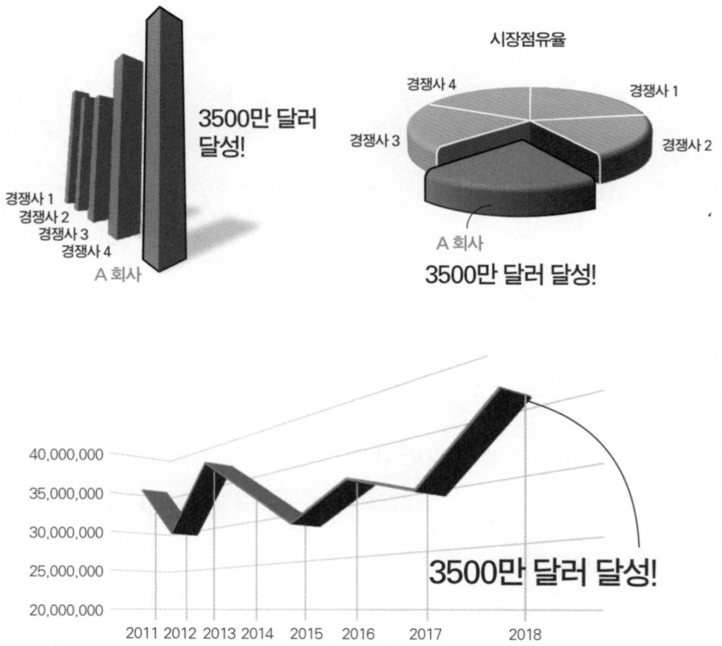

차트의 세계에서 3차원 시각 효과는 끔찍한 골칫거리다. 당신은 내가 이 사례로 과장한다고 생각할지도 모르지만, 천만의 말씀이다. 수많은 기업의 보도 자료와 프레젠테이션, 웹 사이트나 보고서에는 이런 그래픽, 아니 이보다도 형편없는 그래픽이 무수히 많다. 화려하고 번쩍거리고 극적이지만 중요한 정보를 전달하는 데는 처참하게 실패한 작품들이다.

우선 〈그림 5〉에서 주장하는 A 회사의 엄청난 시장점유율과 매출 급증이 사실인지부터 살펴보자. 그림을 제대로 알아보기가 좀 어려울 것이다. 의도적으로 편리한 각도를 선택하여 회사의 성공을 과장했기 때문이다. (이 차트를 인터랙티브 기기나 가상현실 기기로 관찰하면 약간 다르게 보일 것이다. 3차원 차트를 다른 각도에서 둘러볼 수 있기 때문이다.)

어떤 이들은 그래프의 막대나 선, 파이 조각에 숫자가 표시되어 있으니 3D 효과를 사용해도 별 문제가 없다고 생각한다. 하지만 애초에 차트를 만드는 목적이 무엇인가? 좋은 그래픽은 작은 숫자를 읽을 필요도 없이 전체적인 패턴과 동향을 시각적으로 파악할 수 있어야 한다.

이 차트에서 과장된 원근법을 제거하면 막대의 높이는 데이터에 비례하고, 파이 차트 조각의 면적과 선의 높이도 마찬가지다. 그렇다면 이제 실은 경쟁사 1이 A 회사보다 잘 나가고 있으며, A 회사의 2018년 매출이 2013년보다 약간 낮다는 사실을 알 수 있다(〈그림 6〉).

차트 왜곡은 대부분 척도와 비례를 얼버무릴 때 일어난다. 오바마 행정부 시절인 2015년 12월, 트위터의 백악관 계정이 트윗 하나를 올렸다. "기쁜 소식! 미국의 고등학교 졸업률이 사상 최고치를 기록했다." 그리고 여기에 〈그림 7〉과 같은 차트를 첨부했다.[4]

차트의 디자인—척도와 부호화—은 데이터의 특성에 따라 달라져야

▶ 그림 6

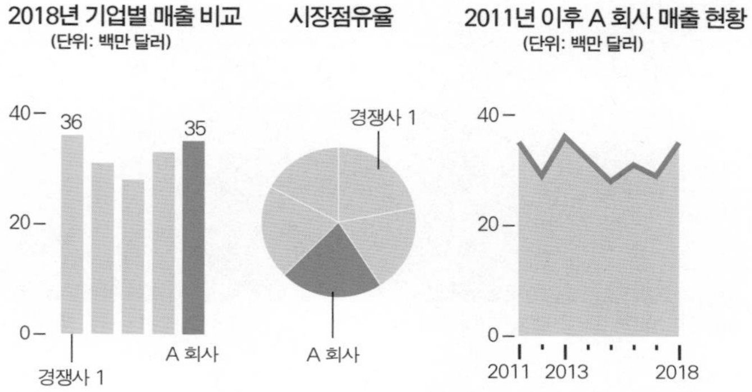

▶ 그림 7 "오바마 대통령 임기 중 역대 가장 많은 학생들이 고등학교를 졸업했다."

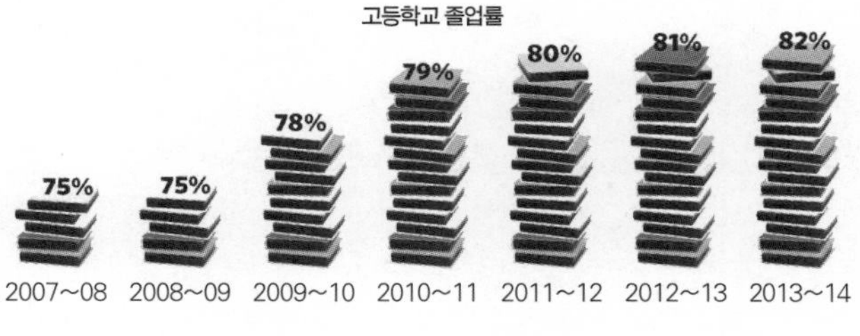

출처 | 미국 교육부, 미국 교육통계센터National Center for Education Statistics

한다. 이 경우 데이터의 특성은 연간 백분율이고 부호화 방식은 높이다. 그러므로 막대의 높이는 수치에 비례해야 한다. 기준선은 0%, 최고치는 100%로 설정하는 것이 바람직하다(〈그림 8〉).

▶ **그림 8** "오바마 대통령 임기 중 역대 가장 많은 학생들이 고등학교를 졸업했다."

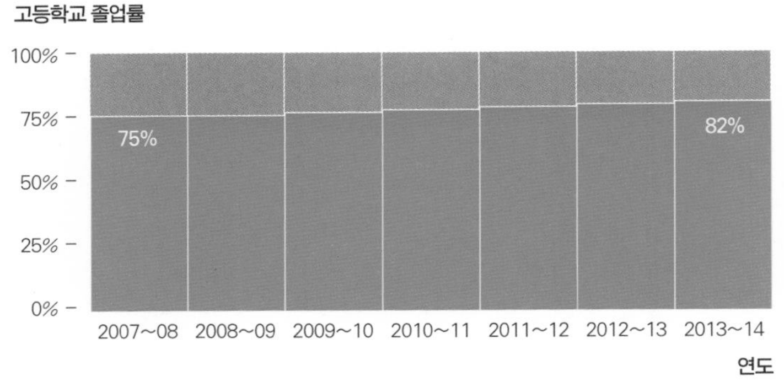

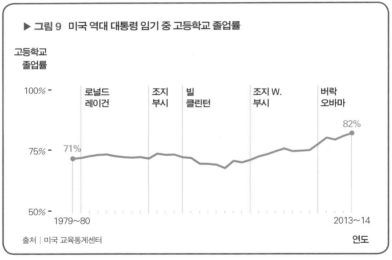

▶ **그림 9** 미국 역대 대통령 임기 중 고등학교 졸업률

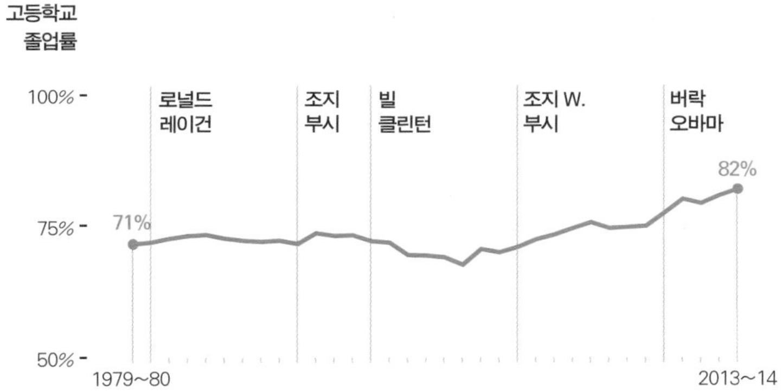

출처 | 미국 교육통계센터

이 그래프는 막대의 높이를 데이터에 비례해 표시하고, 처음과 마지막 졸업률을 굵은 글씨로 강조함으로써 그래프의 중요한 특성을 보여준다. 즉 고등학교 졸업 비율이 7%p 증가했다는 대단한 뉴스를 강조한다.

백악관에서 올린 차트에는 또 다른 문제가 있는데, 수직축(y)와 수평축(x)의 일부를 잘라내 생략했기 때문이다. 뉴스 웹 사이트 쿼츠Quarz가 미국 교육부 데이터를 바탕으로 지적했듯이, 〈그림 7〉은 *x*축을 2007~08년부터 시작함으로써 고등학교 졸업률이 오바마 행정부 시기뿐만 아니라 1990년대부터 꾸준히 증가하고 있다는 사실을 숨겼다.[5]

내가 〈그림 9〉의 기준선을 어째서 0으로 설정하지 않았는지 궁금할 것이다. 가장 큰 이유는 영점 기준선은 부호화 방법이 높이나 길이일 때 가장 유용하기 때문이다. 다른 부호화 방법을 사용할 때는 기준선이 반드시 0일 필요는 없다. 나중에 차트의 기준선에 관해 자세히 이야기할 것이다.

선 차트의 부호화는 위치와 각도이므로 이 경우에는 기준선을 첫 번째 측정값에 가깝게 설정해도 데이터가 왜곡되지 않는다. 〈그림 10〉의 두 차트에서도 선은 똑같아 보이며 둘 다 거짓말을 하지 않는다. 유일한 차이는 기준선인데, 첫 번째 차트에서 기준선을 강조한 이유는 그것이 영점 기준선이기 때문이다. 두 번째 차트의 기준선은 다른 격자선과 똑같아 보이는데, 이는 '영점 기준선이 아님'을 명시하고 싶었기 때문이다.

차트의 내용을 해독하기 전에 스캐폴딩—척도와 범례—을 유심히 살펴보면 차트의 왜곡을 알아차리는 데 도움이 된다. 〈그림 11〉은 2014년 스페인 알코르콘 시가 현 시장인 다비드 페레즈 가르시아David Pérez García가 취임한 후 취업률이 높아졌다고 선전하기 위해 공개한 차트다. 이 두 그래프는 서로 반대로 복사한 거울 이미지 같다. 엔리케 카스카야나 가야스테기Enrique Cascallana Gallastegui 전 시장의 임기 동안에는 실업률이 급격히 높아졌지만 현 시장인 페레즈 가르시아가 취임하자 정확히 같은 수치로 실업률이 낮아졌다. 아니, 그렇게 보인다. 차트의 작은 글자를 읽기 전까지는 말이다.

▶ **그림 10**

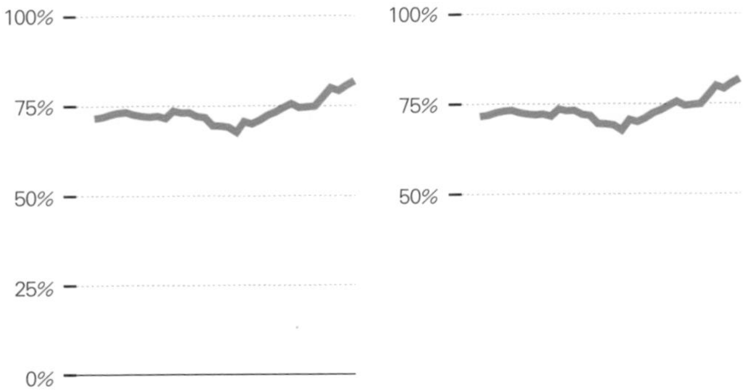

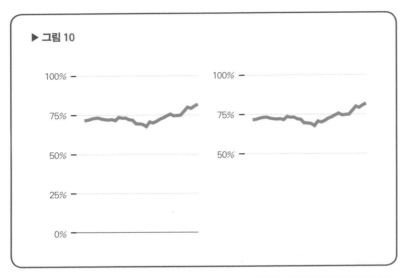

▶ **그림 11 스페인 알코르콘 시의 성인 실업자 수**

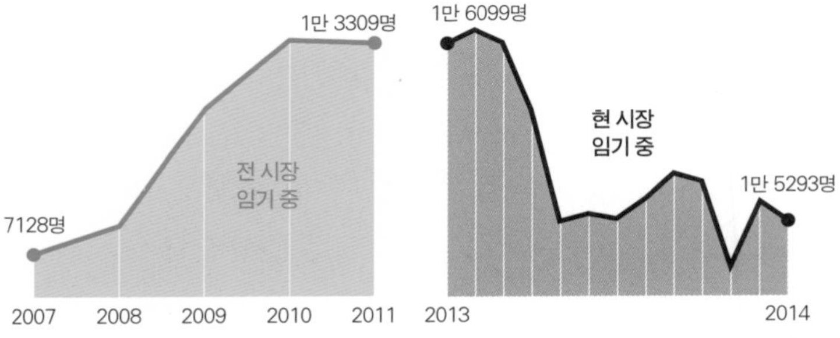

여기서 간파해야 할 점은 두 그래프의 수직축과 수평축 척도가 잘못되었다는 것이다. 첫 번째 그래프는 연간 데이터를 나타낸 반면 두 번째 그래프는 월간 데이터를 표시했다. 2개의 그래프 선을 동일한 수직 및 수평축 위

▶ 그림 12

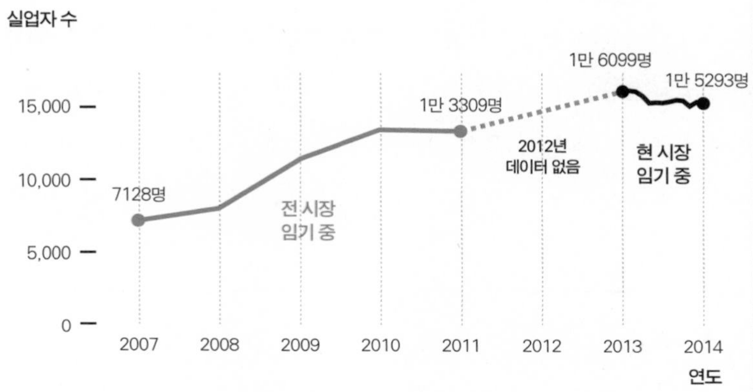

에 얹으면, 실업률 하락은 여전히 좋은 소식이긴 해도 처음 본 그래프에 비하면 확실히 극적인 면모가 떨어진다(〈그림 12〉).

기후변화를 둘러싼 진실 공방

어쩌면 당신은 차트의 비율을 비틀거나 일관되지 않은 척도를 사용해도 그리 해롭지 않다고 생각할지도 모른다. 차트 제작자들은 이렇게 말하기도 한다. "무조건 라벨과 척도를 살펴봐야지. 그럼 누구든 똑바로 이해할 수 있어." 맞는 말이다. 우리는 모두 라벨을 꼼꼼히 살펴봐야 한다. 그런데 왜 굳이 비례와 척도를 왜곡해서 사람들의 삶을 비참하게 만든단 말인가?

뿐만 아니라 사람들이 잘못된 차트의 스캐폴딩을 신중하게 살펴보고 머릿속에서 그림의 비율을 정확하게 수정해도 차트의 그래픽은 무의식중에 우리에게 편견을 심어줄 수 있다.

뉴욕대학교 연구진은 가상의 변수를 이용해 몇몇 차트를 2가지 형태로 만들었다(〈그림 13〉). 이 차트는 가상의 마을 윌로타운과 실바타운의 식수에 대한 접근성을 다루었다.[6] 각 차트의 첫 번째 형태는 데이터를 정확하게 표시하고 척도와 비례를 왜곡하지 않았다. 두 번째 형태는 막대 차트의 수직

▶ 그림 13

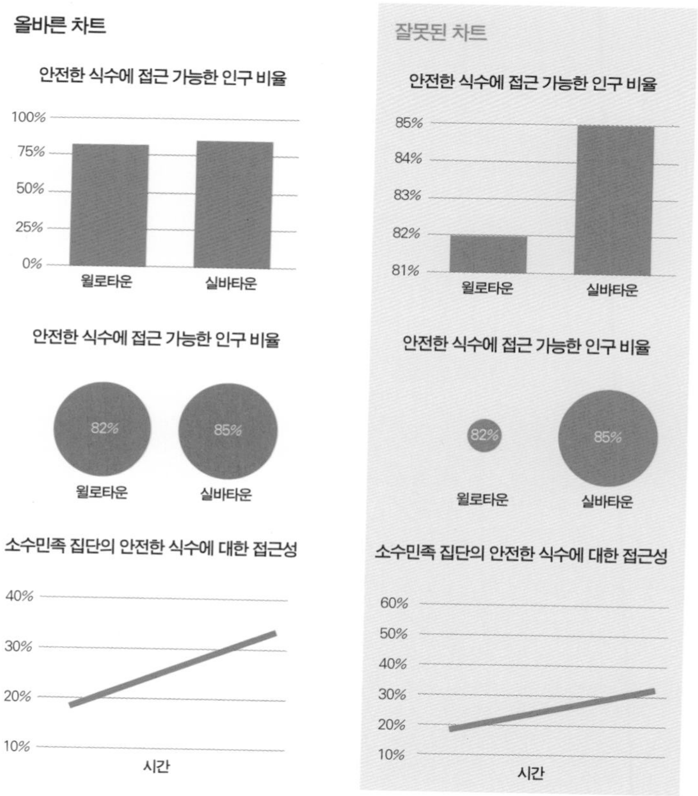

축 밑단을 잘라냈고, 거품 차트는 면적과 데이터의 수치가 비례하지 않으며, 선 차트는 선의 기울기가 최대한 완만하게 느껴지는 종횡비를 사용했다.

연구진은 실험 참가자들에게 차트의 내용을 비교해달라고 요청했다. "두 번째 집단이 첫 번째 집단보다 조금 많은가요, 아니면 아주 많은가요?" 그 결과 사람들이 척도의 라벨이나 숫자를 읽을 수 있더라도 차트를 잘못 해석하는 경우가 많았다. 교육 수준이 높거나 비슷한 차트를 자주 접한 사람들은 조금 나았지만 역시 오독하기는 마찬가지였다.

학자들이 이런 실험을 하기 훨씬 전부터 일부 악의적인 사람들은 차트로 사람들을 속일 수 있음을 직관적으로 알고 있었다. 2015년 12월 《내셔널리뷰》가 파워 라인Power Line 블로그의 자료를 인용해 "당신이 봐야 할 유일한 기후변화 차트"라는 헤드라인을 내세웠다.[7] 안타깝지만 《내셔널리뷰》는 파워 라인의 차트에 완전히 속은 것 같다(〈그림 14〉).

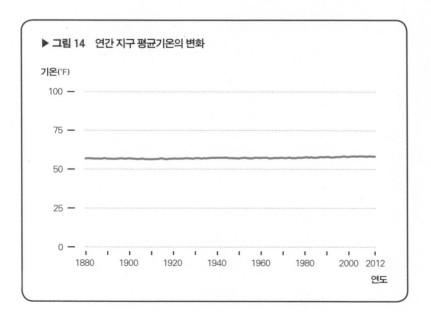

▶ **그림 14 연간 지구 평균기온의 변화**

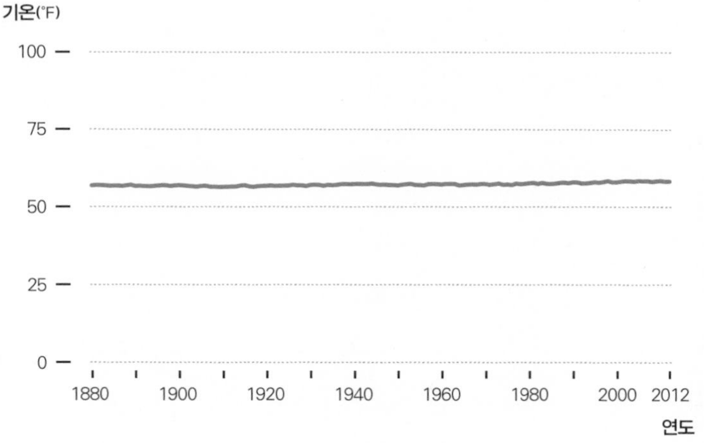

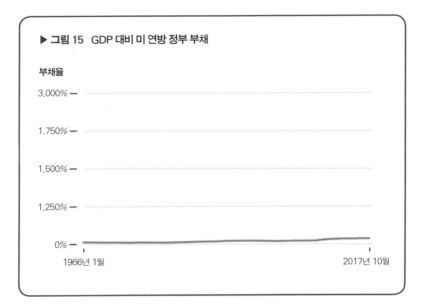

▶ **그림 15 GDP 대비 미 연방 정부 부채**

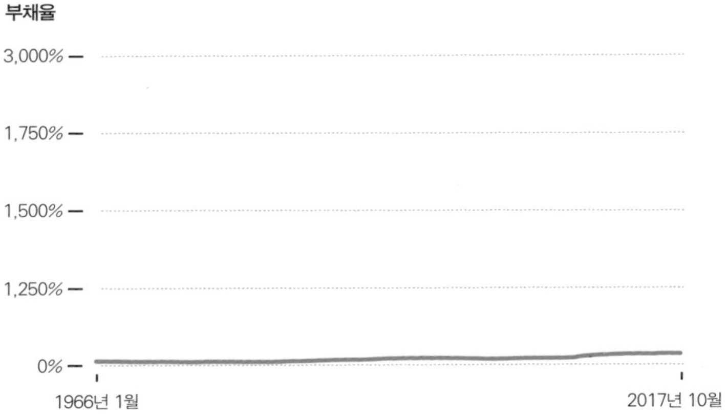

데이터 분석가 숀 매켈위Sean McElwee를 비롯한 많은 사람이 소셜 미디어에서 이 차트를 조롱했다. 매켈위는 트위터에 "그렇다면 국가 부채도 걱정할 필요가 없겠네!"라고 트윗하고 〈그림 15〉와 같은 차트를 첨부했다.[8]

나는 2017년 10월에 미국의 국가 부채가 GDP의 103%에 달했다는 뉴스를 듣고 무척 걱정스러웠는데, 이 차트를 보고 모두 과장이라는 것을 깨달았다. 3000%가 되려면 아직 한참 멀었으니 말이다!

뉴욕시립대학교 지속가능한도시연구소Institute for Sustainable Cities의 리처드 라이스Richard Reiss 교수는 이 차트의 척도가 잘못된 수많은 이유 중 하나를 지적하며 유머러스한 주석을 덧붙였다(〈그림 16〉).

라이스의 우스갯소리는 사실 시사하는 바가 크다. 그래프의 시작점과 끝점은 화씨로는 1.4°F, 섭씨로는 0.8℃ 차이이다. 절대적 관점에서는 별것 아

▶ 그림 16 연간 지구 평균기온의 변화

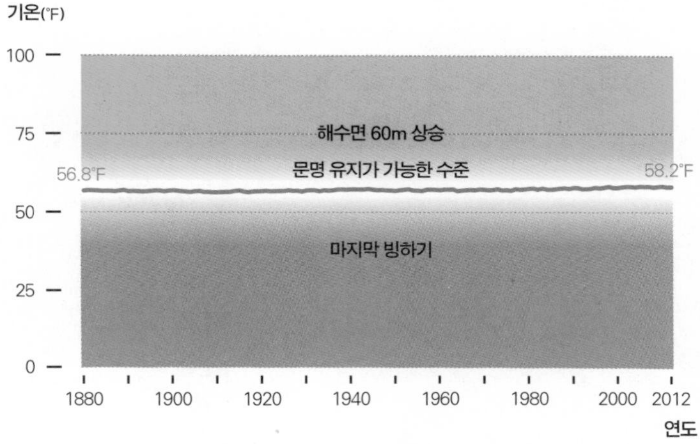

닌 듯하지만 사실 어마어마한 변화다. 북반구의 소빙하기였던 15세기부터 19세기 사이에 지구의 연평균 기온은 20세기보다 겨우 화씨 1°F 정도 낮았지만[9] 결과의 차이는 가히 극적이었다. 기후는 기근과 유행병에 막대한 영향을 미치기 때문이다.

만약 지구 기온이 향후 50년 동안 화씨 2~3°F 정도 상승한다면—무척 현실적인 예측이다—결과는 그만큼 처참하거나 더 나쁠 것이다. 지구의 평균기온이 파워 라인 차트의 상한선인 화씨 100°F에 이르면 지구는 지옥의 불구덩이가 될 것이다.

또한 파워 라인의 차트 제작자는 기준선을 0으로 설정하는 참으로 우스꽝스러운 일을 저질렀다. 그 설정이 잘못된 가장 큰 이유는 화씨와 섭씨 척도의 최하점이 0이 아니라는 데 있다(켈빈온도라면 모를까).

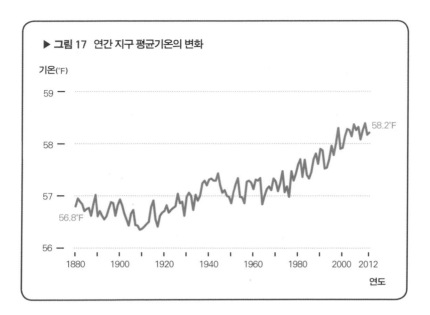

▶ 그림 17 연간 지구 평균기온의 변화

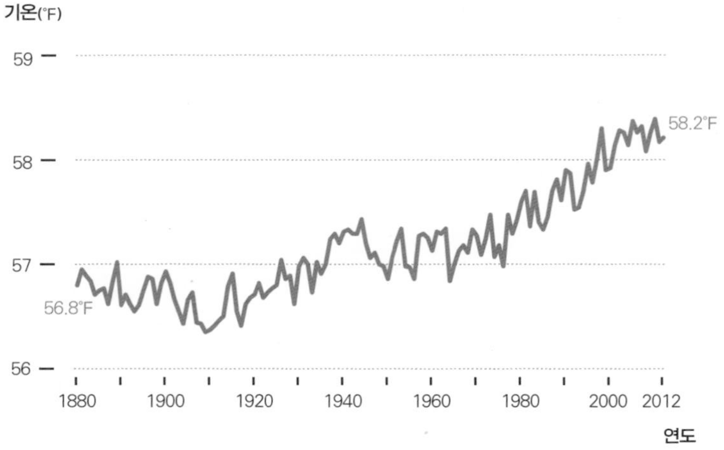

대중을 호도하지 않고 올바른 정보를 제공하고 싶다면 이 모든 사항을 신중히 고려하고 합리적인 척도와 기준선을 정해야 한다(〈그림 17〉).

"모든 차트는 영점에서 시작해야 한다"라는 말을 들어봤을 것이다. 이 말은 대럴 허프Darrel Huff의 1954년 저서 『새빨간 거짓말, 통계』 덕분에 유명해졌는데, 나는 이 사례가 그런 오해를 바로잡을 수 있길 바란다. 허프의 저서는 고전인 만큼 훌륭한 조언을 담고 있지만, 이 사례만큼은 분명 예외에 해당한다.

차트 디자인은 글쓰기와 마찬가지로 과학이자 예술이다. 불변의 법칙은 드물고, 우리가 지닌 것은 대부분 수많은 예외와 위험 부담이 수반된 융통성 있는 원칙과 지침이다. 우리는 차트를 읽는 사람으로서 모든 차트가 무조건 영점에서 시작해야 한다고 주장해야 할까? 사실은 전달하고자 하는

▶ **그림 18 세계 평균 기대 수명**

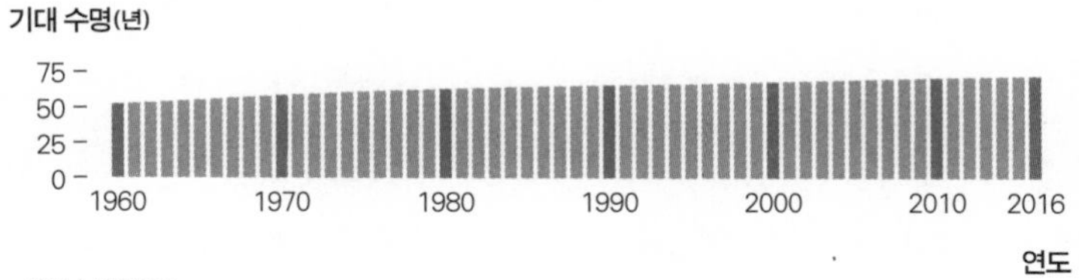

출처 | 세계은행

정보의 속성과 차트를 그릴 공간, 부호화 방법의 선택에 달려 있다.

하지만 때때로 이런 고려 사항들이 충돌한다. 전 세계의 기대 수명에 관한 다음 차트를 보라(〈그림 18〉). 그동안 크게 변하지 않은 듯하다. 그렇지 않은가?

이 차트를 그릴 때 나는 2가지 문제에 직면했다. 먼저 차트를 그릴 때의 공간이 가로는 길고 세로는 짧았다. 그리고 나는 높이를 사용해 데이터를 부호화하기로 했다(막대그래프).

이 두 요소의 결합은 차트가 체감보다 훨씬 평평해지는 결과를 가져왔다. 세계 평균 기대 수명은 1960년에는 53세였지만 2016년에는 72세까지 늘었다. 증가율로 따지자면 35%나 된다. 그러나 이 차트에서는 그 점이 강조되지 않는다. 막대가 영점에서 시작하고 높이는 데이터 수치에 비례해야 하기 때문에 전체적으로 차트의 종횡비를 맞추기 위해 막대의 높이가 짧아졌기 때문이다.

차트 디자인에서 완벽한 해답이란 없지만, 데이터 자체에 관해 추론하면 합당한 해결책을 찾을 수 있다. 전 세계 모든 국가의 기대 수명에 관한 데이터 세트를 영점 기준선에서 시작할 수도 있다. 그렇다. 물론 가능한 일이다. 하지만 논리적인 선택은 아니다. 기대 수명이 0인 나라가 있다면 그 나라에서 출생한 모든 아이가 세상에 나오자마자 사망한다는 뜻일 테니 말이다.

따라서 일반적으로 막대 차트에서 바람직하다고 여기듯이 기준선을 영점으로 설정하는 일은 이 특별한 경우에는 바람직하지 않다. 이것이 내가 앞에서 언급한 모순이다. 부호화 방법(높이) 때문에 하게 되는 선택이 있는 한편, 데이터는 다른 방법을 사용해야 한다고 말하는 것이다.

내가 따른 절충안은 높이를 부호화 방식으로 사용하지 않는 것이었다. 대신 나는 위치와 각도, 즉 선형 차트를 사용하기로 하고 기준선을 최소 수치에 가깝게 설정했다(〈그림 19〉).

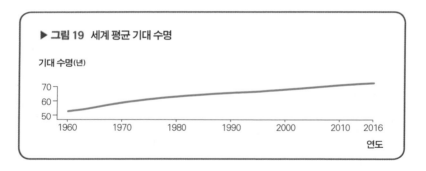

▶ **그림 19 세계 평균 기대 수명**

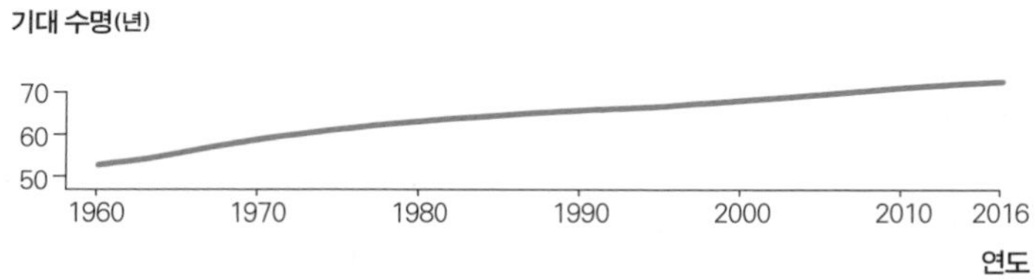

차트의 가로세로 비율인 종횡비가 마음에 들진 않지만 원래 원하는 것을 모두 가질 수는 없는 법이다. 어쨌든 내게 있는 것은 위아래가 짧고 옆으로는 긴 공간뿐이다. 언론인이나 차트 제작자들은 항상 무엇을 취하고 무엇을 버릴지 택해야 한다. 차트를 읽는 우리로서는 그들이 선택지를 정직하게 저울질하길 바랄 뿐이다. 하지만 공간의 제약이 없다면 〈그림 20〉과 같은

▶ **그림 20**

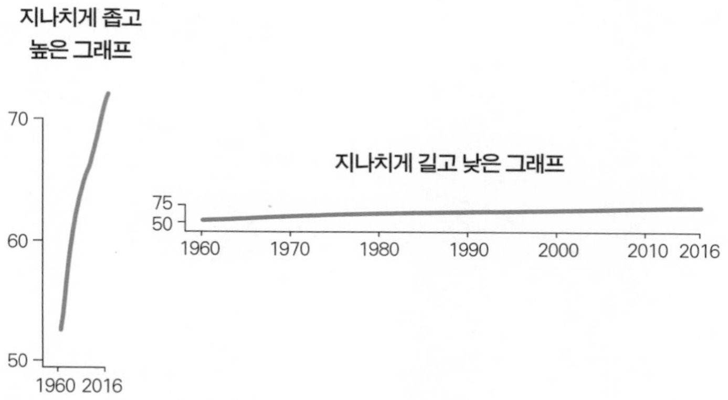

그래프는 만들지 말아야 한다.

차트를 제작할 때에는 추이를 과장하지도 축소하지도 않는 이상적인 종횡비를 찾아야 한다. 그러려면 어떻게 해야 할까? 세계 평균 기대 수명은 35% 상승했으므로 100 대 35 혹은 3분의 1로 표현할 수 있다(종횡비는 가로를 먼저 표현하므로 3 대 1이라고 하는 게 맞다). 그렇다면 이제 차트의 가로세로 비율을 대충 짐작할 수 있다. 높이에 비해 너비가 3배는 되어야 한다(〈그림 21〉).

여기서 중요한 사실 하나를 언급해야겠다. 차트 디자인에는 보편적인 규칙이 없다. 내가 앞에서 단순히 추상적인 수치가 아니라 의미와 맥락을 고려해야 한다고 말한 것 기억나는가? 때로는 지구 평균기온처럼 숫자로는 겨우 2% 상승에 불과해도 실질적 의미는 그보다 훨씬 심각할 수도 있다. 하지만 그런 경우에 차트를 100 대 2나 50 대 1 비율로 그린다면(가로가 세로

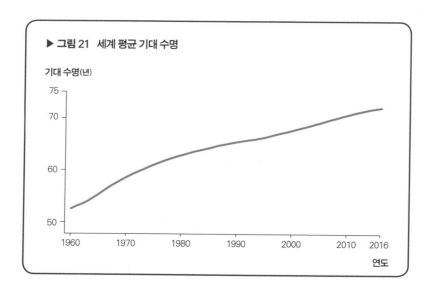

▶ 그림 21 세계 평균 기대 수명

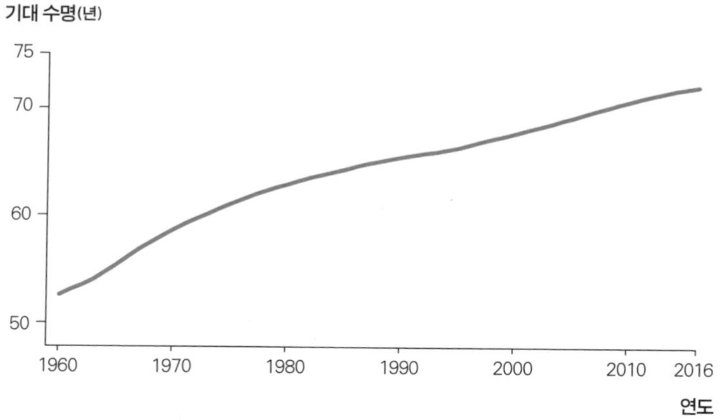

의 50배) 보는 사람 눈에는 무의미한 수치로 보일 것이다.

이 책의 핵심 메시지 중 하나는 바로 차트 디자인이 글쓰기와 비슷하다는 것이다. 차트 해석은 글을 읽는 것과 유사하다. 다만 차트 해석은 전통적인 읽기와 달리 항상 선형적으로 진행되지 않는다는 점만 다를 뿐이다. 이 글쓰기 비유를 차트에 적용하면 '지나치게 좁고 높은 그래프'는 과장된 표현이고 '지나치게 길고 낮은 그래프'는 절제된 표현이라고 할 수 있다.

글을 쓸 때처럼 차트를 고안할 때도 특정 표현이 과장인지 절제인지, 아니면 절충인지 논쟁할 여지가 있다. 또한 차트 디자인에 절대적 법칙은 없을지 몰라도 모든 법칙이 임의적이거나 독단적인 것도 아니다. 1장에서 배운 기본 문법을 적용하고 데이터의 속성을 추론하면 완벽하지는 않더라도 합당한 합의점에 이를 수 있다.

기하급수적 증가와 로그 척도

얼핏 보기에는 왜곡된 듯해도 실제로는 그렇지 않은 차트도 있다. 이를테면 〈그림 22〉를 살펴보되 척도를 적은 라벨은 읽지 않기를 바란다. 각 국가를 나타내는 원에만 집중하라. 이 차트는 각국의 기대 수명(수직축 위의 위치)과 1인당 GDP(수평축 위의 위치)를 표시한 것이다.

이제 두 축에 적힌 라벨을 읽어보자. 수평축 척도가 좀 이상하지 않은가? 각 라벨의 수치 차이가 균등하지 않고 10배씩 증가하고 있다. 이런 척도

▶ 그림 22

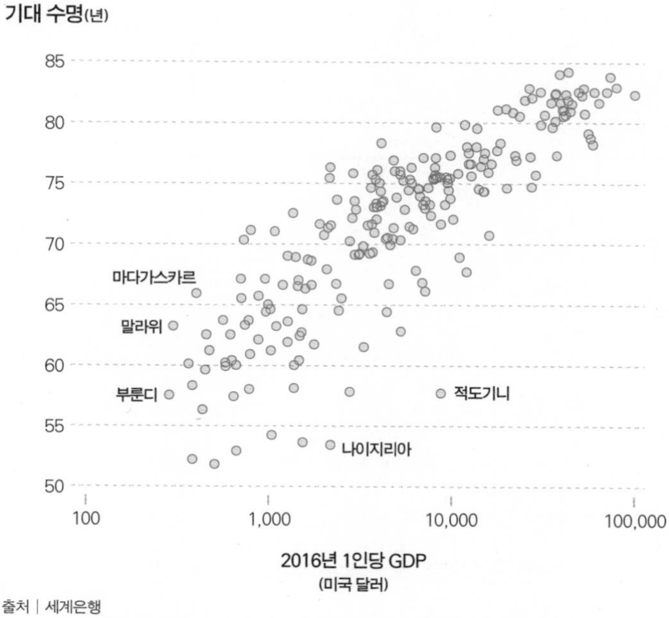

출처 | 세계은행

▶ 그림 23

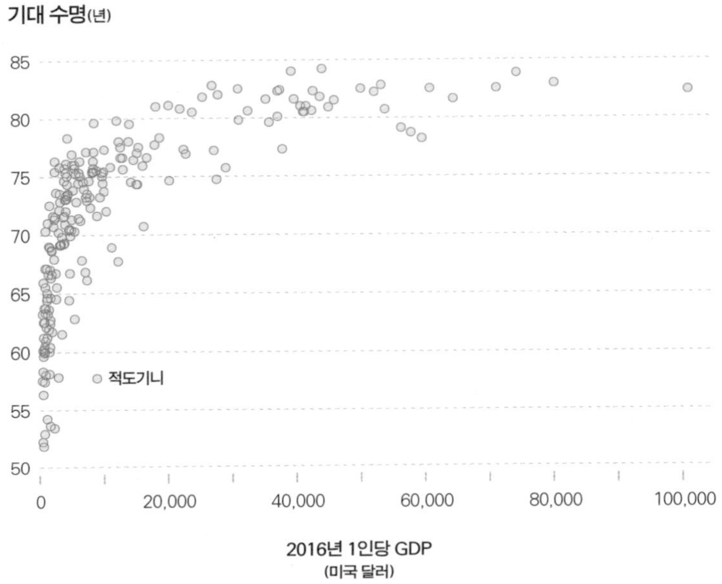

출처 | 세계은행

를 로그 척도라고 한다. 더 정확히 말하면 상용로그 척도다(밑이 다른 로그를 사용할 수도 있다).

어쩌면 누군가는 공중에 주먹을 휘두르며 이렇게 외칠지도 모르겠다. "이 차트는 거짓말이야!" 하지만 섣부른 판단은 금물이다. 이제 이 데이터와 차트가 보여주려는 의도를 생각해보자(힌트를 주자면, 내가 이 척도를 선택한 이유는 이름을 표기하여 강조한 국가들과 관련 있다).

이번에는 균등한 간격으로 표시된 수평축 척도를 살펴보자. 선형 척도라고 하는 이 척도는 모든 종류의 차트에서 가장 흔히 사용된다(〈그림 23〉).

〈그림 22〉에서 나는 몇몇 아프리카 국가들을 강조해 표시했다. 이제 〈그림 23〉에서 그 국가들을 찾아보자. 적도기니는 금방 찾을 수 있을 것이다. 예외적인 경우이기 때문이다. 적도기니는 기대 수명이 비슷한 국가들 중에서 1인당 GDP가 뚜렷하게 높다. 하지만 나이지리아, 말라위, 마다가스카르, 부룬디 등 내가 〈그림 22〉에서 강조한 다른 국가들은 1인당 GDP가 너무 낮아 기대 수명이 비교적 낮은 국가들 사이에 묻혀버렸다.

차트를 주의 깊게 읽기 전에 무조건 믿으면 안 되는 것처럼, 차트의 목적을 먼저 고려하지 않고 성급하게 거짓이라고 단언해서는 안 된다. 서론에서 인용한 미국 대선 결과를 나타낸 지도를 떠올려보라. 그 지도는 잘못되지 않았다. 대선 결과의 지리적 패턴을 보여주는 게 목적이라면 그 차트는 거짓말한 것이 아니다. 하지만 그 지도를 각 후보에 투표한 사람들의 수를 보여주는 데 사용했기 때문에 잘못된 것이다.

방금 본 산점도도 차트의 목적을 먼저 판단하지 않고서는 어느 쪽이든 거짓이라고 할 수 없다. 차트의 목적이 1인당 GDP와 기대 수명의 연관성을 보여주는 것인가? 그렇다면 〈그림 23〉이 더 바람직할 것이다. 금세 역L 자형 패턴을 포착할 수 있기 때문이다. 1인당 GDP가 낮고 기대 수명의 변산성이 넓은 국가들(거꾸로 선 L 자에서 수직선 근처에 포진한 원들)과 1인당 GDP의 변산성이 높고 기대 수명은 큰 차이가 없는 부유한 국가들(거꾸로 선 L 자의 수평선 부분)을 보라(〈그림 24〉).

그러나 〈그림 22〉의 목적은 그게 아니다. 내가 강조하고 싶은 것은 1인당 GDP가 비교적 높고 기대 수명은 낮은 아프리카 국가들(나이지리아와 적도기니)과 가난하지만 비교적 기대 수명이 높은 다른 국가들(말라위와 부룬디, 그리고 특히 마다가스카르)을 비교하는 것이다. 차트를 선형 척도로 표시하

▶ 그림 24

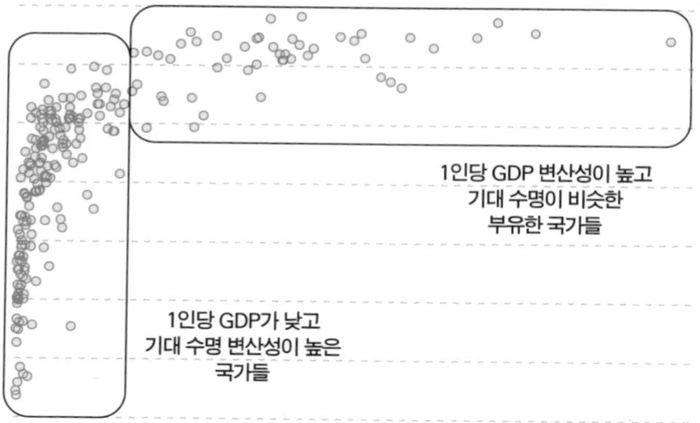

면 이런 국가들을 포착하기가 어려워진다.

로그 척도는 복잡하게 들리는데, 당신도 그동안 알게 모르게 몇 가지 사례를 봤을 것이다. 예컨대 지진의 강도를 표시하는 리히터 척도는 상용로그 척도로 표시된다. 리히터 규모 2 지진은 리히터 규모 1보다 2배 강한 것이 아니라 10배 강하다.

로그 척도는 또한 지수적 증가를 표기할 때 유용하다. 내가 우리 집 정원에서 모래쥐를 기르고 있다고 하자. 수컷 2마리, 암컷 2마리인데 각각 짝짓기를 했다. 2쌍의 모래쥐가 각각 새끼를 4마리씩 낳았고, 그 새끼들끼리 다시 짝짓기를 했다. 그 결과 이 사랑스러운 쥐들은 다시 1쌍당 각각 4마리씩의 새끼를 낳았다. 이때 모래쥐의 머릿수가 늘어나는 과정은 〈그림 25〉와 같이 나타낼 수 있다.

▶ 그림 25

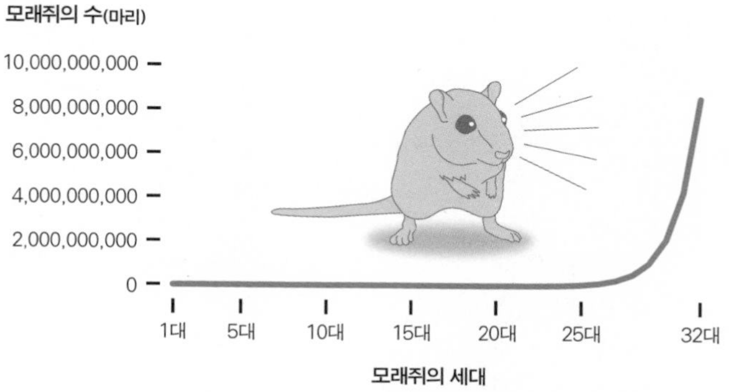

내가 모래쥐의 먹이를 얼마나 많이 사야 할지 알아보려고 이 차트를 보면 쥐가 25대째에 이르기까지는 돈이 많이 들지 않을 거라고 생각할 것이다. 그때까지는 그래프 선에 큰 변화가 없기 때문이다.

그러나 이 차트는 모래쥐가 한 세대가 지날 때마다 기하급수적으로 증식하고 있으므로 필요한 먹이량이 2배씩 늘어난다는 사실을 숨기고 있다. 그러므로 이 경우에는 밑이 2인 로그척도(2배씩 증가하는)를 사용하는 편이 적절하다. 왜냐하면 있는 그대로의 절대적 변화가 아니라 변화율이 중요하기 때문이다. 모래쥐가 32대째에 이르면 내 정원에는 세계 인구보다도 많은 모래쥐가 살게 될 테고, 그쯤 되면 모래쥐의 수를 제한하고 싶어질 것이다(〈그림 26〉).

많은 차트가 선형 척도나 로그 척도를 사용하기 때문이 아니라 데이터를 부호화할 때 데이터 자체를 이상하게 왜곡하거나 생략함으로써 거짓말을 한다. 당신도 차트의 척도 축과 기호를 〈그림 27〉처럼 중간에 자르거나

▶ 그림 26

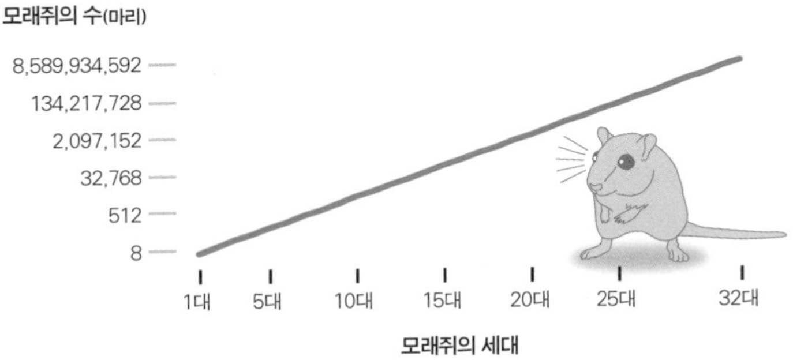

▶ 그림 27 아메리카 대륙 국가별 인구 순위

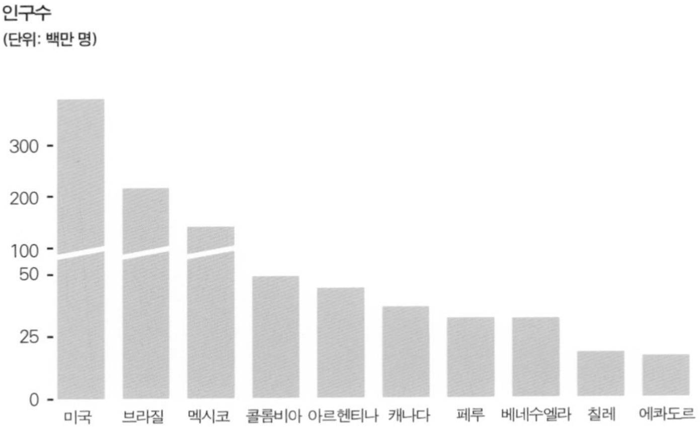

출처 | 세계은행

▶ **그림 28** 아메리카 대륙 국가별 인구 순위

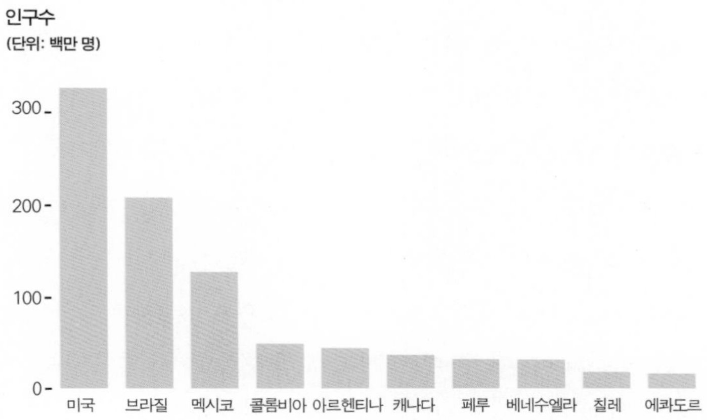

출처 | 세계은행

생략한 차트를 수없이 봤을 것이다.

이 차트가 거짓인 이유는 수직 척도의 간격이 일정하지 않고 가장 긴 막대 3개의 중간이 잘려 생략되어 있기 때문이다. 이 그래프의 실제 비율은 〈그림 28〉과 같다.

사실 〈그림 28〉에도 결점이 있다. 뒤쪽에 있는 국가들의 인구 격차가 얼마나 되는지 자세히 알아보기가 힘들기 때문이다. 우리는 차트 제작자에게 하나가 아닌 2개의 차트를 보여달라고 요구할 수 있다. 첫 번째 차트는 똑같은 척도를 이용해 모든 국가를 표시하고, 두 번째 차트는 비교적 인구가 적은 국가들만 따로 표시하는 것이다. 그러면 차트의 목적에 부합할 뿐만 아니라 척도의 일관성도 유지할 수 있다.

한 나라의 빈곤 수준을 좌우하는 색깔 척도

모든 지도는 거짓말을 한다. 지도학자 마크 몬모니어는 고전으로 평가되는 저서 『지도와 거짓말』에서 그렇게 주장했다. 이 진실은 모든 차트에 적용할 수 있다. 다만 모든 거짓말이 똑같지는 않다. 모든 지도가 거짓인 이유는 지도가 3차원인 지구 표면을 2차원 평면에 투사하는 도법을 사용하기 때문이다. 모든 지도는 지역의 면적이나 형태 같은 지리적 특성들을 왜곡한다.

〈그림 29〉는 메르카토르 도법으로 만든 지도다. 16세기에 이 방법을 처음 고안한 학자의 이름을 딴 메르카토르 도법은 적도에서 멀어질수록 실제보다 커 보인다. 예를 들어 그린란드는 사실 남아메리카보다 작고, 알래스카는 거대해 보이지만 실제로 그만큼 크지는 않다. 하지만 이 도법을 사용하면 땅덩어리의 형태는 그대로 유지할 수 있다.

반면 람베르트 정적원통正積圓筒 도법은 형태의 정확함을 포기하는 대신 표면적을 실제와 가까운 비율로 표시한다(〈그림 30〉). 〈그림 31〉은 로빈슨 도법인데, 표면의 형태도 면적도 정확하지 않지만 양쪽을 적당히 보완하여 균형을 맞춘 덕분에 람베르트 정적원통 도법보다는 훨씬 보기 좋다.

차트를 정직하게 디자인했다면 어느 도법이 좋거나 나쁘다고 말할 수는 없다. 그저 지도의 목적에 따라 '더 바람직하거나 바람직하지 않을' 뿐이다. 자녀의 방에 세계지도를 걸어놓고 싶다면 로빈슨 도법으로 만든 지도가 다른 도법으로 만든 지도보다 교육적이다. 하지만 바다를 항해할 때는 메르카토르 도법을 사용한 지도가 적절하다. 애초에 항해를 위해 그 지도를 만들었으니 말이다.[10]

모든 지도가 이처럼 거짓말을 하긴 하지만 좋은 의도를 담은 하얀 거짓

▶ **그림 29 메르카토르 도법으로 그린 세계지도**

▶ **그림 30 람베르트 정적원통 도법으로 그린 세계지도**

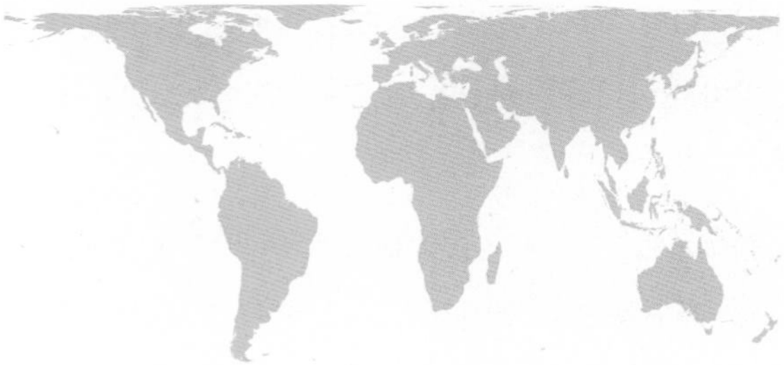

▶ **그림 31 로빈슨 도법으로 그린 세계지도**

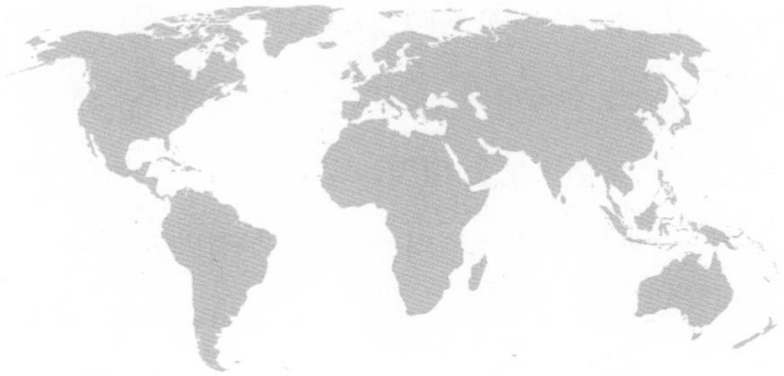

▶ 그림 32 미국 카운티별 빈곤율

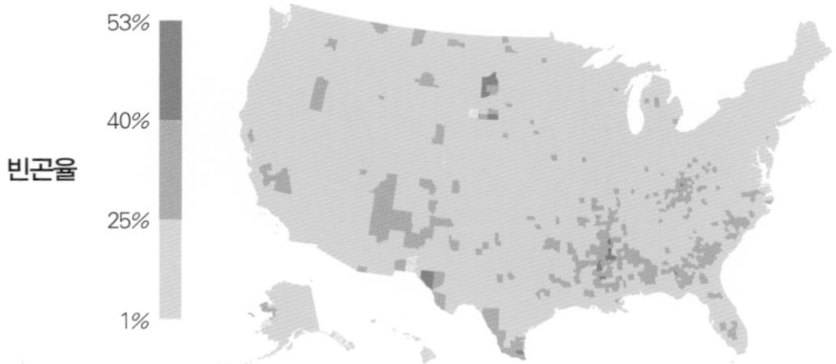

출처 | 미국 인구조사국

말이다. 우리는 어떤 차트든 현실을 제한적이고 불완전하게 표현한 결과물일 뿐 현실 자체가 아니라는 사실을 잘 안다. 모든 차트는 그런 제약 속에서 만들어진다.

차트는 의도적이든 아니든 잘못된 디자인 때문에 거짓말하기도 한다. 이를테면 색깔 척도를 조금 만지작거리는 것만으로도 경제적 빈곤이 미국에서 국지적인 문제에 불과하다고 증명할 수 있다(〈그림 32〉). 아니면 전국적으로 심각한 문제라는 사실을 보여줄 수도 있다(〈그림 33〉).

이 두 지도는 사람들에게 편향된 인식을 심어줄 수 있다. 왜냐하면 내가 〈그림 32〉처럼 현실을 축소하거나 〈그림 33〉처럼 과장하기 위해 색상 그룹(차트 용어로는 빈bin)을 신중하게 골랐기 때문이다. 〈그림 33〉의 문제점은 색깔의 척도에 있다. 가장 어두운 영역은 빈곤율이 16%에서 53% 사이인 카운티를 표시한 것이다. 미국 전역의 카운티 중 절반이 이 부분에 해당하며, 나머지 절반은 빈곤율이 1%에서 15% 사이인 지역이다. 따라서 이 방법을

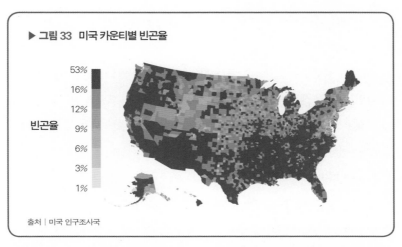

▶ **그림 33 미국 카운티별 빈곤율**

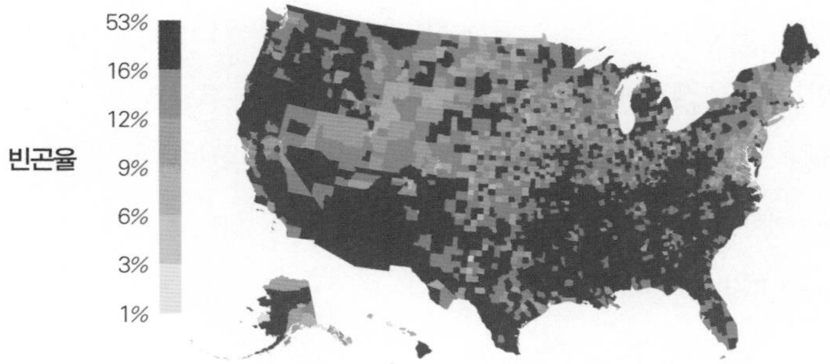

출처 | 미국 인구조사국

▶ **그림 34 미국 카운티별 빈곤율**

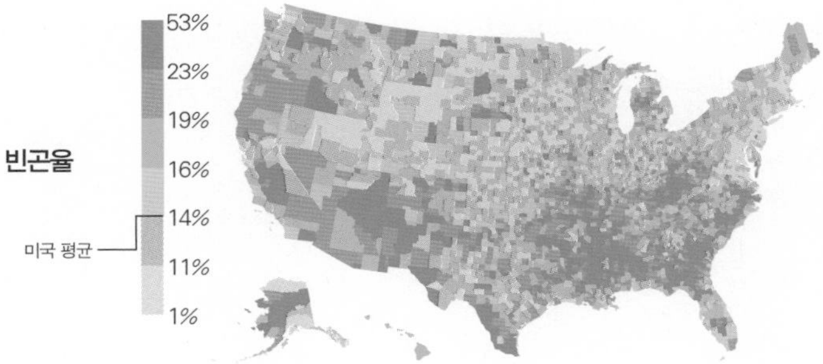

출처 | 미국 인구조사국

사용하면 미국 지도를 깜짝 놀랄 정도로 빨갛게 만들 수 있다.

그보다 합리적인 척도를 사용하면 다양한 색깔 구간으로 전국의 카운티를 균등하게 분포시킬 수 있다. 미국에는 약 3000개의 카운티가 있는데, 〈그림 34〉는 각각 약 500개의 카운티로 이루어진 6가지 색깔 구간으로 표시한 것이다(3000개의 카운티를 6가지 색깔 구간으로 나누면 각 구간마다 약 500개의 카운티가 해당된다).

하지만 잠깐! 내가 그리는 지도의 제목이 "빈곤율이 25% 이상인 카운티"라면 어떨지 생각해보자. 이때는 첫 번째 지도인 〈그림 32〉가 적합하다. 빈곤율이 25% 이상과 40% 이상인 카운티만 강조했기 때문이다. 앞에서도 말했지만, 차트 디자인은 보여주려는 데이터의 특성과 그로부터 도출하려는 의미에 따라 달라져야 한다.

좋은 차트는 데이터를 얼마나 정확하게, 그리고 올바른 비례에 맞춰 부호화했느냐에 달려 있다. 하지만 그 전에 고려해야 할 사항이 있다. 바로 데이터 자체의 신뢰성이다. 차트를 읽을 때는 가장 먼저 데이터의 출처에 주목해야 한다. 이 데이터는 어디서 나왔을까? 이 출처를 신뢰해도 좋은가? 우리에게 주어진 정보의 질을 어떻게 평가할 수 있을까? 3장에서 자세히 알아보자.

3장

무엇을 측정하고 어떻게 집계했는가

데이터 신뢰도

How Charts Lie

쓰레기가 들어가면 쓰레기가 나온다

나는 "쓰레기가 들어가면 쓰레기가 나온다"라는 말을 좋아한다. 컴퓨터 과학자와 논리학자, 통계학자들이 자주 말하는 경구인데, 논거가 아무리 매력적이고 설득력 있어도 전제가 잘못되면 논거도 잘못된다는 뜻이다.

차트도 마찬가지다. 아무리 근사하고 흥미롭고 인상적이어도 잘못된 데이터에 근거했다면 그 차트는 거짓말한 것이다. 그렇다면 쓰레기를 집어넣기 전에 그게 쓰레기임을 어떻게 알아볼 수 있을까?

차트를 좋아하는 사람들에게 소셜 미디어는 무한한 재미와 놀라움의 보고다. 얼마 전 체코공화국의 수학자이자 지도학자 자쿱 마리안Jakub Marian이 유럽의 헤비메탈 밴드 분포 현황을 보여주는 지도를 만들었다. 〈그림 1〉은 핀란드와 내 고향인 스페인을 강조한 버전이다.[1]

▶ **그림 1 유럽 헤비메탈 밴드 분포**

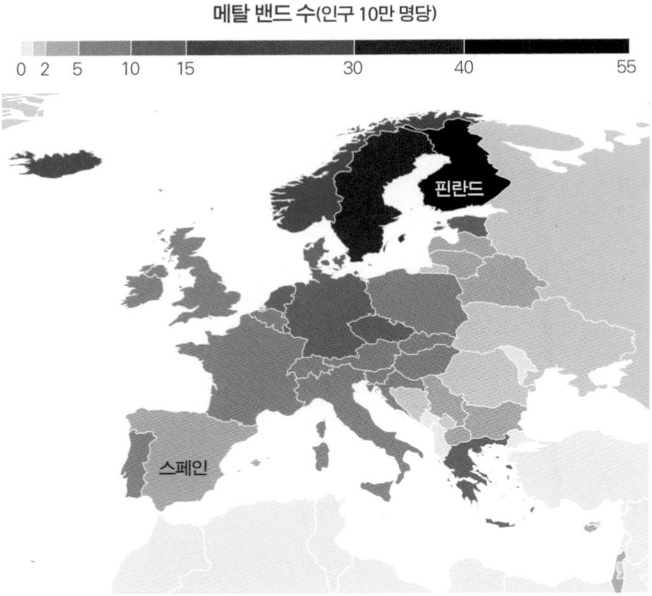

하드록과 (익스트림 메탈이 아닌) 헤비메탈의 팬인 나는 그 지도가 너무 마음에 들어서 페이스북과 트위터의 친구들에게 열심히 전파했다. 그 지도는 내 생각을 증명해주었다. 많은 밴드가 북유럽 출신이었고, 핀란드는 세계 헤비메탈의 수도임에 마땅했다.

그러다 좀 의아해졌다. 이 데이터의 출처를 신뢰할 수 있을까? 여기서 헤비메탈은 정확히 뭘 가리키지? 의심을 품는 것은 정당한 일이다. 이 책에서 가장 중요한 교훈 중 하나가 바로 마음속 믿음을 강화하는 차트야말로 우리를 잘못된 길로 이끌 가능성이 가장 크다는 점이다.

차트를 읽을 때는 차트를 만든 사람이 데이터의 출처를 확인했는지 여부를 가장 먼저 파악해야 한다. 그렇지 않았다면 붉은 경고등이 반짝일 것이다! 여기서 미디어 독해력media literacy의 가장 기본적인 원리를 도출할 수 있다. **기사의 출처를 명시하지 않거나 관련 링크를 제시하지 않은 매체는 '절대로' 신뢰하지 말라.**

다행히 자쿱은 투명성의 중요성을 알았기 때문에 해당 데이터의 출처가 인사이클로피디아 메탈럼Encyclopaedia Metallum이라는 웹 사이트라고 밝혔다. 나는 과연 그 데이터 세트가 오로지 헤비메탈 밴드로만 이루어졌는지 확인하기 시작했다.

출처를 확인할 때는 '어떤 데이터를 집계했는지'를 반드시 검토해야 한다. 문제의 데이터가 진짜 메탈 밴드만 집계했는가, 아니면 다른 밴드들도 포함했는가? 이를 검증하려면 가장 먼저 당신 생각에 전형적인 헤비메탈 밴드를 떠올려보라. 우리가 헤비메탈과 연관 지어 생각하는 가치와 미학, 특유의 스타일을 지니고 있는 밴드는 무엇인가? 만약 인사이클로피디아 메탈럼에서 다룬 밴드가 이상적인 밴드에 가깝다면, 즉 차이점보다 유사점이 더 많다면 이 데이터는 진짜 메탈 밴드만을 집계한 것이다.

틀림없이 당신은 메탈리카Metallica나 블랙 사바스Black Sabbath, 모터헤드Motörhead, 아이언 메이든Iron Maiden이나 슬레이어Slayer를 생각했을 것이다. 그렇다, 그들도 분명히 메탈 밴드다. 그렇지만 유럽에서 태어나 1980년대에 유년기를 보낸 내가 가장 먼저 떠올리는 밴드는 주다스 프리스트Judas Priest다.

주다스 프리스트는 헤비메탈 밴드에 필요한 모든 것을 갖추었다. 나는 이들이야말로 가장 헤비메탈 밴드답다고 생각하는데, 보통 사람들이 메탈 밴드라고 인식하는 모든 특성을 갖추었기 때문이다. 복장과 태도 그리고 비주얼까지. 장발, 딱 달라붙는 가죽 옷, 검은 바지와 재킷에 박힌 번쩍이는 스파이크, 과장되게 일그러뜨린 표정 그리고 반항적인 포즈.

음악적 특성과 무대 위 매너는 어떤가? 이들은 순수한 헤비메탈 음악을 한다. 주다스 프리스트의 영상을 한번 찾아보라. 〈파이어파워Firepower〉나 〈램 잇 다운Ram It Down〉, 〈페인킬러Painkiller〉, 〈헬 벤트 포 레더Hell Bent for Leather〉 등등 끝없이 이어지는 기타 리프와 솔로 연주, 우레처럼 울리는 드럼, 모두 한 몸처럼 똑같은 동작으로 '진짜배기' 메탈 밴드답게 헤드뱅잉하는 모습, 죽음을 예언한다는 귀신 밴시banshee가 울부짖는 소리 같은 핼포드의 목소리.

인사이클로피디아 메탈럼이 명시한 모든 밴드가 주다스 프리스트와 다른 점보다 비슷한 점이 더 많다면 이 데이터는 메탈 밴드만 집계했다고 볼 수 있다. 그러나 학술 문헌(그렇다. 메탈 음악에도 그런 게 있다)과 메탈의 역사 그리고 해당 장르에 관한 위키피디아의 서술에 익숙한 나는 다른 종류의 밴드들도 '메탈'로 분류되는 것을 본 적이 있다. 포이즌Poison이 대표적인 예다. 이들은 결코 메탈 밴드가 '아니다.'

포이즌은 내가 10대 때 인기 만발이었던 글램 록 그룹이다. 위키피디아를 포함한 많은 자료가 이들을 메탈 밴드로 분류하는데, 나는 비약이라고 생각한다. 나는 심지어 일부 잡지에서 저니Journey나 포리너Foreigner 같은 멜로디 록 그룹을 메탈 밴드로 부르는 것도 봤다. 좋은 밴드들이지만 메탈이라니 어떻게 그런 말씀을.

어쨌든 나는 인사이클로피디아 메탈럼의 데이터베이스를 한참 훑어봤는데, 여기에는 이런 밴드들이 포함되어 있지 않았다. 메탈 밴드 목록에 있는 밴드들 중 일부를 찾아봤는데 다들 꽤나 메탈에 가까워 보였다. 적어도 대충 봤을 때는 말이다. 솔직히 모두 꼼꼼하게 살펴보진 않았다. 하지만 어쨌든 인사이클로피디아 메탈럼이 선택한 목록은 타당해 보였고, 황당한 실수도 저지르지 않은 것 같았다. 덕분에 나는 안심하고 친구와 동료들에게 다시 메탈 지도를 보냈다.

퍼센트와 퍼센트포인트의 차이

차트를 볼 때 가장 중요한 일 가운데 하나는 '어떤' 데이터를 '어떻게' 집계했는지 검토하는 것이다. 내 제자였고 지금은 워싱턴시에서 기자로 일하는 루이스 멜가Luís Melga가 플로리다주의 학교에 등록된 무숙자 아동들에 관해 "지붕 없는 학교"라는 탐사 보도를 한 적이 있다. 플로리다주의 학생들 중 무숙자 아동의 수는 2005년에 2만 9454명에서 2014년에는 7만 7446명까지 늘었다. 일부 카운티에서는 전체 학생 5명 가운데 1명이 안정적인 거주지 없이 떠돌고 있다(〈그림 2〉).

나는 보도 기사를 보고 엄청난 충격을 받았다. 그렇게 많은 학생이 길거리를 떠돈다고? 어쨌든 무숙자homeless라는 단어를 들었을 때 가장 먼저 그 모습이 떠올랐으니까. 하지만 사실은 약간 달랐다. 루이스의 보도에 따르면 플로리다의 공공 교육 시스템은 밤 시간에 머무를 고정적이고 지속적이며 적절한 거주지가 없거나 집을 잃거나 또는 경제적 어려움 때문에 가족이나 가까운 친척이 아닌 사람들과 함께 사는 학생을 '무숙 상태'로 정의한다.

따라서 이 학생들의 대다수가 길거리를 떠도는 것은 아니다. 하지만 그렇다고 안정적인 집에 살고 있는 것도 아니다. 설명을 듣고 나면 이 지도가

▶ **그림 2 미국 플로리다주 카운티별 무숙 학생의 비율**

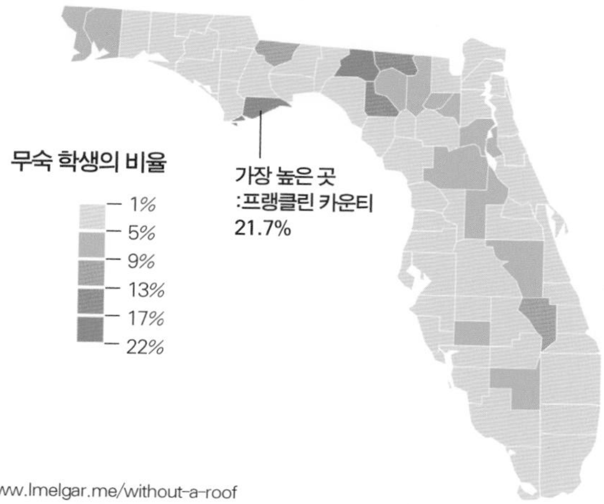

출처 | www.lmelgar.me/without-a-roof

그리 심각해 보이지 않는다고 생각할 수도 있지만, 사실 매우 심각한 문제다. 안정적인 거주지가 없고 이 집에서 저 집으로 자주 거처를 옮겨 다녀야 한다면, 루이스의 조사 결과가 보여주듯이 학업 수행 능력이 떨어지고 문제 행동을 하고 나아가 장기적 결과에 부정적인 영향을 미칠 수 있다. 무숙자 문제를 해결하기 위한 논의가 매우 중요한 만큼, 그러한 논의를 시작하려면 관련 차트가 정확하게 무엇을 측정하고 집계했는지 알아야 한다.

인터넷과 소셜 미디어는 정보를 생성하고 탐색하고 확산할 수 있는 강력한 도구다. 내 소셜 미디어 계정은 언론인과 통계학자, 과학자, 디자이너, 정치인과 그 사람들의 친구와 전혀 모르는 이들이 쓰거나 퍼다 옮긴 뉴스와 반응들로 가득하다. 우리 모두는 끝없는 헤드라인과 사진, 영상 자료의 홍수 속에서 쉴 새 없이 허우적대고 있다.

나는 소셜 미디어를 좋아한다. 잘 모르는 차트 제작자들이 디자인한 수많은 차트 그리고 소셜 미디어가 없었다면 몰랐을 저자들의 글을 만날 수 있기 때문이다. 나는 소셜 미디어 덕분에 훌륭하거나 미심쩍은 차트들을 많이 접했다. 예를 들어 나는 국회의원들이 들고 나오는 이상한 차트들만 모아놓은 트위터 계정 플로어차트FloorCharts를 폴로하고 있다. 〈그림 3〉은 와이오밍주 상원 의원 존 버라소John Barraso가 내놓은 차트다. 이 차트는 %와 %p가 어떻게 다른지 모르는 사람이 만들었다. 어떤 수치가 39%에서 89%로 증가했다면 50%가 증가한 것이 아니라 50%p가 증가한 것이고, 다시 말해 128%가 증가한 것이다.

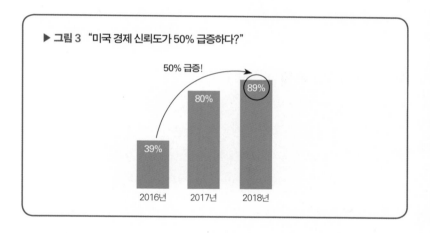

▶ 그림 3 "미국 경제 신뢰도가 50% 급증하다?"

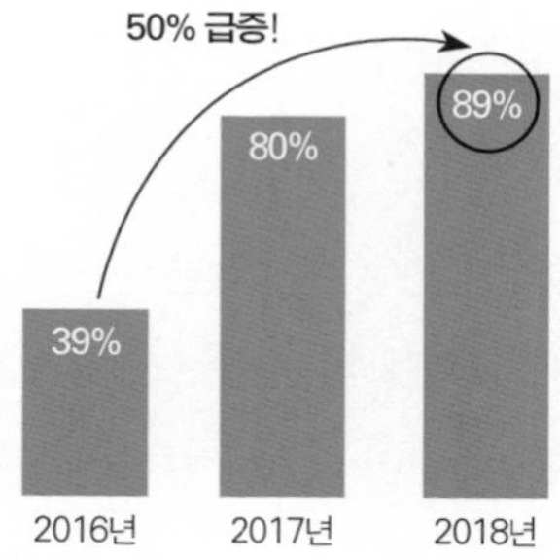

소셜 미디어에도 어두운 면이 있다. 소셜 미디어의 핵심 기능은 정보 공유이므로, 우리는 관심을 사로잡는 게 있으면 깊게 생각하지 않고 재빨리 퍼뜨릴 수 있다. 내가 헤비메탈 지도를 보고 아무 생각 없이 주위에 퍼뜨린 것도 바로 그 때문이다. 그 지도가 나의 기존 믿음과 부합했기 때문에 충분히 생각하지도 않고 주변 사람들과 공유했다. 그러고는 죄책감을 느끼며 공유를 취소했다가 데이터의 출처를 검증한 후에야 다시 안심하고 배포했다.

자신이 아는 것을 다른 이들과 공유하고 싶다는 충동을 조금만 억제하면 세상은 훨씬 살기 좋아질 것이다. 과거에는 정보를 발행하는 플랫폼에 접근할 수 있는 전문가인 신문, 잡지, 방송국의 소유주와 언론인들이 대중이 접하는 정보를 통제했다. 오늘날에는 누구나 정보를 취사선택해 공개적으로 전시할 수 있다. 그 역할에는 특별한 책임이 따른다. 그중 하나가 우리가 읽고 퍼뜨리는 정보가 과연 정확한지 최대한 확인하고 검증하는 것이다. 특히 그 정보가 우리의 사상적 신념이나 편견과 일치하거나 이를 강화할 때는 더더욱 그렇다. 때로는 사람의 생사가 달린 문제가 될 수 있기 때문이다.

최악의 총기 사건을 불러온 차트

2015년 6월 17일 저녁 미국 사우스캐롤라이나주 찰스턴에 있는 이매뉴얼 아프리카 감리교 성공회 교회에 딜런 루프Dylann Roof라는 21세 남성이 찾아왔다. 그는 존경받는 지역 명사이자 20년 가까이 의회에서 일해온 클레멘타 핑크니Clementa Pinckney 목사를 만나고 싶다고 요청했다.[2]

핑크니 목사는 루프를 교회 지하에서 열리는 성경 수업에 데려갔다. 핑크니 목사와 신도들이 그 성스러운 책에 관해 토론하는 자리였다. 열띤 토론이 벌어진 후, 갑자기 루프가 권총을 꺼내 들더니 9명의 신도를 살해했다. 한 피해자가 제발 그러지 말라고 애원했지만, 루프는 이렇게 대답했다. “안 돼. 너희는 우리 여자들을 강간하고 우리 나라를 지배했어. 난 내가 해야 할

일을 하는 것뿐이야." 그가 말한 "너희"는 '아프리카계 미국인들'이었다. 이매뉴얼 교회는 미국에서 가장 오래된 흑인 감리교 교회다.

체포된 루프는 연방정부 관할하에서 최초로 증오 범죄로 사형을 언도받았다.[3] 그는 성명서와 자백을 통해 자신이 어떻게 극심한 인종차별적 사고에 빠졌는지 설명했다. 그는 인터넷에서 '백인에 대한 흑인들의 범죄'에 관한 정보를 검색했다.[4] 그가 처음으로 접한 정보의 출처는 인종차별 조직인 보수시민위원회Council of Conservative Citizens였다. 이 단체는 웹 사이트에 흑인 범죄자들이 백인을 '백인이라는 이유만으로' 범행의 대상으로 삼는다는 차트를 올려놨다(〈그림 4〉).[5]

▶ 그림 4 강력 범죄 가해자 인종별 피해자 분포 현황

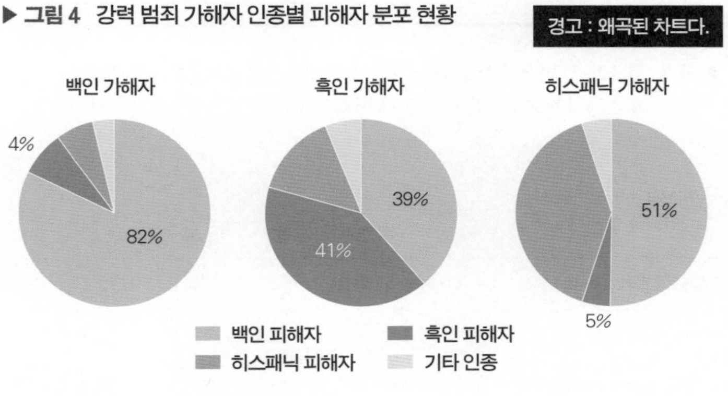

출처 | 미국 사법통계국Bureau of Justice Statistics

인간은 본능적으로 보고 싶은 것을 보는 경향이 있다. 루프도 예외는 아니었다. 그의 성명서는 그가 어린 시절과 청소년기에 인종적 불만에 물들었고, 이후 극단주의 조직이 정치적 이해 때문에 왜곡한 데이터와 차트가 그러한 사고를 공고히 했음을 보여준다. 백인 우월주의자 재러드 테일러Jared Taylor가 만든 보수시민위원회의 차트는 《내셔널리뷰》의 헤더 맥 도널드Heather Mac Donald가 쓴 혼란스러운 기사에서 비롯되었다.[6] 이 사례는 원데이터의 출처를 검증하고 차트 제작자가 해당 수치를 어떻게 산출했는지를 설명하는 작은 글씨를 읽는 일이 얼마나 중요한지를 말해준다.

테일러가 사용한 데이터는 미국 사법통계국의 범죄 피해 조사 결과에 근거했는데, 이 자료는 구글 검색으로 쉽게 볼 수 있다. 구체적으로 말하면, 테일러의 차트는 〈표 1〉을 바탕으로 만든 것이다. 숫자를 어떤 방향으로 읽어야 하는지 알려주기 위해 작은 화살표를 첨가했다. 붉은색 상자 안의 수치를 가로로 모두 더하면 100%가 된다.

▶ 표 1 2012~13년 인종/히스패닉계(또는 히스패닉계로 인지되는) 피해자와 히스패닉계 가해자에 따른 강력 범죄 피해자 분포 현황

피해자 인종	연 평균 피해자 수	가해자 인종						
		총합		백인(a)	흑인(a)	히스패닉	기타(a, b)	알 수 없음
전체 강력 범죄	6,484,507	100	↔	42.9	22.4	14.8	12.1	7.8
백인(a)	4,091,971	100	↔	56.0	13.7	11.9	10.6	7.8
흑인(a)	955,800	100	↔	10.4	62.2	4.7	15.0	7.7
히스패닉	995,996	100	↔	21.7	21.2	38.6	11.6	6.9
기타(a, b)	440,741	100	↔	40.3	19.3	10.6	20.3	9.5

(a) 히스패닉 또는 라틴계 제외
(b) 아메리카 원주민, 알래스카 원주민, 아시아계, 하와이계, 기타 태평양 군도 및 둘 이상의 인종에 포함되는 사람들 포함

출처 | 미국 사법통계국

표는 살인을 제외한 강력 범죄를 분류한 것이다. '백인'과 '흑인'에서 히스패닉계 및 라틴계 백인과 라틴계 흑인이 제외되었다는 사실을 명심하라. '히스패닉'은 스페인어를 사용하거나 라틴아메리카계인 사람들을 말하며, 피부색이나 인종과는 상관이 없다.

이 표와 테일러가 만든 차트의 숫자는 이해하기가 꽤나 까다롭다. 일단 표의 내용부터 살펴보자. 나 또한 차근차근 짚어보지 않았다면 이 숫자들을 이해하는 데 애를 먹었을 것이다.

- 2012년과 2013년에 약 650만 명이 살인을 제외한 강력 범죄의 피해자가 되었다.
- 그중 400만 명 이상(총피해자의 63%)이 백인이며, 약 100만 명(총피해자 중 15%)이 흑인이다. 나머지는 기타 인종 또는 민족에 속한다.
- 백인 피해자 중 56%가 백인 가해자로부터 피해를 입었다. 13.7%는 흑인의 공격을 받았다.
- 흑인의 경우, 흑인 피해자 중 10.4%가 백인 가해자의 공격을 받았으며 62.2%가 흑인 범죄자의 피해자다.

표의 요지이자 진짜 데이터가 말하는 바는 다음과 같다. 강력 범죄에 대한 비非히스패닉 백인 및 흑인 피해자의 비율은 미국의 인구 구성 비율과 비슷하다. 피해자의 63%가 비히스패닉 백인인데, 인구조사국에 따르면 미국 인구의 61%가 비히스패닉 백인이기 때문이다(히스패닉과 라틴계 백인까지 합하면 70%). 피해자의 15%가 흑인인데, 미국에 거주하는 아프리카계 미국인의 인구 비율이 13%다.

범죄가 발생한 경우 피해자와 가해자는 대개 같은 인구 통계 집단일 때

▶ **그림 5 강력 범죄 피해자 인종별 가해자 분포 현황**

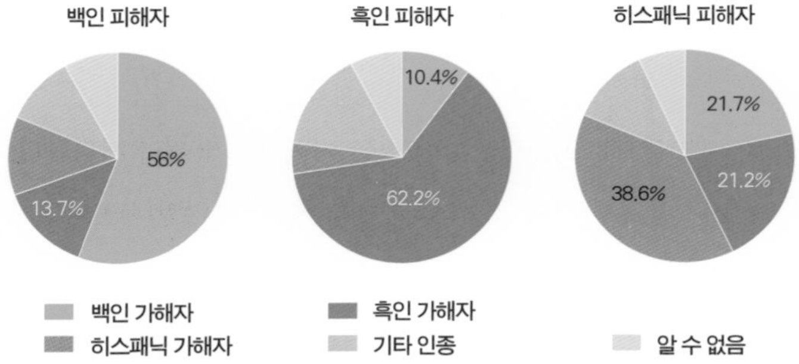

가 많다. 테일러와 같은 부호화 방식으로 차트를 정확하게 그리면 〈그림 5〉와 같다.

테일러가 산출한 수치는 왜 사법통계국의 수치와 다를까? 인종차별을 부추기는 선입견을 강화하기 위해 산술적으로 교묘한 재주를 부렸기 때문이다. 테일러의 말을 빌리자면 "백인은 범죄를 저지를 때 같은 백인을 택하고 (대부분의 경우) 흑인은 공격하지 않는다. 흑인은 같은 흑인들을 공격하는 것과 비슷하게 백인들을 공격한다"라는 믿음 말이다.

테일러는 이러한 결과를 도출하기 위해 사법통계국의 표에 나타난 백분율 수치를 피해자의 수로 둔갑시켰다. 이를테면 해당 표에는 백인 피해자 400만 명이 있고, 그중 56%가 백인 가해자의 피해자다. 즉, 약 230만 명이 같은 백인 범죄자의 피해자인 셈이다. 테일러가 구상한 표는 〈표 2〉와 비슷할 것이다.

그다음 테일러는 이 표를 세로열로 읽어 '합계'를 분모로 사용해 다른

▶ **표 2 2012~13년 인종/히스패닉계(또는 히스패닉계로 인지되는) 피해자와 히스패닉계 가해자에 따른 강력 범죄 피해자 분포 현황**

피해자 인종 및 민족	연 평균 피해자 수	백인 가해자	흑인 가해자	히스패닉 가해자	기타 가해자	알 수 없음
합계	6,484,507	2,781,854	1,452,530	959,707	784,625	505,792
백인	4,091,971	2,291,504	560,600	486,945	433,749	319,174
흑인	955,800	99,403	594,508	44,923	143,370	73,597
히스패닉	995,996	216,131	211,151	384,454	115,536	68,724
기타	440,741	177,619	85,063	46,719	89,470	41,870

▶ **표 3 2012~13년 인종/히스패닉계(또는 히스패닉계로 인지되는) 피해자와 히스패닉계 가해자에 따른 강력 범죄 피해자 분포 현황**

피해자 인종 및 민족	연 평균 피해자 수	백인 가해자	흑인 가해자	히스패닉 가해자	기타 가해자	알 수 없음
합계	6,484,507	2,781,854	1,452,530	959,707	784,625	505,792
백인	63.1%	82.4%	38.6%	50.7%	55.3%	63.1%
흑인	14.7%	3.6%	40.9%	4.7%	18.3%	14.6%
히스패닉	15.4%	7.8%	14.5%	40.1%	14.7%	13.6%
기타	6.8%	6.4%	5.9%	4.9%	11.4%	8.3%

숫자들을 백분율로 변환했다. 예를 들어 '흑인 가해자' 세로열을 보자. 흑인 가해자의 총피해자는 145만 2530명이다. 그중 56만 600명이 백인이며, 이는 전체의 38.5%다. 그 결과 테일러가 도출한 파이 차트의 기반인 표는 〈표 3〉과 같다. (테일러와 내가 계산한 수치에서 유일한 차이라면 내 경우에는 백인 가

해자의 백인 피해자 비율이 82.4%인 반면, 그의 결과는 82.9%라는 것이다.)

산술적으로 말하면 이 백분율은 옳을 수도 있다. 그러나 숫자를 의미 있게 만드는 것은 산술적 요소가 아니다. 숫자는 항상 맥락에 따라 해석해야 한다. 테일러는 적어도 4가지 미심쩍은 가정을 했다.

먼저 미국의 인종 구성비를 무시했다. 인구조사국에 따르면 2016년 미국 인구의 약 73%는 백인(히스패닉 및 라틴계 백인 포함)이고 약 13%는 흑인이다. 이 같은 사실에 근거해 마이애미대학교 대학원생이자 데이터 분석가인 앨리사 파워스Alyssa Fowers가 계산한 바에 따르면 다음과 같다.

> 가상의(또한 매우 활동적인) 백인 범죄자가 절반은 같은 인종에, 그리고 나머지 절반은 전체 인구에 무작위로 범죄를 저지른다면 피해자의 비율은 백인이 86.5%, 그리고 흑인은 6.5%일 것이다.
> 반면에 흑인 범죄자가 정확하게 같은 일을 저지른다면—범죄의 절반은 같은 인종, 나머지 절반은 전체 인구에 무작위 범죄—흑인 피해자는 56.5%에 불과하며 백인 피해자는 36.5%에 이를 것이다. 백인 범죄자가 흑인 피해자를 노리는 것보다 흑인 범죄자가 의도적으로 백인을 더 많이 노리는 것처럼 보인다. 그러나 실제로는 미국의 인구 구성비 때문에 백인이 흑인보다 범죄의 피해자가 될 가능성이 더 높은 것뿐이다.

두 번째로 잘못된 테일러의 가정은 자신의 계산법이 사법통계국 통계보다 낫다고 생각한 것이다. 실제로는 완전히 반대다. 강력 범죄의 특성 때문이다. 범죄자는 보통 자신과 비슷하며 인근 지역에 거주하는 사람들을 희생자로 삼는다. 이를테면 많은 강력 범죄가 가정 폭력의 산물이다. 사법통계국은 "인종 내 범죄율은 강도를 제외한 모든 종류의 강력 범죄에서 인종 간 범죄율보다 높다"라고 밝히고 있다. 강도 사건만 예외인 이유는 강도들은 대개 더 부유한 사람들을 노리기 때문이다.

이 마지막 사실은 테일러의 세 번째 잘못된 가정과 관련 있다. 바로 범죄자들이 인종에 기초해 피해자를 선택하며, 흑인이 백인을 공격하기로 선택하는 비율이 백인이 흑인을 공격하기로 선택하는 비율보다 높다는 것이다. 그러나 범죄를 사전에 계획하지 않는 이상 범죄자들은 피해자를 선택하지 않으며, 따라서 인종에 따라 피해자를 선택한다는 주장은 어불성설이다. 대부분의 경우 강력 범죄 가해자가 피해자를 공격하는 이유는 화가 났거나 귀중품을 빼앗기 위해서다. 흑인 범죄자들이 백인들에게 강도짓을 한다고? 당연히 일어난다. 그렇지만 인종이 원인인 것은 아니다.

네 번째 가정은 그나마 데이터와 가장 관련이 높다. 테일러는 독자들에게 실제 인종차별 때문에 발생한 범죄, 즉 증오 범죄에 관해 알리고 싶지 않았다. 그러나 이러한 범죄들은 실제로 집계되어 발표되고 있으며, 그의 주장을 뒷받침하기에 더 적절했을 것이다. 2013년 법 집행 기관들의 보고에 따르면 3407건의 증오 범죄가 실제로 인종차별 때문에 촉발되었다. 그중 66.4%가 흑인에 대한 편견과 반감 때문에 일어났고, 21.4%는 반反백인 정서에서 비롯되었다.[7]

테일러의 차트에 포함되어야 하는 것은 바로 이런 숫자들이다. 조지메이슨대학교 교수 데이비드 A. 슘David A. Schum이 저서 『확률 추론의 근거The Evidential Foundations of Probabilistic Reasoning』[8]에서 언급했듯이, 데이터는 "특정 추론과의 연관성이 확립될 때에만 그에 대한 증거가 된다." 많은 범죄 가해자가 흑인이고 많은 피해자가 백인이라는 것만으로는 범죄자가 피해자를 고의로 선택하거나 그러한 선택이 인종적 동기 때문이라는 추론의 증거가 되지 못한다.

만일 딜런 루프가 보수시민위원회에서 멋대로 주무른 수치가 아니라 다른 통계자료를 접했다면 어떻게 됐을지 궁금해진다. 그의 인종차별적인 믿음이 바뀌었을까? 그랬을 것 같지는 않다. 하지만 최소한 그런 믿음이 더 확고해지지는 않았을 것이다. 미심쩍은 계산법과 차트는 말 그대로 치명적인 결과를 불러올 수 있다.

같은 숫자도 다른 말을 할 수 있다

경제학자 로널드 코스Ronald Coase는 데이터를 충분히 고문하면 뭐든 자백하게 되어 있다고 말했다.[9] 이는 사기꾼들이 입맛에 맞게 활용하는 주문이기도 하다. 잘못된 차트가 딜런 루프의 인종차별적 믿음을 강화한 것처럼, 어떻게 조작하느냐에 따라 똑같은 숫자가 완전히 다른 메시지를 전달할 수도 있다.

내가 직원이 30명인 B 회사를 운영하고 있고, 매년 주주들에게 연례 보고서를 보낸다고 치자. 이 보고서는 B 회사가 평등을 최고의 가치로 여기며 남성과 여성을 같은 수로 채용하고 있다고 언급한다. 또한 여성이 일터에서 남성보다 낮은 임금을 받는 경향을 보완하기 위해 여성 직원의 5분의 3이 직급이 같은 남성 직원들보다 높은 임금을 받고 있다고 주장한다. 이는 진실일까 거짓일까? 관련 데이터를 표로 제시하기 전까지는 아무도 모를 것이다(〈표 4〉).

나는 새빨간 거짓말을 하진 않았지만, 그렇다고 진실을 밝히지도 않았

▶ **표 4 B 회사의 직원 성별 및 직급별 연봉 수준**

여성 직원

직급	임금(달러)	직급	임금(달러)
팀장	150,000	사원	45,000
팀장	130,000	사원	42,000
팀장	115,000	사원	40,000
과장	76,000	사원	38,000
과장	74,500	사원	36,000
과장	72,000	사원	35,250
사원	70,000	인턴	15,000
		인턴	15,000

남성 직원

직급	임금(달러)	직급	임금(달러)
팀장	162,000	사원	44,750
팀장	138,500	사원	41,000
팀장	125,000	사원	39,500
과장	80,000	사원	37,000
과장	76,000	사원	35,500
과장	73,000	사원	35,000
사원	68,500	인턴	14,000
		인턴	14,000

같은 직급에서 남성보다 높은 임금을 받는 여성 직원
같은 직급에서 여성보다 높은 임금을 받는 남성 직원

다. B 회사에서 많은 여성 직원이 남성 직원보다 높은 임금을 받고 있지만, 평균적으로는 남성 직원들의 임금이 더 높기 때문이다(6만 5583달러 대 6만 3583달러). 관리직의 급여가 동등하지 않기 때문에 발생하는 일이다. 우리 회사의 진실된 모습을 보여주려면 평등함을 측정하는 2가지 방식을 모두 언급해야 한다.

B 회사는 가상의 사례지만, 실제로도 뉴스 매체에 이와 비슷한 통계들이 무수히 포진해 있다. 2018년 2월 22일 BBC가 "바클리은행Barclays Bank의 남성 대비 여성 임금 최대 43%나 적어! 바클리은행이 정부에 제출한 남녀 임금격차 보고서에 따르면 여성들은 남성 직원들보다 최대 43.5%나 적게

벌고 있다"[10]라고 보도했다. 거짓말이 아니다. 바클리은행의 남녀 임금격차는 실제로 매우 크다. 그러나 데이터 분석가 제프리 섀퍼Jeffrey Shaffer가 지적했듯이[11] 43.5%의 격차만으로는 완전한 이야기를 알 수가 없다. 우리는 〈그림 6〉과 같은 차트를 살펴봐야 한다. 간과했을지도 모를 정보를 다른 각도로 보여주기 때문이다.

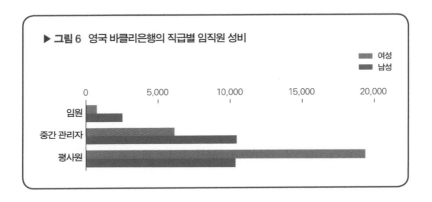

▶ **그림 6 영국 바클리은행의 직급별 임직원 성비**

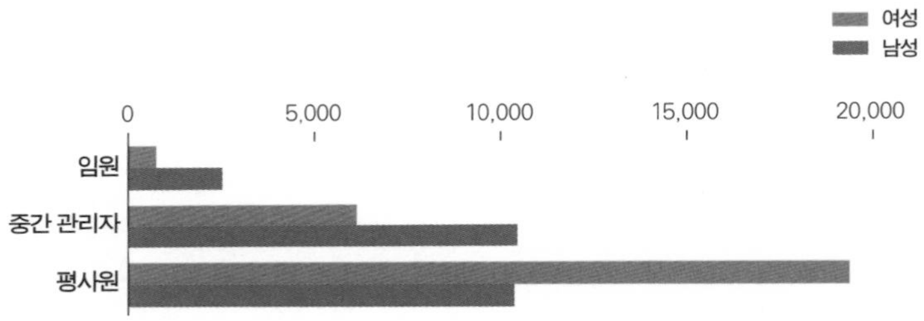

바클리은행에는 성차별 문제가 있다. 하지만 동등한 직급끼리는 임금격차가 그다지 크지 않다. 보고서에 따르면 직급이 비슷하면 남자든 여자든 비슷한 임금을 받는다. 문제는 바클리은행에서 일하는 여성들은 대부분 평사원이고 관리직은 대부분 남성이라는 점이다. 따라서 이 문제를 해결할 열쇠는 승진 정책에 있다. 바클리은행의 CEO 제스 스탤리Jes Staley는 이렇게 말했다. "바클리은행에서 여성 직원의 비율이 늘고 있긴 하지만 대부분은 연봉이 낮은 평사원이며, 연봉이 높은 관리직은 남성들이 높은 비율을 차지하고 있다."

숫자는 여러 가지로 해석할 수 있기 때문에 다양한 각도에서 접근해야 한다. 언론인들은 종종 다양한 각도에서 접근하지 않는 경향이 있는데, 많은 사람이 부주의하거나 무관심하며 또는 빨리 기사를 찍어내라고 강요받기 때문이다. 그러므로 차트를 읽을 때는 항상 촉각을 곤두세우기 바란다. 아무리 정직한 차트 제작자도 때로는 실수할 수 있다. 어떻게 아느냐고? 나도 이 책에서 언급한 실수들을 많이 저질러봤기 때문이다. 일부러 거짓말한 것도 아니었는데 말이다!

표본은 집단을 얼마나 대표하는가

강의할 때나 다른 사람들과 대화할 때 내가 자주 하는 말이 있다. **"차트만으로는 아무것도 증명할 수 없다."** 주장을 펴거나 논쟁할 때 차트는 강력한 설득 도구가 될 수 있지만 사실 그 자체만으로는 대개 쓸모가 없다. 2016년 7월 19일 뉴스 사이트 복스Vox는 "통제 불능에 이른 미국의 건강보험료. 그 사실을 증명하는 11개의 차트"[12]라는 제목의 기사를 게재했다. 복스가 제시한 차트들은 〈그림 7〉과 같다.

복스의 기사는 소셜 미디어에 공유하고픈 유혹을 불러일으켰다. 내가 믿고 있던 사항들이 옳다고 확인해주었기 때문이다. 스페인의 건강보험은 대부분의 유럽 국가들처럼 공공 보험이며, 국민들은 세금을 통해 보험료를 납부한다. 스페인 출신인 나는 당연히 미국의 건강보험료가 "통제 불능" 수준에 이르렀다고 생각한다. 이미 나 자신이 몸으로 경험했으니까!

그런데 얼마나 통제 불능이라는 걸까? 복스의 차트를 눈여겨보는 과정에서 내 머릿속에 거짓말 경고 알람이 울리는 걸 느꼈다. 그 이유는 의료 비

▶ **그림 7 국가별 백내장 수술 비용**

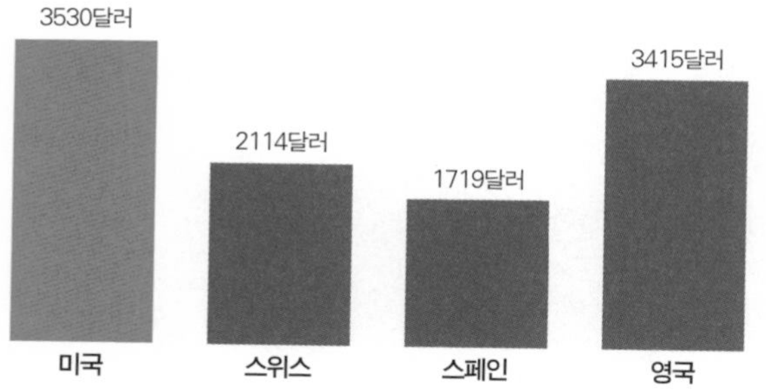

용이 구매력평가지수purchasing power parity를 감안한 액수인지 차트 어디에도 언급되지 않았기 때문이다. 구매력평가지수는 서로 다른 지역의 가격을 생활비와 물가 상승률을 고려해 비교하는 방법으로, 각 국가에서 같은 양의 상품을 살 때 얼마나 많은 돈이 드는지를 계산한다. 다양한 국가에서 살아본 내가 보기에 어떤 나라에서는 1000달러(약 119만원)가 무척 큰돈이지만 어떤 나라에서는 그렇지 않다.

또한 내가 구매력평가지수를 떠올린 이유는 스페인에 사는 일가친척 중 의료 분야에서 일한 사람이 꽤 많기 때문이다. 아버지와 삼촌은 의사로 일하다 은퇴했고 고모는 간호사였으며 어머니는 대형병원에서 수간호사로 일했다. 친할아버지도 간호사였다. 그래서 이들의 급여 수준을 알고 있다. 이들이 스페인에서 번 돈은 미국에서 일하는 경우와 비교하면 절반 정도인데, 내가 복스의 차트에서 본 비율과 거의 비슷하다.

이 데이터의 출처는 어디인지, 그리고 서로 다른 조건에서 정당하게 비교하는 데 필요한 구매력을 제대로 반영했는지 궁금해진 나는 조사에 착수했다. 기사에 언급된 자료의 출처는 국제건강보험연맹International Federation of Health Plans의 보고서였다. 영국 런던에 본부를 둔 이 단체에는 전 세계 25개국의 보험회사 및 보건 의료 기관이 속해 있다.[13] 해당 보고서의 개요에는 여러 국가의 의료 치료 절차와 약품의 평균 가격을 추정하기 위해 사용한 방법을 설명한다. 그 첫머리는 다음과 같다.

각 국가의 의료 비용은 연맹에 소속된 회원들이 제출한 보험 제도를 참고했다.

다시 말해 이 조사는 모든 국가의 모든 건강보험 제공 기관의 의료비를 평균한 것이 아니라 표본의 가격만 평균했다. 원칙적으로 잘못은 아니다. 무언가를 조사하기 위해—예를 들어 미국 국민의 평균 체중—모든 개인을 검사하기는 어렵기 때문이다. 그보다는 대규모의 '무작위 표본'을 추출해 거기에서 도출한 값의 평균을 내는 편이 현실적이다. 이 경우에 적절한 표본 집단은 각 국가에서 무작위로 선출한 건강보험 제공 업체일 것이다. 표본으로 선출될 확률은 모든 제공 업체가 같아야 한다.

무작위 표본 추출을 엄격하게 시행하면[14] 이를 기반으로 계산한 평균은 표본을 추출한 모집단의 평균에 가까워진다. 통계학자라면 신중하게 선택한 무작위 표본이 모집단을 대표한다고 표현할 것이다. 표본 평균은 모집단의 모평균과 일치하지는 않지만 적어도 비슷하다. 그러므로 통계적 추정치에는 종종 '오차 범위' 같은 불확실성 지표가 수반된다.

그러나 국제건강보험연맹이 사용한 표본은 무작위가 아니라 자기 선택 표본self-selected sample이었다. 국제건강보험연맹은 조사에 참여하기로 결정한

회사나 조직들이 보고한 자료로 평균을 산출했다. 자기 선택 표본이 위험한 이유는 이를 이용한 통계가 모집단 전체를 대표하는지 판단할 방법이 없기 때문이다.

아마 당신도 자기 선택 표본의 또 다른 악명 높은 사례에 익숙할 것이다. 바로 웹 사이트나 소셜 미디어의 설문 조사다. 좌파 성향의 주간지《네이션》은 공화당 출신 대통령을 인정하는지 여부를 소셜 미디어에서 설문 조사 한 적이 있다. 그 결과 95%가 인정하지 않는다고 대답했고 5%만이 인정한다고 응답했다. 그리 놀라운 결과는 아니다.《네이션》의 독자들이 대부분 진보 계열 또는 자유주의자라는 사실을 고려하면 말이다. 폭스뉴스에서 같은 설문 조사를 하면 정반대의 결과가 나올 것이다.

여기서 끝이 아니다. 국제건강보험연맹의 개요의 다음 단락은 이렇다.

> 미국의 의료 비용은 건강보험 제공 업체와의 협상 및 지불 금액이 반영된 3억 7000만 건 이상의 병원비 환급 청구와 1억 7000만 건 이상의 조제비 환급 청구 데이터를 통해 산출한 결과다. 그러나 다른 국가들의 의료 비용은 국가당 하나의 민간 보험회사가 제공한 데이터를 이용하여 산출했다.

이것이 문제인 이유는 특정 보험회사가 제출한 정보가 그 나라의 모든 보험 제도를 대표하는지 알 도리가 없기 때문이다. 스페인의 한 보험회사가 보고한 백내장 수술 비용은 스페인의 평균 백내장 수술 비용과 같을 수도 있지만, 그 회사의 보험 수가가 국가 평균보다 훨씬 비싸거나 저렴할 수도 있다. 우리는 알 수가 없다! 국제건강보험연맹도 마찬가지다. 이들은 개요의 마지막 줄에 이렇게 명시했다. "해당 보험 상품에 따른 비용은 다른 상품에 가입했을 경우 지불하는 비용과 일치하지 않을 수 있다."

이 문장은 이렇게 속삭이고 있다. "우리 데이터를 사용할 거면 이런 한계가 있음을 독자들에게 반드시 밝혀주십시오!" 그렇다면 복스는 왜 독자들이 의구심을 품고 차트를 읽을 수 있도록 데이터에 이런 한계들이 있음을 밝히지 않았을까? 정확히 알 도리가 없지만 짐작은 간다. 나 또한 결함 있는 차트나 기사를 작성한 경험이 많기 때문이다. 많은 언론인이 의도는 좋아도 너무 바쁘거나 서두르거나 아니면 은연중에 중요한 점을 간과한다. 솔직히 말하면 대외적으로 시인하는 것보다도 우리는 더 많이 실수한다.

모든 뉴스 매체를 신뢰하지 말라는 뜻은 아니다. 이 장의 끝에서 다시 언급하겠지만, 항상 정보의 출처를 주의 깊게 검토하고 "독특한 주장에는 독특한 증거가 필요하다"라는 칼 세이건Carl Sagan의 유명한 말처럼 상식적으로 추론하자.

미국에서 포르노를 가장 많이 보는 곳

여기 독특한 주장이 하나 있다. "민주당 지지율이 높은 주는 공화당 지지율이 높은 주보다 포르노를 더 많이 본다." 유명한 포르노 사이트 포른허브Pornhub의 데이터에 따르면 유일한 예외는 캔자스주다.[15] 캔자스 주민들은 평균적으로 이상하리만큼 온라인 포르노를 많이 소비한다(〈그림 8〉).

캔자스 주민들이여, 어찌 그리도 음란한가! 그대들이 메인(1인당 92페이지 뷰)이나 버몬트(1인당 106페이지 뷰) 같은 북동부의 자유주의자들보다도 더 많은 포르노(1인당 194페이지 뷰)를 즐기고 있다니. 하지만 이 자료는 진

▶ **그림 8**

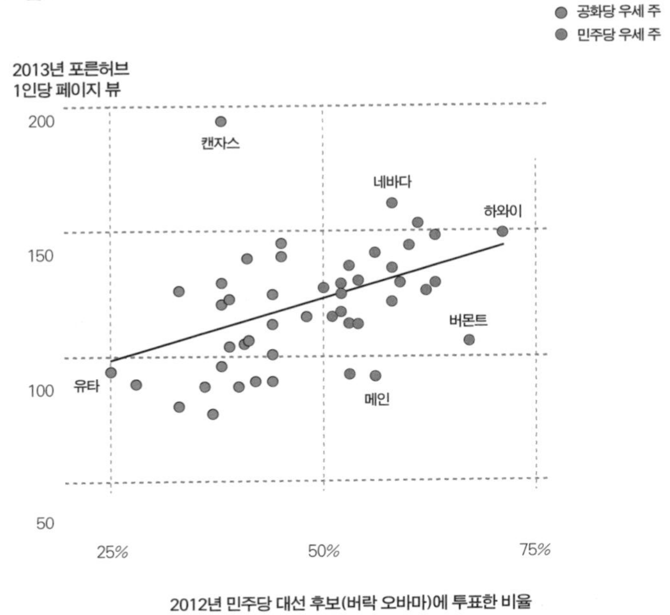
공화당 우세 주
민주당 우세 주
2013년 포른허브
1인당 페이지 뷰
200
150
100
50
캔자스
네바다
하와이
버몬트
유타
메인
25%
50%
75%
2012년 민주당 대선 후보(버락 오바마)에 투표한 비율

▶ **그림 9**

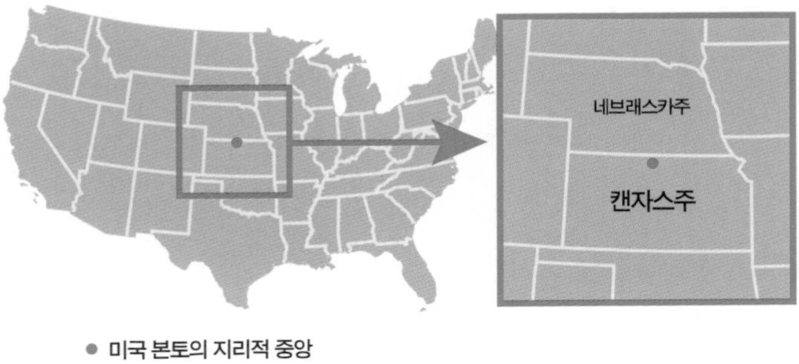
네브래스카주
캔자스주
미국 본토의 지리적 중앙

실이 아니다. 이유를 설명하기 전에 미국 본토의 지리적 중앙점이 어디인지 보자(〈그림 9〉).

〈그림 8〉의 포른허브 관련 산점도는 기자 크리스토퍼 잉그러햄Christopher Ingraham이 정치 및 경제를 다루는 개인 블로그 웡크비즈WonkViz에 올린 자료에 기반했다. 잉그러햄의 산점도와 데이터 출처인 포른허브 데이터는 몇몇 언론기관이 재인용했는데, 이들은 후에 정정 보도를 해야 했다.

이 데이터와 여기에서 비롯된 추론은 문제가 있다. 첫째, 우리는 포른허브의 페이지 뷰가 전반적인 포르노 소비에 관한 지표로 적합한지 알 수가 없다. 다른 주에 사는 사람들이 다른 경로로 포르노를 소비하고 있을지도 모르기 때문이다. 또한 캔자스의 1인당 포르노 소비가 높게 나타나는 현상은 데이터의 이상값이다. 가상 사설망virtual private network, VPN 같은 도구를 사용하지 않는 이상 웹 사이트나 검색 엔진 운영자는 IP 주소(인터넷 접속 시 할당되는 식별 번호–옮긴이)를 이용해 사용자의 위치를 특정할 수 있다. 예컨대 내가 플로리다의 집에서 포른허브에 접속하면 그곳의 데이터 전문가들은 내가 사는 곳을 알 수 있다.

나는 인터넷 트래픽을 다른 장소에 있는 서버로 우회할 수 있는 VPN을 사용하고 있다. 지금 나는 플로리다의 햇살 찬란한 뒤뜰에 편히 앉아 이 글을 쓰고 있지만 내 VPN 서버는 캘리포니아 산타마리아에 있다. 따라서 내 정보가 포른허브의 데이터베이스에 추가되면 내 위치는 '캘리포니아 산타마리아'로 분류될 것이다. 또는 데이터 전문가들도 내가 VPN을 사용하고 있음을 알고 '위치가 확인되지 않음'으로 기록할 것이다. 하지만 실제로는 일이 그렇게 흘러가지 않다. 내 위치가 특정되지 않으면 나는 데이터에서 제외되는 것이 아니라 자동으로 미국 본토의 중앙 지역으로 분류되는데,

이는 내가 캔자스 사람이 된다는 얘기다. 잉그러햄은 이 산포도가 암시하는 잘못된 메시지를 다음과 같이 지적했다.

> 캔자스의 데이터가 두드러지는 현상은 지리적 위치가 낳은 인위적 결과다. 미국의 웹 사이트들은 서버로 이용자의 위치를 특정할 수 없으면 자동으로 미국 영토의 중앙 지점으로 배정하는데, 바로 그곳이 캔자스다. 따라서 캔자스는 포르노를 검색하는 익명의 미국인들 때문에 공연히 비난받고 있을 가능성이 크다.[15]

잉그러햄을 비롯한 기자들과 보도 매체들이 이런 오류를 깨닫고 정정 보도를 했다는 사실은 그들을 신뢰할 수 있다는 의미이기도 하다.

저술가가 데이터를 다각도로 조명하고 다양한 출처를 조사하면 더 많은 신뢰를 얻을 수 있다. 나는 호기심에 포르노 소비 패턴과 정치적 성향의 관계에 관한 논문—정말로 이런 게 있다!—을 뒤져봤는데 《경제전망저널 Journal of Economic Perspectives》에 하버드대학교 경영학 교수 벤저민 에덜먼 Benjamin Edelman이 기고한 논문 「빨간 주들: 누가 온라인 성인물을 구매하는가」를 발견했다.[16]

포른허브에 따르면 2012년 미국 대선에서 자유주의 진영이 우세했던 주의 주민들이 평균적으로 더 많은 포르노를 소비했는데, 이 논문에 따르면 현실은 정반대였다. 실제로 성인 오락물을 더 많이 소비한 쪽은 공화당이 우세한 주들이었다. 〈그림 10〉은 내가 에덜먼의 데이터를 바탕으로 구성한 차트다(에덜먼은 모든 주의 데이터를 포함하지 않았으므로 변수들의 역逆연관성은 확정할 수 없다는 점을 주의해야 한다).

이 차트에서 나타난 이상값은 유타와 알래스카, 하와이다. 앞선 차트와

▶ 그림 10

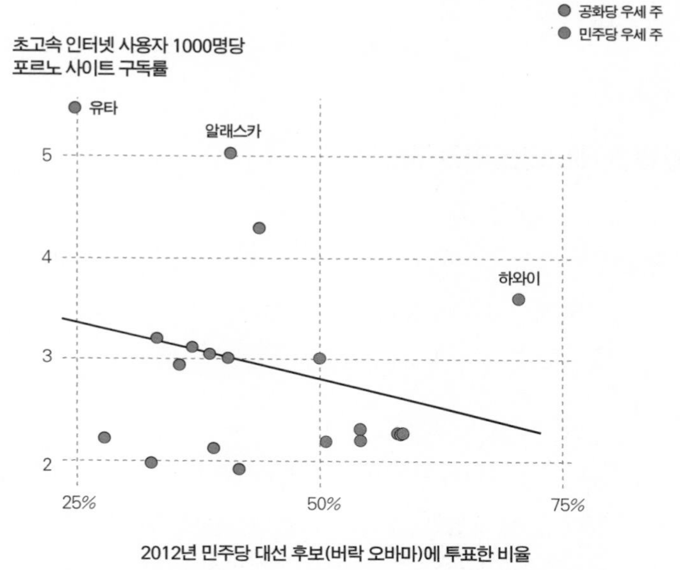

비교할 때 주목해야 할 속성은 수직축의 라벨이다. 잉그러햄의 차트에서 수직축은 포른허브의 1인당 페이지 뷰였지만 여기서는 사용자 1000명당 포르노 웹 사이트의 구독률을 사용했다.

차트를 올바로 읽으려면 먼저 차트가 무엇을 측정했는지 정확히 알아야 한다. 그에 따라 차트에 포함된 메시지를 잘못 이해할 수 있기 때문이다. 나는 이 차트만으로는 알래스카와 유타 또는 하와이가 포르노를 더 많이 소비한다고 확신할 수 없다. 그것은 해당 주의 주민들이 실제로는 포르노를 더 적게 보지만 포른허브처럼 처음에는 무료로 볼 수 있게 해주는 사이트가 아니라 주로 유료 사이트를 사용한다는 의미일 수도 있다. 또 6장에서 다시 보겠지만 평균 수치만으로 각 주에 사는 개인들이 포르노를 더 많이 혹은 더 적게 소비한다고 결론 내릴 수도 없다.

믿을 만한 데이터를 가려내는 법

차트를 주의 깊게 읽는다는 것은 데이터를 비판적으로 사고한다는 뜻이다. 그러려면 데이터 출처의 신뢰성을 판단할 수 있는 감각을 길러야 한다. 이 2가지 주제는 이 책의 범위를 다소 벗어나지만 몇 가지 요령을 소개하겠다.

좋은 책 몇 권만 읽어도 언론 매체에서 접하는 숫자들을 판단하는 데 큰 도움이 될 것이다. 찰스 윌런Charles Wheelan의 『벌거벗은 통계학』과 벤 골드에이커Ben Goldacre의 『배드 사이언스』, 그리고 조던 엘런버그Jordan Ellenberg의 『틀리지 않는 법』을 추천한다. 이 3권만 읽어도 매일 접하는 통계를 읽을 때 가장 흔히 저지르는 실수를 피하는 데 도움이 된다. 본문에서 차트를 인용하지는 않았지만 데이터 추론에 관한 기본 지식을 쌓도록 돕는 훌륭한 책들이다.

미디어를 올바로 소비하고 싶다면 팩트체킹 데이Fact-Cheking Day라는 웹 사이트를 추천한다. 정보 독해와 저널리즘을 교육하는 비영리단체 포인터 재단Poynter Institute이 운영하는 이 사이트는 차트와 뉴스 기사, 웹 사이트나 간행물의 신뢰성을 판단하는 데 유용한 특성들의 목록을 제공한다.

오늘날 온라인 활동을 하는 사람은 모두 정보 발행인이다. 과거에는 기자와 뉴스 매체 또는 다른 언론기관만이 그 역할을 했다. 오늘날 어떤 사람들은 친구나 가족 등 소수의 주변인에게 정보를 퍼뜨리고, 어떤 이들은 거대한 추종자 무리를 거느리고 있다. 내 트위터 계정만 해도 동료 학자들과 지인 그리고 낯선 사람들이 폴로하고 있다. 현재 폴로어의 수가 얼마이든 간에 우리 모두는 수백만까지는 아닐지 몰라도 최소한 수천 명의 사용자를 보유할 수 있는 잠재력이 있는데, 이는 도덕적 책임이 부여된다는 의미다. 분별없이 아무 뉴스나 차트를 공유해서는 안 된다. 우리는 다른 사람들을 오도할 수 있는 차트나 이야기를 퍼뜨리는 행동을 피해야 할 시민의 의무를 지고 있으며, 건전한 정보 환경을 조성하는 데 기여해야 한다.

당신이 참고할 수 있도록 내가 정보를 공유하기 전에 고려하는 원칙을 소개하려 한다. 나는 차트를 접하면 가장 먼저 주의 깊게 읽고 게시자를 확인한다. 시간이 넉넉하면 헤비메탈 지도와 복스의 의료비 차트처럼 데이터의 출처를 찾아본다. 이렇게 사전 조사를 하고 차트를 공유해도 가끔 본의 아니게 잘못된 정보를 퍼뜨릴 수 있지만 적어도 그런 일이 발생할 확률은 낮출 수 있다.

차트나 데이터에 관한 기사를 보고 의구심이 들면 섣불리 공유하지 않고, 신뢰할 수 있으며 해당 주제를 잘 아는 이들에게 의견을 묻는다. 예컨대 나는 데이터 분야 박사 학위를 보유한 동료나 친구들에게 이 책의 모든 내용과 차트에 관한 자문을 구했다.

어떤 차트가 잘못된 이유와 개선 방법을 설명할 수 있으면 내 소셜 미디어 계정이나 웹 사이트에 차트와 설명 글을 올리고, 차트 제작자에게 최선을 다해 건설적인 의견을 제시한다(제작자가 악의적으로 차트를 만들지 않았다면 말이다). 누구나 실수하기 마련이고, 우리는 서로 돕고 배울 수 있기 때문이다.

우리가 날마다 접하는 모든 차트의 데이터를 검증하기는 불가능하다.

그럴 시간도 없고, 그럴 만한 지식도 부족하기 때문이다. 그러므로 우리는 신뢰성에 의존해야 한다. 그렇다면 어떻게 데이터 출처의 신뢰성을 판단할 수 있을까?

내 경험과 저널리즘, 과학, 인간 두뇌의 단점에 관한 지식을 바탕으로 구축한 법칙을 소개한다. 특별한 순서는 없다.

- 출처가 낯설거나 익숙하지 않은 차트는 일단 믿지 않는다. 최소한 해당 차트나 데이터의 출처 또는 양쪽 모두를 조사하기 전에는 말이다.
- 데이터의 출처를 명시하지 않거나 링크를 걸지 않은 차트 제작자나 게시자는 신뢰하지 않는다. 투명성은 또 다른 판단 기준이다.
- 다양한 미디어를 접한다. 차트뿐만이 아니다. 정치 성향이 어떻든 보수와 진보, 중도 할 것 없이 폭넓은 출처와 인물로부터 정보를 구하라.
- 견해가 다른 매체나 출처를 접하면 일단 그들도 선의가 있다고 가정한다. 나는 사람들 대부분 의도적으로 거짓말한다고 생각하지 않는다. 속는 것을 좋아할 사람은 없다.
- 잘못된 차트를 보고 가장 먼저 떠올려야 할 원인은 성급함이나 부주의, 무지다. 나쁜 의도가 있을 것이라고 함부로 가정하지는 말자.
- 말할 필요도 없지만, 신뢰성에도 한계가 있다. 아무리 신뢰하는 출처라도 허위 정보나 오해를 살 수 있는 차트를 자주 게시하면 믿을 수 있는 명단에서 지워버려라.
- 실수 때문에 정정 보도를 할 때 이를 공개적으로 알리는 매체를 이용한다. 잘못을 인정하고 사실을 정정하는 행위는 뛰어난 전문성 또는 시민의식의 표상이다. 흔히 하는 말처럼 실수는 인간적인 일이지만 정정은 신성한 행위다. 구독하는 매체가 잘못이나 실수가 밝혀진 뒤에도 체계적인 정정 절차를 실천하지 않으면 과감

하게 버려라.

- 어떤 사람들은 모두 언론인이 은밀한 의도를 숨기고 있다고 생각한다. 많은 경우 TV와 라디오 토크쇼에 나오는 감정적이고 열의 넘치는 이들과 저널리즘을 연계해서 생각하기 때문이다. 그중에는 진짜 언론인도 있겠지만 대부분은 그렇지 않다. 그들은 예능인이나 PR 전문가 또는 정파성으로 가득한 논평가다.
- 모든 언론인은 정치적 견해가 있다. 그렇지 않은 사람이 어디 있겠는가? 하지만 대다수는 그런 사고방식을 최대한 억누르고, 워터게이트 보도로 유명한 기자 칼 번스타인Carl Bernstein의 말을 빌리면 "최대한 진실에 가까운 입수 가능한 정보"를 전달하기 위해 최선을 다한다.[17]
- 이 "입수 가능한 정보"는 '진실'이 아닐 수도 있지만 좋은 저널리즘은 좋은 과학과 비슷하다. 과학의 목적은 진실을 발견하는 게 아니다. 그저 발견한 증거에 따라 계속해서 진실에 가까운 설명을 제공하는 것이다. 증거가 변하면 저널리즘이든 과학이든 설명도 변해야 한다. 기존 견해가 부정확하거나 불완전한 데이터에 기반했음을 알면서도 생각을 바꾸지 않는 이들을 조심하라.
- 당파성이 지나치게 강한 출처는 피한다. 이들은 오염된 정보만을 생산한다.
- 단순한 당파적 경향과—사상적으로 어느 쪽이든 신뢰할 만한 출처도 있다—극단주의 사상을 구분하는 것은 꽤나 까다로울 수도 있다. 상당한 시간과 노력이 필요할지도 모른다. 가장 기본적인 단서 중 하나는 메시지의 어조다. 이념적으로 편향되어 있거나 과장되고 공격적인 언어 표현 등을 사용하면 아무리 재미있더라도 관심을 끊자.
- 당파성이 극단적인 출처—특히 당신이 동의하는 의견을 내세우는—는 사탕과 비슷하다. 가끔은 재미있고 그럭저럭 괜찮을지 몰라도 대체로 해롭다. 그러니 사탕보다는 정신적으로 풍부한 양식을 섭취하고, 달콤함에 안주하기보다 새로운

것에 도전하라. 그렇지 않으면 당신의 정신은 시들어 말라갈 것이다.

- 이념적으로 입맛에 맞을수록 일부러라도 그 출처가 제시하는 내용을 비판적으로 바라봐야 한다. 인간은 자신의 믿음과 일치하는 증거나 차트를 편안해하고 그렇지 않은 것을 보면 부정적으로 반응하는 경향이 있다.
- 전문성은 분명 중요하지만 각자 전문 분야가 다른 법이다. 가령 이민에 관한 차트를 논할 때 비전문가의 견해도 철학, 물리학 박사의 견해만큼 타당할 수 있다. 하지만 통계학자나 사회과학자, 이민 전문 변호사의 견해만큼 정확하지는 않을 것이다. 겸허해져야 할 때를 알자.
- 요즘은 전문가를 향한 비난이 멋있는 행위처럼 여겨지지만, 아무리 건전한 회의주의도 너무 멀리 가거나 허무주의로 빠지기 쉽다. 특히 사상이나 감정적 이유 때문에 특정 전문가의 말을 좋아하지 않을 때는 말이다.[18]
- 우리는 알고 싶지 않은 현실을 드러내는 차트를 과도하게 비판하기 쉽다. 그런 차트를 접했을 때 제작자의 선의를 가정하고, 차트가 보여주는 사실의 진가를 냉정하게 평가하기란 무척 어렵다. 차트를 만든 사람이나 그 안에 담긴 사상을 좋아하지 않는다고 해서 성급하게 차트의 내용과 반대되는 결론을 내리지는 말자.

마지막으로 차트가 거짓말할 수 있는 이유 중 하나는 우리가 스스로에게 거짓말하는 경향이 있기 때문이라는 사실을 잊지 말자. 결론에서 설명하겠지만, 이것이 바로 이 책의 핵심이다.

4장

편집된 진실에 속지 않으려면

데이터 선별과 모집단

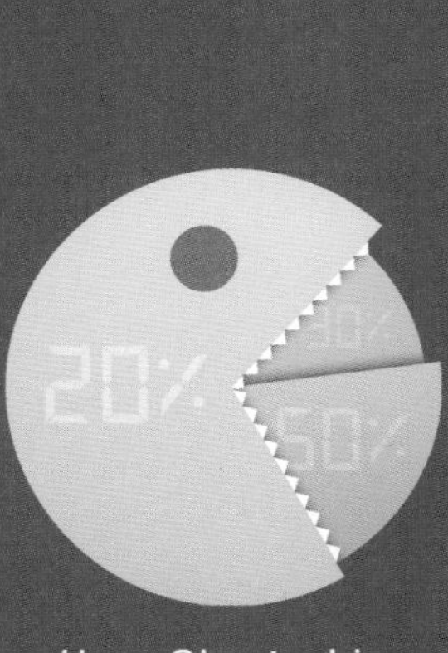

“연쇄 이민을 끝낼 때가 됐다”

엉터리 시각적 정보를 퍼뜨리는 사람들은 데이터를 의도적으로 선별하면 남들이 잘 속는다는 사실을 안다. 강조하려는 요지에 맞는 숫자만 세심하게 고르고 이를 논박하는 정보를 버리면 필요에 꼭 맞고 근사해 보이는 차트를 만들 수 있다.

또 다른 방법은 이와 반대로 하는 것이다. 최대한 많은 데이터를 차트에 포함시켜 사람들의 정보 처리량을 압도해버리는 것이다. 나무를 알아보지 못하도록 숲 전체를 보여주는 수법이다.

2017년 12월 18일 백악관이 트위터에 끔찍한 차트 하나를 올렸다. 까다로운 이슈를 우호적이고 이성적으로 논의하려면 올바른 근거를 이용해야 한다는 것이 내 원칙이다. 그 차트는 이러한 원칙에 맞지 않았다.

나는 호기심 때문에 링크를 눌렀고 가족 초청 이민에 관한 차트를 봤다(〈그림 1〉). 몇몇 그래픽은 지난 10년 동안 미국 이민자의 70%가 가족 초청 이민으로 미국에 왔으며, 그 수가 약 930만 명에 달한다는 점을 지적하고 있었다.[1]

▶ 그림 1

2017년 12월 18일 백악관 트위터에 "연쇄 이민의 결과, 미국에 온 이민자 1명당 여러 명의 외국인 친척들을 데려올 수 있게 되었다"라는 제목의 도표가 올라왔다. 백악관은 이 자료를 인용하며 "연쇄 이민을 끝낼 때가 됐다"라는 글을 올렸다.

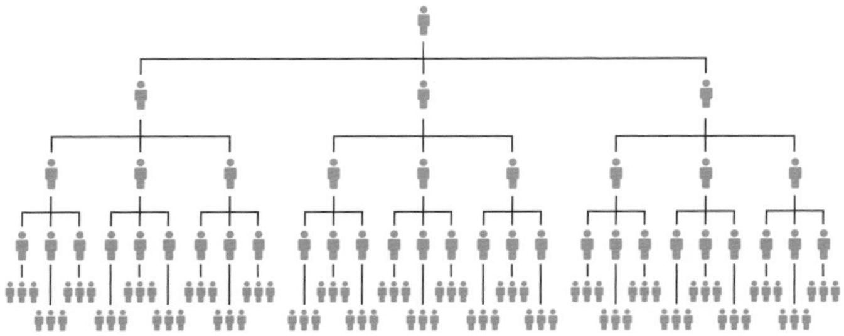

나는 가족 초청 이민을 열렬히 찬성하거나 반대하지 않는다. 양쪽의 주장 모두 설득력이 있다. 한쪽에서는 이민자가 가까운 친척을 보증할 수 있게 해주는 정책은 인도적일 뿐만 아니라 심리적, 사회적 이점이 있다고 주장한다. 넓고 끈끈한 가족 네트워크는 보호와 안도감, 안정을 제공하기 때문이다. 반대쪽에서는 가족 초청 이민은 제한하고 고도의 숙련된 기술을 지닌 이민자를 늘리는 방향으로 이민 정책을 재편해야 한다고 주장한다.

다만 프로파간다와 오해를 야기하는 그래프에 대한 내 견해는 확고하다. 3장에서 지적했듯 이 표현에는 정치적 의도가 숨어 있다. "연쇄 이민"은 이전에도 널리 사용된 표현이지만 "가족 초청 이민" 쪽이 훨씬 중립적이다.

백악관은 미국으로 이주하는 사람들을 이렇게 묘사했다. "지난 10년간 미국은 가족 관계에만 기반한 930만 명의 이민자를 영구히 재정착시켰다." "재정착시켰다resettle('난민들이 자리 잡다'라는 의미가 포함되어 있음—옮긴이)"라고? 나는 스페인에서 태어났고 아내와 자식들은 브라질에서 태어났다. 미국은 우리를 "재정착"시키지 않았다. 우리가 이곳으로 "왔다." 그리고 만약 우리가 친척들의 보증을 서더라도 그들 역시 "재정착"되지 않고 자발적으로 건너올 것이다.

백악관이 사용한 언어는 당신이 실제 데이터를 보기 전에 편견을 심으려는 의도를 품고 있다. 과학 이론에 기초한 교묘한 술책이다. 인간은 정서적 반응에 의거해 재빨리 판단하고, 그다음 이 판단을 뒷받침하기 위해 발견한 증거들을 사용한다. 이성적으로 데이터를 분석하고 나서 결정하는 것이 아닌 셈이다. 심리학자 마이클 셔머Michael Shermer가 저서 『믿음의 탄생』에서 지적했듯이 믿음을 형성하는 일은 어렵지 않다.[2] 나도 자극적인 언어로 당신이 은연중에 차트를 편향적으로 이해하도록 감정적 반응을 유발할 수 있다.

백악관의 차트가 사용한 과장법도 감정을 자극하기 위해 동원되었다. 이민자 1명이 얼마나 많이 "불어날 수 있는지" 보라! 이들은 마치 세대를 거듭할 때마다 2~3배씩 늘어나는 박테리아나 해충처럼 보인다. 역사적으로 암울한 선례가 있는 비유다. 백악관이 올린 차트는 인종차별주의자나 우생학 지지자들이 자주 사용하는 차트와 소름 끼치도록 비슷하다. "열등한" 종족의 번식을 제한하지 않으면 수가 기하급수적으로 늘어날 것이라는 "위험"

▶ 그림 2

1930년대 나치 독일이 유대인 탄압의 일환으로 뿌린 선전물. 선전물 상단에 "열등한 종족의 막강한 번식이 가져올 위협"이라는 제목이 붙어 있다.

을 경고하는 1930년대 나치 독일의 차트를 보라(《그림 2》).

차트는 잘못된 데이터를 기반으로 할 때 거짓말하기도 하지만, 유의미한 데이터를 포함하지 않으면서도 심오한 식견을 제공하는 것처럼 거짓말할 수도 있다. 백악관이 올린 차트가 바로 이런 경우다.

수십 명의 친척을 미국으로 불러들인 이민자의 모델은 누구였을까? 알 수 없다. 그 사람이 미국 이민자를 대표할 수 있는가? 절대로 아니다. 내가 겪은 사실은 이렇다. 나는 2012년에 전문직을 위한 취업 비자인 H-1B 비자로 미국에 왔고, 아내와 두 아이의 보증인이 되었으며, 이후 영주권을 얻어 영구적인 미국 거주자가 되었다. 즉, 나는 이 차트의 가장 상위에 있으며, 내 가족은 두 번째 단계에 있다.

여기까지는 문제가 없다. 내가 차트의 제일 꼭대기에, 가족들은 다음 단계에 있으니 거기까지는 정확하다. 다만 백악관은 매년 배정되는 가족 초청 비자의 대부분이 내 가족 같은 사람들, 즉 배우자 및 결혼하지 않은 자녀들을 대상으로 한다는 사실을 언급하지 않았다. 강경한 반이민주의자라도 이 정책까지 없애려 할 것 같지는 않다. 물론 내 생각이 틀릴 수도 있지만.

그런데 차트의 두 번째 단계에 있는 이민자가 각각 친척을 3명씩 데려온다? 흠, 그렇게 쉬운 일이 아니다. 내 아내가 어머니나 형제자매를 미국으로 데려오고 싶으면 '비직계가족'으로서 보증인이 되어야 하는데, 여기에 삼촌이나 사촌 같은 확대가족은 해당되지 않는다. 또 특정한 비자 유형에서 보증인이 되려면 먼저 시민권자가 되어야 한다. 그럴 경우 아내는 더 이상 "이민자"가 아니다.

가족 초청 비자는 한 해에 48만 명 이내로만 발급된다. 전미이민포럼National Immigration Forum에 따르면 직계가족의 비자 발급 건수에는 제한이 없으나 총 48만 명이라는 한도 내에서만 처리된다. 따라서 비직계가족이 받을 수 있는 비자의 수는 그보다 훨씬 적다. 다시 말해 원한다고 아무나 미국으로 초청할 수 있는 것이 아니다. 또한 한 국가에 배정된 비자 수에는 한계가 있으므로 비직계가족을 데려오려면 수년이 걸릴 수도 있다.

불법체류자 범죄율의 실체

정치적 사안은 잘못된 차트와 데이터에 관한 최고의(또는 어떻게 보느냐에 따라 최악의) 사례를 제공하곤 한다. 2017년 9월 온라인 매체 브레이트바트 뉴스Breitbart News가 "2139명의 미성년 불법체류자 추방 유예 제도Deferred Actions for Childhood Arrivals, DACA 수혜자가 반미국적 범죄로 유죄판결을 받거나 기소되었다"라고 주장했다.[3]

DACA는 2012년에 오바마 대통령이 부모를 따라 불법으로 미국에 입국한 미성년자의 추방을 막고 이들에게 합법적인 취업 허가를 내주도록 한 행정명령이다. 많은 이들이 DACA가 의회의 논의를 거쳐야 하는 문제임에도 행정부가 독단적으로 결정했다고 비판했다. 내가 이성적이라고 여기는 사람들 중 일부도 이 제도가 헌법에 위배된다고 말했다.[4] 이 제도는 2017년에 트럼프 대통령이 폐지했다.

DACA에 관한 논의는 내가 말하려는 주제와 상관없으니 옆으로 밀쳐두고, 이 중요한 논의에 잘못된 그래픽이 장애물이 될 수 있다는 사실에 초점을 맞추겠다. 〈그림 3〉은 브레이트바트 뉴스의 공격적이고 웅변적인 표현과 데이터를 바탕으로 만든 차트다. 기사는 이렇게 시작된다.

> 제프 세션스Jeff Sessions 법무 장관이 80만 명 이상의 젊은 불법체류자에게 신변 보호와 취업 허가 혜택을 부여한 오바마 정부의 DACA를 폐지한다고 선언했는데, 그중에서 범죄자와 갱 단원을 비롯해 범죄 피의자로 기소된 이들의 수가 가히 충격적이다.

▶ 그림 3

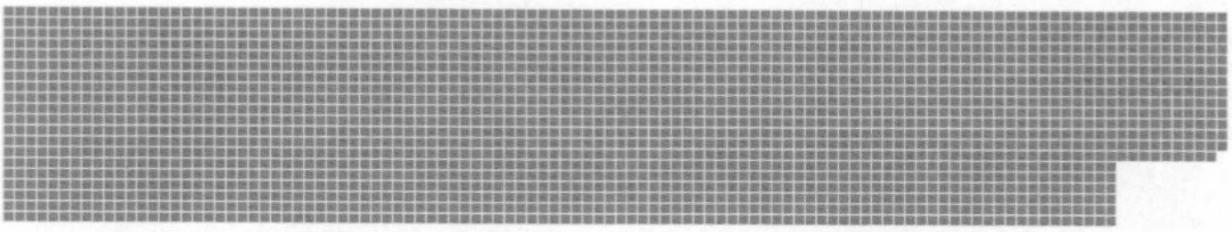

2139명 의 DACA 수혜자가 반미국적 범죄로 유죄판결을 받거나 기소되었다.

정말 충격이 아닐 수 없다. 2139명이라니. 너무 많아서가 아니라 너무 적어서 충격적이다. 해당 기사에 따르면 DACA의 혜택을 받은 미성년자는 자그마치 80만 명이 넘는다. 그 말이 사실이라면 그중 갱 단원이거나 범죄로 기소되어 자격을 잃은 이들의 비율은 충격적으로 낮은 셈이다.

간단히 계산해보자. 2139명을 80만 명으로 나누면 약 0.003다. 여기에 100을 곱하면 백분율을 계산할 수 있는데 결과는 0.3%다. 다시 1000을 곱하면 DACA 수혜자 1000명 중 3명의 비율로 혜택을 상실했다는 것을 알 수 있다.

이를 다른 수치와 비교해보면—항상 잊지 말고 해야 하는 일이다—더욱 낮게 느껴진다. 맥락을 고려하지 않으면 숫자는 의미가 없다. DACA 수혜자 1000명 중 3명이라는 비율을 미국 전체 인구와 비교해보자. 2017년에 발표된 연구 조사에 따르면 2010년 기준으로 "유권자 인구 중 6.4%가 전과자"라고 추정된다.[5] 1000명 중 전과자가 64명이라는 얘기다(〈그림 4〉).

이러한 비교는 브레이바트 뉴스가 단순화한 기사보다 시사하는 바가 훨씬 크지만 여러 이유로 불완전한 정보이기도 하다. 첫째, 후자는 몇몇 학자

▶ **그림 4**

DACA 수혜자
1000명 중……

미국에 거주하는
18세 이상 성인 1000명 중……

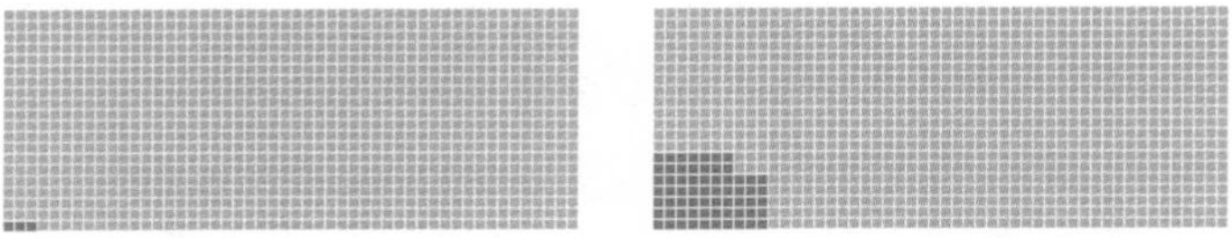

3명 이 "중범죄, 심각한 경범죄, 다수의 경범죄, 폭력 조직 연루 또는 공공 안전 문제에 관한 범죄로 체포되어" 임시 보호 신분을 상실했다.

64명 이 2010년 기준 중범죄 전과자다. 경범죄는 제외한 수치다.

출처 | 세라 K. S. 섀넌 등, 「1948~2010년, 미국 범죄 기록 보유자의 증가, 범위 및 공간 분포The growth, scope and spatial distribution of people with felony records in United States 1948 to 2010」, 《인구통계학Demography》 54(5)(2017), 1795-1818.

가 조사한 추정치일 뿐이다(그러나 수치가 이보다 유의미하게 적은 다른 추정치는 발견하지 못했다). 둘째, 해당 연구에서 미국의 전체 인구는 전 연령대를 대상으로 한다. 따라서 두 데이터를 보다 정확하게 비교하려면 모든 DACA 수혜자의 연령대를 고려해 30대 이하의 인구만 비교해야 한다.

마지막으로, DACA 수혜자 1000명당 3명은 중범죄뿐만 아니라 경범죄 및 가벼운 비행까지 포함한 통계지만, 미국 전체 인구에서의 전과자 비율은 중범죄 전과자들만 계산한 결과다. 2017년에 관련 논문을 발표한 세라 K. S. 섀넌Sarah K.S. Shannon은 이렇게 기술했다.

> 중범죄는 대마초 소지부터 살인에 이르는 광범위한 범죄행위를 포괄한다. 역사적으로 중범죄는 중대한 범죄 또는 극악무도한 범죄를 그보다 가볍고 덜 심각한 경범죄와 구분하기 위해 사용되었다. 미국에서 중범죄자는 일반적으로 1년 이상의

징역형을 받을 수 있으며, 경범죄는 상대적으로 짧은 징역형이나 벌금형 같은 보다 가벼운 처벌을 받는다.

DACA 수혜자 중 중범죄로 추방된 사람들을 세면 〈그림 3〉의 수치는 2139명보다 훨씬 낮을 것이다. 물론 자세한 연구 결과가 나오기 전까지는 확신할 수 없지만 말이다.

브레이바트 뉴스의 데이터로 내가 구성한 〈그림 3〉은 양이 부정확한 데이터를 보여주기 때문에(이 경우에는 너무 적은 데이터) 거짓말을 한다. 또한 주장을 강요하기 위해 의도적으로 데이터를 선별하고 비율을 나타내야 할 때 수치를 제시하거나 그 반대의 방법을 취한 사례 중 하나다.

평균값이 말해주지 않는 것들

아무리 훌륭한 차트도 복잡하고 다양한 현실을 모두 반영할 수는 없다. 차트는 사실의 과도한 단순화와 과도한 상세화 사이의 균형을 포착하는 능력에 따라 더 나빠질 수도 있고 더 좋아질 수도 있다. 2017년 11월 전 하원 의장 폴 라이언Paul Ryan이 같은 해 의회에서 통과된 감세 및 일자리 법안Tax Cuts and Jobs Act을 소셜 미디어에서 홍보하기 시작했다. 그는 〈그림 5〉와 같은 그래픽을 활용했다.

당신이 2017년의 감세 법안을 어떻게 생각하는지 모르겠지만 이 그래픽은 과도한 단순화에 해당한다. 평균만으로는 알 수 있는 정보가 별로 없다. 얼마나 많은 가정이 "평균"이거나 그에 가까울까? 그런 가정이 대다수일

▶ **그림 5**

연간 세금에서 평균 가정이 절약할 수 있는 금액

* 약 140만 4200원

1182달러

까? 내가 통계를 잘 몰랐다면 라이언이 제시한 숫자를 믿었을 것이다.

미국 인구조사국에 따르면 이 글을 쓰는 현재 미국 중위 가구의 소득은 6만 달러(약 7128만 원)다.[6] 가정 소득과 가구 소득은 다르다. 가구는 한 집에 1명 이상이 거주하는 것을 뜻하지만 모든 가구가 출생, 입양 또는 결혼으로 결합된 가정으로 구성되지는 않는다. 그러나 가정 소득과 가구 소득의 분포는 대개 형태가 비슷하다. 〈그림 6〉은 대다수 가구가 6만 달러(약 7122만 원)에 가까운 소득을 올리는 상황을 가상의 차트로 만든 것이다.

이 차트는 히스토그램으로 빈도나 분포를 보여줄 때 자주 쓰인다. 차트는 가상의 미국 가구 소득 분포를 보여준다. 막대의 높이는 각 소득수준에 해당하는 가구의 비율과 비례한다. 막대가 높을수록 해당 소득수준에 더 많은 가구가 있다는 뜻이며, 모든 막대를 한 줄로 높이 쌓으면 100%가 된다.

이 가상의 차트에서 가장 높은 막대는 중윗값에 가까운 중앙에 있다. 대다수 가구의 연간 소득이 4만 달러(약 4752만 원)에서 8만 달러(약 9504만 원) 사이인데, 실제 가구 소득의 분포 양상은 아주 다르다. 〈그림 7〉을 보라.

▶ 그림 6

경고: 이 차트의 데이터는 사실이 아니므로 잘못된 차트다.

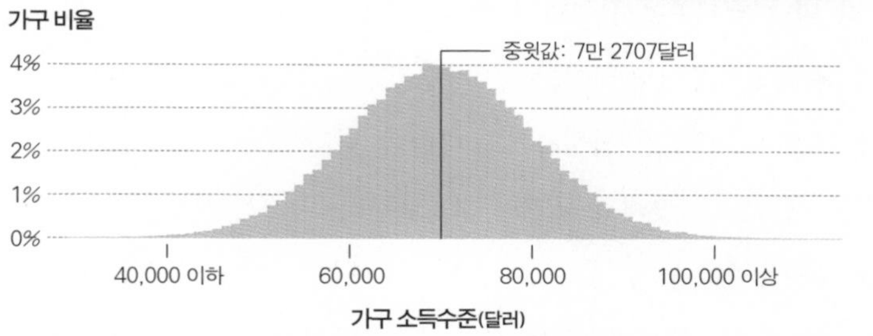

▶ 그림 7

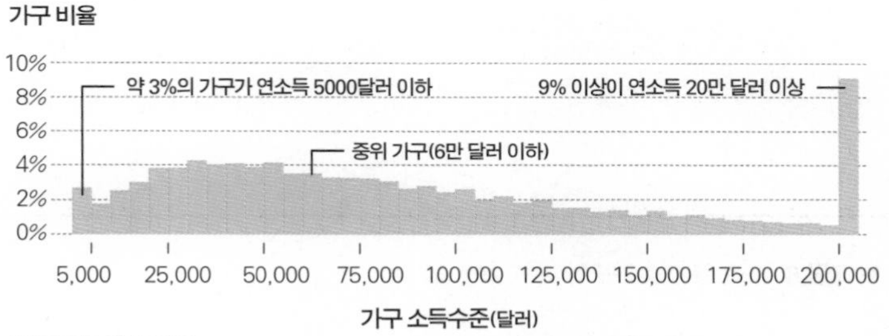

출처 | 미국 인구조사국

미국의 가구 소득 분포는 연 5000달러(약 594만 원) 이하부터 수백만 달러에 이르기까지 폭넓게 펼쳐져 있다. 얼마나 기울기가 비스듬한지 이 차트에서는 전체를 보여주지 못할 지경이다. 부유한 이들은 연 20만 달러(약 2억 3760만 원) 이상의 막대로 뭉뚱그렸는데, 수직축 척도를 균등하게 5000달러 간격으로 표시하면 차트를 표시하는 데 수십 페이지를 할애해야 할 것이다.

따라서 평균 또는 중위 가정이 1182달러(약 140만 4200원)를 절약했다는 이야기는 별 의미가 없다. 미국 가정 또는 가구의 대다수는 그보다 적거나 많은 돈을 아꼈을 것이기 때문이다.

나 또한 납세자로서 그리고 사회적 논의를 즐기는 사람으로서 세금이 늘까 봐 걱정하면서도 국가가 사회 인프라와 국방, 교육, 건강보험에 균형 있게 투자하고 예산을 집행하기를 바란다. 나는 자유와 공정성 둘 다 중요하다고 생각한다. 그래서 국민의 대표로부터 각 소득 분위가 얼마나 많은 감세 혜택을 얻었는지 듣고 싶다. 이 경우에는 단순화한 중윗값이나 평균이 아니라 더 풍부한 데이터를 제시해야 한다. 1만, 10만, 100만 달러를 버는 사람들이 평균적으로 매년 얼마나 세금을 절약하고 있는가?

미국 세금정책센터Tax Policy Center는 각 소득수준에 있는 일반 가구가 누릴 세후 소득 증가율을 〈그림 8〉과 같이 추산했다.[7] 100만 달러(약 11억 8800만 원) 이상 소득 가구의 세후 소득이 3.3%[100만 달러의 3.3%면 3만 3000달러(약

▶ 그림 8 소득 구간별 가구의 세후 소득 증가율

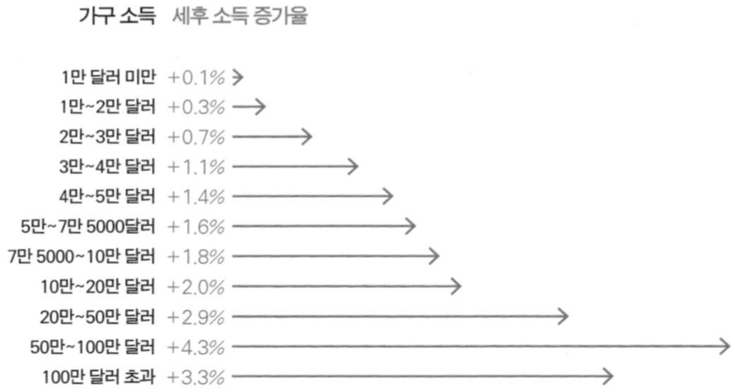

출처 | 미국 세금정책센터

3917만 원)다] 증가한 반면, 예컨대 연 소득 7만 달러인 중산층 가정은 겨우 1.6%[1120달러(약 132만 9000원)]의 혜택만 누렸다는 사실에 관해 많은 사람이 토론해야 한다고 생각한다. 감세 법안을 지지하든 반대하든 상관없이 이 현실을 숙고하려면 단순한 평균이나 중윗값보다 더 세분화한 데이터를 들여다볼 필요가 있다.[8] 이 중심 경향의 척도는 유용하지만 데이터 세트의 형태와 성격을 제대로 반영하지 못하는 경우가 많다. 평균에만 기반한 차트는 때때로 거짓말을 한다. 평균에 담긴 정보가 너무 적기 때문이다.

소득 같은 주제를 논할 때는 너무 많은 정보를 보여줌으로써 거짓말할 수도 있다. 내가 미국 내의 모든 가구 소득을 계산해 수천만 아니 수억 개의 작은 점이 빽빽한 산점도를 그렸다고 하자. 당연히 지나친 일이다. 경제적 논의에 그런 수준의 상세함은 필요하지 않다. 가구 소득 분포 히스토그램은 지나친 단순화와 지나친 복잡화 사이의 균형 잡힌 시각을 제공한다. 그것이 바로 우리가 차트에서 바라는 점이다.

할리우드 역대 최고 박스 오피스를 달성한 영화

나는 모험 영화를 좋아한다. 라이언 쿠글러Ryan Coogler 감독의 〈블랙 팬서〉는 카리스마 넘치는 캐릭터가 나오는 훌륭한 영화다. 이 영화는 흥행에도 크게 성공했는데, 많은 뉴스 매체에 따르면 미국에서 〈스타워즈: 깨어난 포스〉와 〈아바타〉 다음으로 세 번째 높은 수익을 기록했다고 한다.[9] 그러나 이는 사실과 다르다. 〈블랙 팬서〉는 물론 대성공했지만 미국에서 역대 3위의 매출을 올리지는 못했다.[10]

박스 오피스 수익에 관한 이야기의 가장 흔한 문제점은 물가 상승률을 고려하지 않는다는 것이다. 장담컨대 당신은 요즘 상품을 구매할 때 5년 전보다 많은 돈을 지불하고 있을 것이다. 수년 동안 똑같은 일을 했다면 그동안 임금도 인상되었을 것이다. 그러나 절대적 기준(명목 가치)에서나 그렇지 상대적 기준(실질 가치)에서는 아니다. 인플레이션 때문에 매달 은행 계좌에 입금되는 급여 액수는 높아졌을지 몰라도 실제 체감하는 것은 다르다. 그 돈으로 살 수 있는 물건의 양은 3~4년 전과 별 차이가 없기 때문이다.

그래서 〈그림 9〉와 같은 차트를 만들 때면 골치가 아프다. 이 차트는 데

▶ 그림 9 개봉 첫 주 주말 박스 오피스 최고 기록

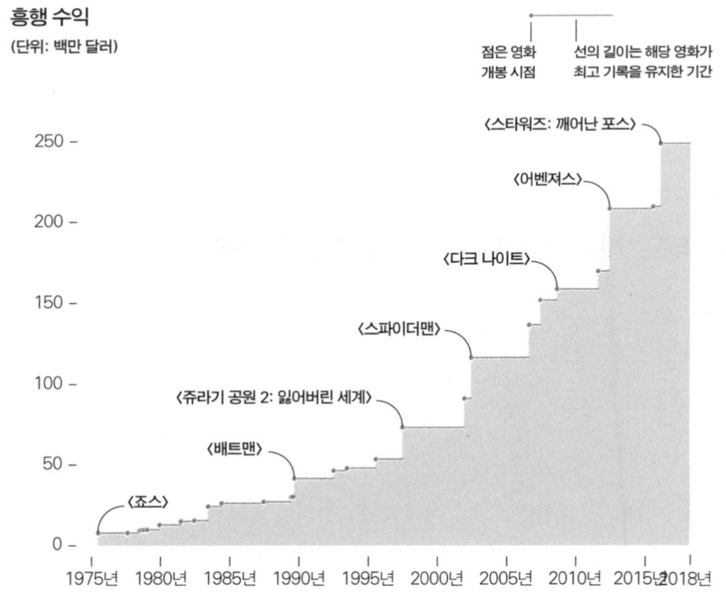

이터 분석가이자 차트 제작자 로디 자코비치Rody Zakovich[11]가 판당고Fandango라는 웹 사이트의 데이터를 사용해 개봉 첫 주 주말 박스 오피스 최고 매출 기록을 나타낸 것이다. 참고로 로디는 자신이 만든 차트의 결점을 잘 안다.

영화의 전체 박스 오피스가 아니라 개봉 첫 주의 결과를 나타냈으므로 이 차트는 〈블랙 팬서〉를 포함하지 않았다. 이 차트는 소셜 미디어에서 흔히 볼 수 있는, 새로 개봉한 영화가 역대 최고 흥행 기록을 깨트렸다는 이야기와 똑같은 방식으로 거짓말한다. 물가 상승률을 반영하지 않아서 실질 가치가 아닌 명목 가치를 표시했기 때문이다. 영화표 가격이 15달러(약 1만 7800원)면 5달러(약 5900원)일 때보다 훨씬 쉽게 '역대 최고 매출을 기록한 영화'가 될 수 있다. 그래서 박스 오피스 목록 상위권에는 대부분 최신 영화들이 포진하고 오래된 영화들은 하위권에 머무른다.

이를 바로잡기 위해 나는 노동통계국이 배포한 무료 온라인 도구로 차트에 있는 영화들의 매출액을 2018년 달러 가치로 환산했다.[12] 그 결과를 차트로 만든 〈그림 10〉은 앞의 차트와는 약간 달라 보인다. 순위 자체가 크게 변하지는 않았지만 옛날 영화들이 전보다 훨씬 높은 순위를 차지했다.

이 차트는 달러 가치 상승률을 고려하지 않은 매출액(붉은색)과 2018년 달러 가치로 환산한 매출액을 비교한다. 모든 막대의 높이가 증가했지만 증가 비율은 다르다. 가령 〈스타워즈: 깨어난 포스〉(2015)의 박스 오피스는 약 5% 상승한 반면 〈죠스〉(1975)는 360%나 뛰어올랐는데, 〈죠스〉가 2018년에 개봉했다면 당시의 명목 가치인 700만 달러(약 83억 원)가 아니라 3200만 달러(약 380억 원)를 벌었을 것이라는 뜻이다.

나는 영화와 뉴스를 좋아하지만 영화 제작 산업은 잘 모른다. 하지만 차트를 연구하고 디자인하는 일을 하다 보니 영화의 흥행 성적을 논하는 많은

▶ 그림 10 개봉 첫 주 주말 박스 오피스 최고 기록(2018년 달러 기준)

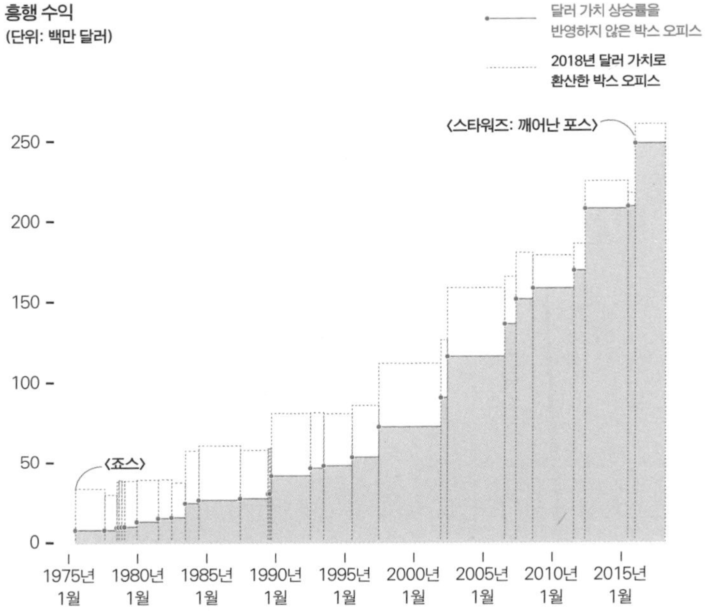

차트와 기사들이 미흡하다는 사실을 발견하곤 한다. 영화 산업이 그동안 얼마나 변했는지 감안하지 않고 〈죠스〉를 〈스타워즈: 깨어난 포스〉와 기계적으로 비교하는 건 불공평하지 않을까? 마케팅과 홍보에 들어간 비용과 노력, 개봉 스크린 수 등의 요소도 고려해야 하지 않을까? 이런 의문들을 해결할 수는 없지만, 각 영화가 개봉 첫 주 주말에 스크린당 얼마나 많은 매출을 올렸는지를 이미 공개된 데이터로 계산하고 이를 2018년 달러 가치로 환산할 수는 있다(〈그림 11〉).

1975년에 미국 409개 상영관에서 개봉한 〈죠스〉가 2015년의 〈스타워

▶ **그림 11 개봉 첫 주 주말 스크린당 박스 오피스** (2018년 달러 기준)

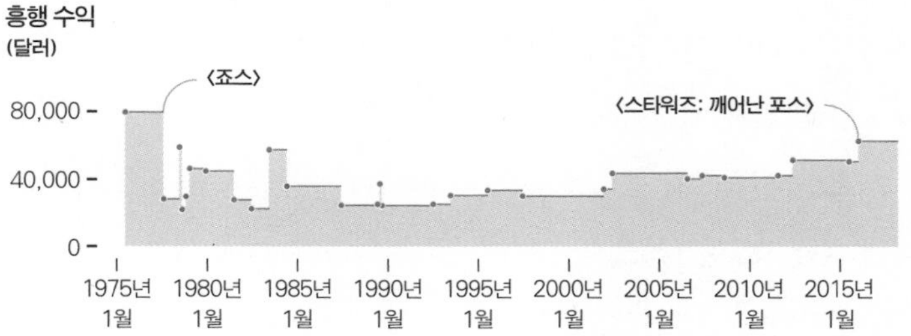

출처 | 박스 오피스 모조

즈: 깨어난 포스〉처럼 4134개 스크린에서 상영됐다면 어떤 결과가 나왔을지 궁금해진다. 스크린 수가 10배 많았다면 첫 주 주말에 10배 이상의 매출을 올리지 않았을까? 3200만 달러(약 380억 원)가 아니라 3억 2000만 달러(약 3802억 원)를 벌지 않았을까? 요즘 영화관은 스크린당 좌석 수가 1970년대보다 더 적을 수도 있지 않을까? 모르는 변수가 너무 많다!

상대적 흥행을 측정하는 또 다른 기준은 순이익(영화 제작·마케팅비와 전체 박스 오피스의 차액)과 투자 수익률(영화 제작·마케팅비와 순이익의 비율)일 것이다. 〈아바타〉와 〈어벤져스〉, 〈스타워즈: 깨어난 포스〉 같은 영화는 수익률은 높지만 상대적으로 위험부담이 크며 제작과 홍보에도 많은 비용이 든다. 특히 요즘 영화들은 제작에 드는 비용만큼 마케팅에도 큰 비용이 든다고 한다. 2012년에 개봉한 디즈니의 블록버스터 영화 〈존 카터: 바숨 전쟁의 서막〉은 제작 및 마케팅에 3억 달러(약 3600억 원)를 썼지만 수익은 그 3분의 2에 그쳤다.[13]

다른 영화들은 그만큼 위험하지는 않다. 일부 출처에 따르면[14] 역대 최고의 투자 수익률을 기록한 영화는 〈파라노말 액티비티〉다. 이 영화는 자그마치 2억 달러(약 2400억 원)에 가까운 수익을 올렸는데, 마케팅 비용을 제외한 제작비가 고작 1만 5000달러(약 1800만 원)였다. 그렇다면 어떤 영화가 더 성공한 것일까? 〈아바타〉일까, 〈파라노말 액티비티〉일까? 우리가 어떤 측정 기준을 택하고 각 투자에 대한 위험 대비 수익률을 어떻게 계산하느냐에 달려 있다. 〈그림 12〉는 각 영화가 개봉 첫 주 주말에 제작비(마케팅 비용 제외)를 얼마나 회수했는지 계산한 것이다.

▶ **그림 12 개봉 첫 주 주말 제작비 회수율**(2018년 달러 기준)

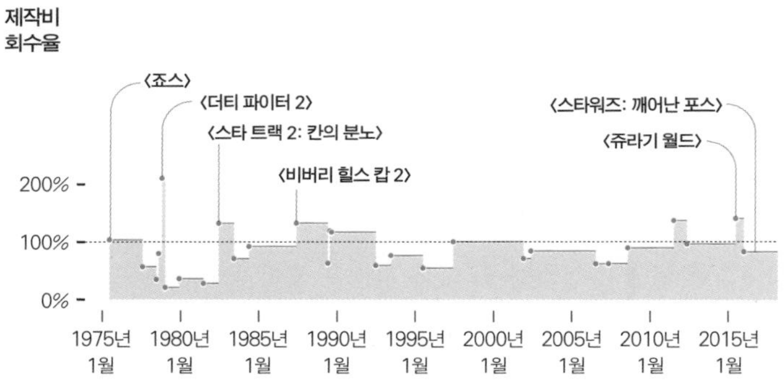

〈죠스〉는 개봉 첫 주에 총제작비를 회수했고, 몇몇 영화는 아예 손익분기점을 넘겼다. 가장 극적인 사례는 개봉 첫 주 주말에 제작비의 2배 가까이를 벌어들인 영화 〈더티 파이터 2〉다. 클린트 이스트우드Clint Eastwood가 클라이드라는 이름의 오랑우탄과 함께 나오는 영화인데 나도 어릴 때 무척 좋아했다.

천연두보다 백신이 더 위험하다고?

차트를 디자인할 때는 어떤 값을 선택하는 쪽이 나을까? 조정을 거치지 않은 절댓값일까 아니면 변화를 반영한 실질값일까? 상황과 맥락에 따라 다르지만 때로는 수치를 조정한 실질값이 낫다. 앞에서 본 것처럼 박스 오피스나 가격, 비용 또는 급여 등은 시간의 흐름에 따라 수치를 조정하는 편이 더 논리적이다. 분자를 이해하려면 분모를 먼저 고려해야 하고, 특히 분모가 상이한 집단을 비교할 때는 더욱 그렇다.

예를 들어 내가 당신에게 피자 1판에서 2조각을 나눠주고, 나는 다른 피자 1판에서 3조각을 받는다고 치자(〈그림 13〉). 이때는 피자 1판이 몇 조각으로 구성되는지를 먼저 알아야 한다.

분모를 고려하지 않으면 참담한 결과를 가져올 수 있다. 〈그림 14〉는 주데아 펄Judea Pearl이 저서 『인과에 관하여The Book of Why』에서 가상의 데이터를 사용해 만든 막대그래프다.

▶ 그림 13

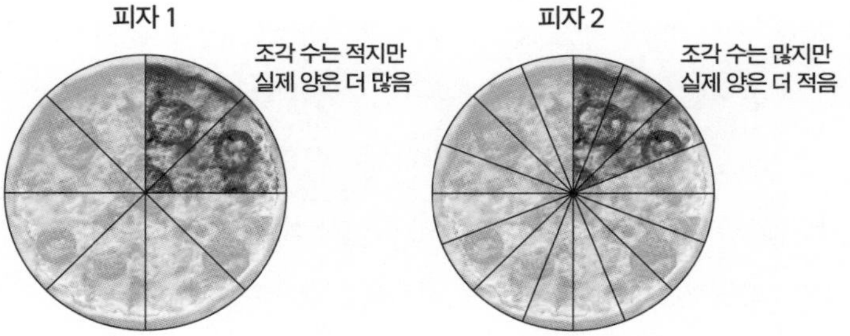

▶ **그림 14** 1800년 천연두로 사망한 아동

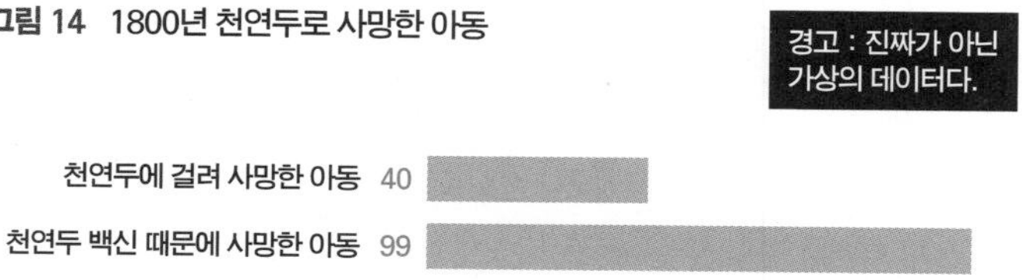

이 가상 데이터는 천연두 백신이 널리 퍼진 19세기에 보편적 예방접종에 찬성하던 이들과 반대하던 이들 사이에 뜨거운 논쟁을 불러일으켰던 수치를 참고한 것이다. 백신 반대론자들은 백신이 일부 어린이들의 거부반응을 야기하며 때로는 죽게 할 수 있다고 우려했다.

충격적인 그래프지만('백신 때문에 죽은 아이들이 더 많다니!') 이 차트는 당신의 자녀에게 예방접종을 해야 할지 말아야 할지 결정하는 데 별 도움이 되지 않는다. 진실을 구별하려면 더 많은 데이터를 표시해야 한다. 누락된 데이터 중에는 분모값으로 삼을 것도 있기 때문이다.

다음 플로 및 거품 차트는 이 사례를 더 현명하게 추론하고 이해하도록 도와준다(〈그림 15〉). 이 차트가 나타내는 바를 설명해보자. 100만 명의 아동 중 99%가 백신을 맞았다. 거부반응을 일으킬 확률은 약 1%다(100만 명 중 9900명). 거부반응을 일으킬 경우 사망할 확률 역시 1%다(9900명 중 99명). 따라서 백신으로 인한 최종 사망률은 0.01%가 된다(예방접종을 한 99만 명 중 99명).

반면에 백신을 맞지 않을 경우 천연두에 걸릴 확률은 2%다(1만 명 중 200명). 그리고 천연두에 걸릴 경우 사망률은 20%다(200명 중 40명). 백신을 맞은 아동이 그렇지 않은 아동보다 더 많이 사망한 이유는 백신을 맞은 아

▶ 그림 15

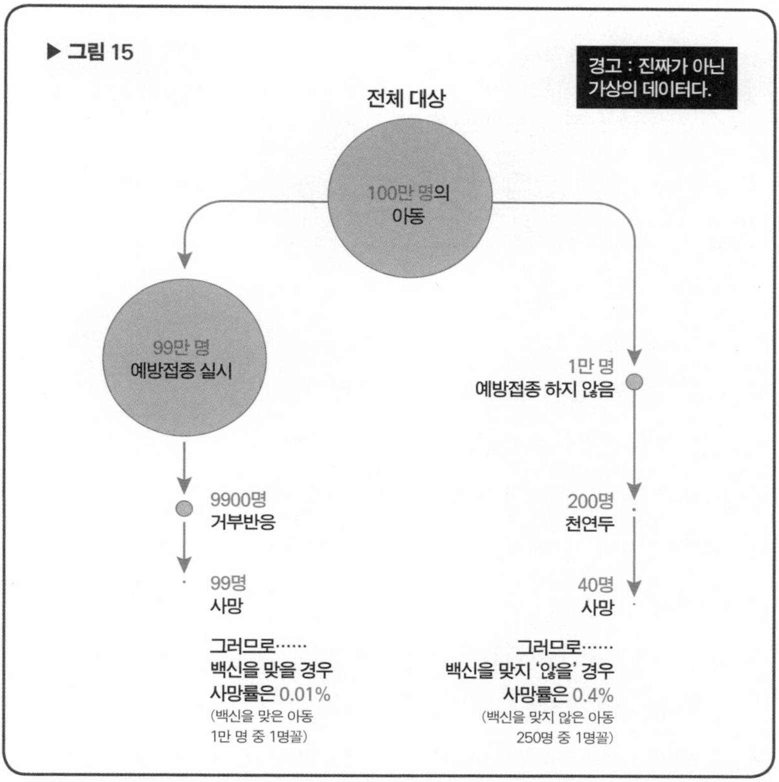

이들(99만 명)이 그렇지 않은 아이들(1만 명)보다 훨씬 많았기 때문이며, 나는 사전에 이 사실을 밝혀둬야 했다.

99명은 40명보다 많아 보이지만 한번 계산해보자. 만약 아무도 백신을 맞지 않았다면 전체 아동의 2%가 천연두에 걸렸을 것이다. 이는 100만 명 중 2만 명이며, 그중 20%가 사망한다고 치면 총 4000명이 사망하는 셈이다. 〈그림 16〉은 내가 수정한 차트다.

139명은 백신을 맞지 않아 천연두로 사망한 아동들과 백신을 맞은 후

▶ **그림 16　1800년 천연두로 사망한 아동**

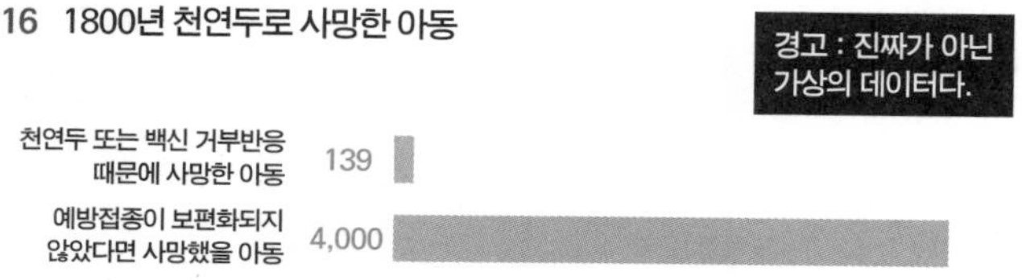

거부반응으로 사망한 아동들을 합한 숫자다. 이제 보편적 예방접종을 실시했을 때와 그렇지 않은 경우의 진정한 차이를 알 수 있다.

많은 경우 절댓값과 조정값은 서로 다른 이유로 중요하다. 원 헌드레드 피플100 PEOPLE은 다양한 공중 보건 지표를 백분율로 변환해주는 근사한 웹사이트다. 가령 전 세계 인구를 100명으로 치환하면 그중 25%는 아동이고 22%는 비만이며 60%는 아시아인이다. 여기 낙관적으로 느껴지는 통계를 보라(〈그림 17〉). 데이터 분석가 애선 마브라토니스Athan Mavratonis는 이 숫자를 다른 방식으로 해석했다(〈그림 18〉).

둘 중 어느 차트가 더 나은가? 답은 어느 쪽도 아니다. 어느 쪽도 나쁘다고 할 수 없다. 기아로 고통받는 사람들의 비율은 분명 세계 인구에 비해 적지만—뿐만 아니라 점차 줄고 있다—1% 뒤에 7400만 명의 '사람'이 실제로 존재한다는 것 또한 분명한 사실이다. 이 숫자는 터키나 독일의 인구보다는 약간 적고, 미국 인구의 약 4분의 1에 달한다. 이제 〈그림 17〉이 전만큼 낙관적으로 보이지는 않을 것이다.

최근 출간된 몇몇 책들은 인류의 진보에 따른 긍정적인 면을 조명하고 있다. 한스 로슬링Hans Rosling의 『팩트풀니스』와 스티븐 핑커Steven Pinker의 『우리 본성의 선한 천사』에는 세상이 점점 나아지고 있다는 사실을 입증하는 인

▶ 그림 17

세계에 100명이
살고 있다면
1명은 기아로
죽어가고 있다.

출처 | 프로퍼블리카ProPublica, 알베르토 카이로Alberto Cairo

▶ 그림 18

세계에
74억 명이 살고 있다면
7400만 명은
실제로 굶고 있다.

출처 | UN

상적인 통계와 차트가 실려 있다.[15] 이런 책들과 거기에 필요한 데이터를 제공한 웹 사이트, 예를 들어 아워 월드 인 데이터Our World in Data 등은 머지않아 2030년까지 "빈곤 퇴치, 불평등 완화, 기후변화 종식"을 이룩한다는 UN의 2015년 글로벌 목표를 달성할 수도 있을 거라고 말한다. 나는 세계은행 데이터를 기반으로 만든 〈그림 19〉 같은 차트가 아주 멋진 뉴스라고 생각한다.

1981년에는 전 세계 사람들이 10명 중 4명꼴로 하루에 2달러(약 2370원)

▶ 그림 19

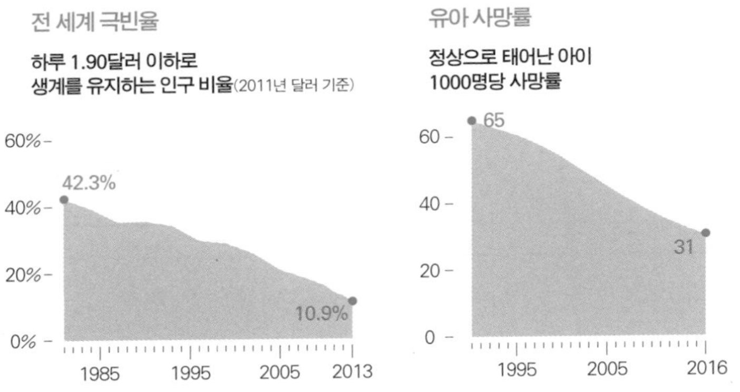

출처 | 세계은행

미만으로 살아야 했다. 2013년이 되자 그 숫자는 10명 중 1명으로 떨어졌다. 1990년에는 정상적으로 출생한 유아 1000명 중 65명이 1살이 되기 전에 목숨을 잃었지만 2017년에는 31명으로 적어졌다.

분명 모두가 축하해야 할 성과다. UN과 UN아동기금United Nations Children's Fund, UNICEF, 정부 및 민간 기관들과 협력하는 수많은 단체의 노력이 결실을 거두고 있고 앞으로도 계속 전진하면 될 것 같다.

그러나 이런 차트와 데이터의 숫자 뒤에는 어마어마한 인간적 비극이 숨어 있다. 백분율과 비율은 우리의 공감 능력을 마비시킨다. 10.9%라는 숫자가 적게 느껴지는가? 그게 얼마나 많은 사람을 의미하는지 깨달으면 달라질 것이다. 2013년 세계 인구의 10.9%면 8억 명에 가까운 수치다(〈그림 20〉).

인류의 진보를 논할 때 백분율이나 비율만 고려하면(세계 인구의 10.9%

▶ **그림 20 하루 1.90달러 이하로 생계를 유지하는 사람들**(2011년 달러 기준)

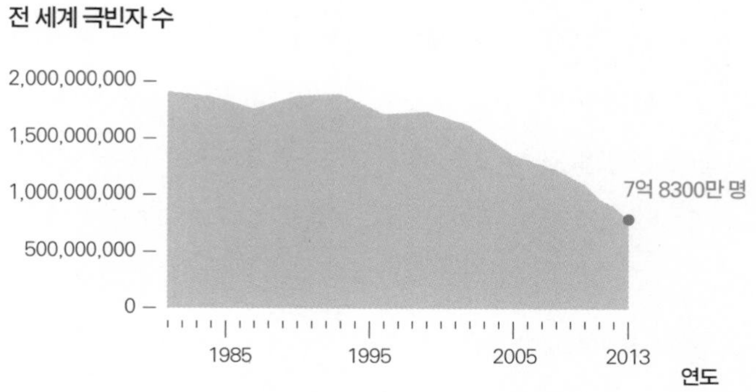

처럼) 통계 수치에서 인간성을 제거해 우리를 자기만족에 안주하게 만든다. 이렇게 생각하는 것은 나뿐만이 아니다. 『숫자에 속아 위험한 선택을 하는 사람들』의 저자 게르트 기거렌처Gerd Gigerenzer는 백분율은 필요한 것보다 더 숫자를 관념적으로 만든다고 말했다. 당신도 이 통계 수치를 보고 '이건 7억 8300만 명이라는 뜻이잖아!'라고 상기하기 바란다.

명목값도 조정값도 단독으로 제시되면 충분한 정보를 제공하지 못한다. 그 2가지를 함께 제시할 때에만 우리가 창조하고 있는 놀라운 발전과 진보 그리고 꾸준히 직면하고 있는 힘겨운 도전 과제를 더 분명하고 심오하게 이해할 수 있다. 8억 명 가까운 사람들이 극단적 빈곤 상태에 있다. 그 수는 2016년 미국 인구의 2.5배나 된다. 엄청나게 많은 사람이 고통을 겪고 있는 것이다.

출산율이 감소하는 진짜 이유

많은 차트가 의도된 메시지를 반전시킬 수 있는 기준선이나 반증 요소를 숨기고 있다. 위키리크스WikiLeaks 설립자 줄리언 어산지Julian Assange가 2017년에 올린 트윗을 떠올려보자. 그는 현대화 때문에 선진국의 출생률birthrate이 낮아져 이들이 이민 인구에 의존하게 되었다고 말한다.

> 자본주의+무신론+페미니즘=불임=이민
>
> 유럽연합Europe Union, EU 출생률=1.6
>
> 인구 대체율=2.1
>
> 메르켈, 메이, 마크롱, 젠틸로니 모두 자녀가 없음.[16]

어산지가 언급한 이름들은 당시 독일 총리 앙겔라 메르켈Angela Merkel, 영국 총리 테리사 메이Theresa May, 프랑스 대통령 에마뉘엘 마크롱Emmanuel Macron, 이탈리아 총리 파올로 젠틸로니Paolo Gentiloni다. 어산지는 이 트윗에 유럽 30개국 이상의 데이터가 담긴 표를 첨부했다. 〈그림 21〉은 어산지가 표에 기록한 숫자를 내가 차트로 변환한 것이다.

어산지는 몇 가지 실수를 했다. 예컨대 그는 출생률이라고 썼으나 실제로는 출산율fertility rate을 사용했다. 둘은 관련이 있지만 일치하는 개념은 아니다. 출생률은 한 국가에서 1년 동안 인구 1000명당 출생한 아이의 수고, 출산율은 간단히 말하면 여성 1명이 평생 출산하는 자녀의 수다. 만약 한 국가에서 여성의 절반이 2명의 자녀를 낳고 나머지 절반은 3명을 낳는다면 그 국가의 출산율은 2.5다.

▶ 그림 21 유럽 국가 출산율

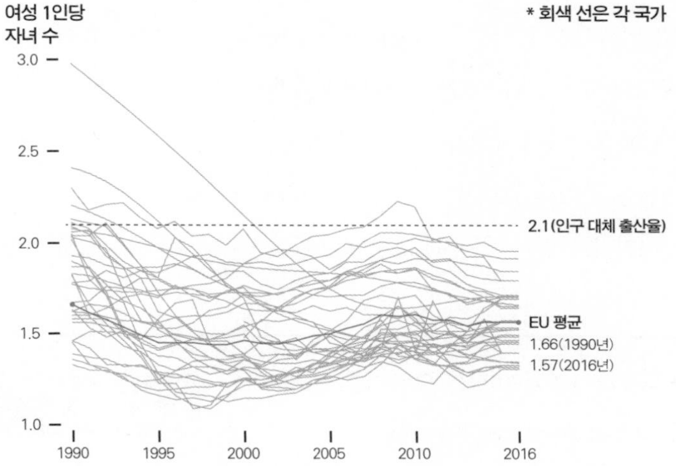

출처 | 세계은행

이 실수는 신경 쓰지 말고 어산지가 출산율을 말하려 했다고 가정하자. 그는 트윗과 제시한 데이터를 통해 자본주의 국가 및 세속 민주주의 국가에서는 출산율이 매우 낮다고, 즉 여성 1명당 자녀를 1.6명 낳는다고 주장했다. 그리고 인구를 장기간 안정적으로 유지하는 데 필요한 인구 대체 출산율 2.1명에 한참 못 미치는 현재 상황은 그 국가들의 지도자들과도 연관이 있을 것이라고 말했다.

어산지가 올린 표와 내가 작성한 차트는 꽤나 흥미로운데, 2가지의 상반된 특성을 보여주는 재주를 부리고 있기 때문이다. 이 차트들은 너무 적은 데이터를 보여주는 동시에 너무 많은 데이터를 보여준다. 어쩌면 이해를 돕기보다 방해하는 데이터를 너무 많이 보여주었다고 말해야 할지도 모르겠다.

데이터가 너무 많은 차트의 특성을 살펴보자. 표가 너무 많은 숫자를 포함하고 있거나 〈그림 21〉처럼 너무 많은 선이 겹치는 차트는 데이터를 통해 패턴을 인식하거나 우리의 의견에 반증이 될 수 있는 사례를 찾아내기 어렵다. 예를 들어 북유럽 국가들은 상당히 세속적이고 성 평등을 지향한다. 그렇다면 이 국가들의 출산율은 급감했는가?

이때는 각각의 그래프 선을 차트 하나에 욱여넣기보다 분리하는 편이 낫다. 그러면 어떻게 되는지 〈그림 22〉를 살펴보자. 1990년 이후 덴마크와

▶ 그림 22 1990~2016년 유럽 국가들의 출산율

인구 대체 출산율은 여성 1명당 자녀 2.1명

주의: 다음 국가들이 전부 EU 회원국은 아니다.

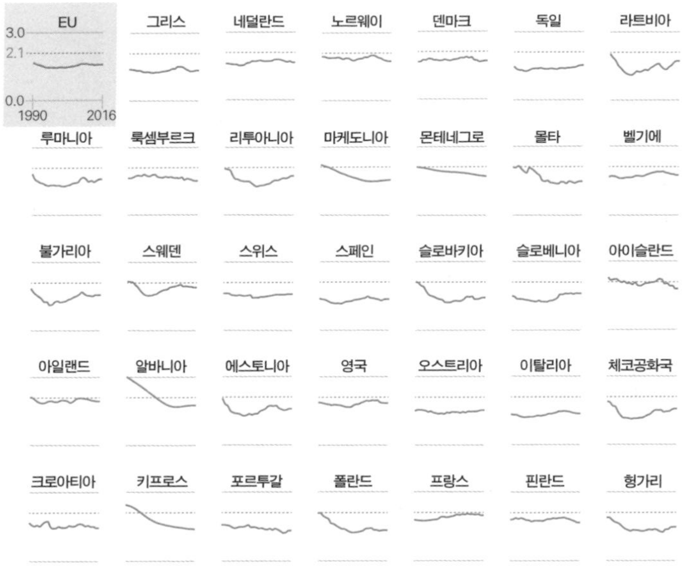

핀란드의 출산율은 크게 변화하지 않았고 인구 대체 출산율인 2.1명에 가깝다. 이제 종교적 색채가 다소 짙은 국가인 폴란드와 알바니아를 보자. 이 들 국가에서는 출산율 하락세가 상당히 뚜렷하다. 다음으로 인구의 대다수가 가톨릭 신자인 스페인과 포르투갈의 출산율은 인구 대체 출산율에 한참 못 미친다.

이 차트는 최근에 전쟁이나 다른 재앙을 겪지 않은 국가에서 출산율의 변화를 야기하는 주요 요인이 어산지의 말처럼 종교나 페미니즘이 아니라 경제나 사회구조임을 짐작케 한다. 이를테면 스페인과 이탈리아, 포르투갈 같은 남유럽 국가는 역사적으로 실업률이 높고 임금수준은 낮다. 사람들이 자녀를 낳지 않거나 낳는 시기를 늦추는 이유는 스스로 아이를 키울 여력이 되지 않다는 것을 알기 때문이다. 1990년대 초반에 나타난 알바니아와 헝가리, 라트비아, 폴란드 등의 출산율 급락은 1991년의 소련 붕괴 및 자본주의 체제로의 이행과 관련 있을 확률이 크다.

어산지가 트윗에서 지적한 것처럼 이민자 유입이 출산율을 높이거나 노령화를 늦출 수도 있지만 그런 결론에 이르려면 증거가 더 필요하다. 어산지의 표와 내 차트는 충분한 맥락과 데이터를 보여주지 않았다. 우리는 정보를 선별적으로 표시했다. 출산율은 특정 국가에서만 감소하고 있는 것이 아니라 종교 국가든 세속 국가든 상관없이 전 세계 거의 모든 국가에서 감소하고 있기 때문이다(〈그림 23〉).

이제 이 장을 마무리하기 위해 명목값과 조정되지 않은 데이터 대 비율 및 백분율에 관한 논의로 돌아가자. 미국에서 비만율이 가장 높은 지역은 로스앤젤레스 카운티(캘리포니아주)와 쿡 카운티(일리노이주) 그리고 해리스 카운티(텍사스주)다(〈그림 24〉). 공교롭게도 모두 미국에서 가장 가난한 지

▶ **그림 23 유럽 국가 출산율**

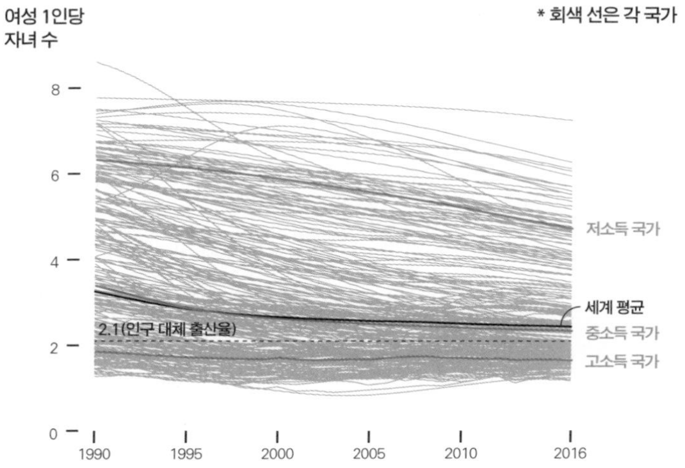

출처 | 세계은행

역이다(〈그림 25〉). 이런 상관관계가 있다니 신기한 일이다. 사실이 아니라는 점만 빼면 말이다. 각 카운티 인구를 반영한 〈그림 26〉을 살펴보자.

비만 인구의 수가 빈곤 인구의 수와 상관관계를 지니는 이유는 두 변수가 인구 규모와 밀접한 관계에 있기 때문이다. 쿡 카운티에는 시카고가 있고 해리스 카운티에는 휴스턴이 있다. 〈그림 27〉은 〈그림 24〉와 〈그림 25〉의 수치를 백분율로 변환해 나타낸 것이다.

이제 전과는 많이 달라 보이지 않는가? 비만과 가난의 상관관계는 훨씬 약해졌고 로스앤젤레스 카운티는 상위권에서 벗어났다. 로스앤젤레스 카운티에 빈곤층과 비만 인구가 많은 이유는 인구 자체가 많기 때문이다. 이처럼 데이터를 표시할 때 색조를 사용하는 지도를 단계 구분도choropleth—그리

▶ **그림 24 미국 카운티별 비만 인구 분포**

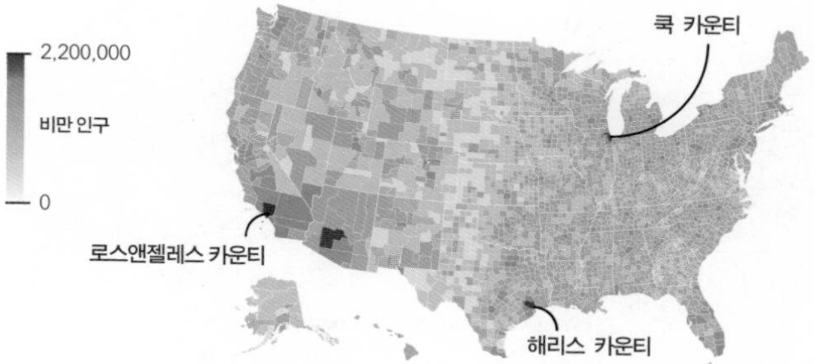

▶ **그림 25 미국 카운티별 빈곤 인구 분포**

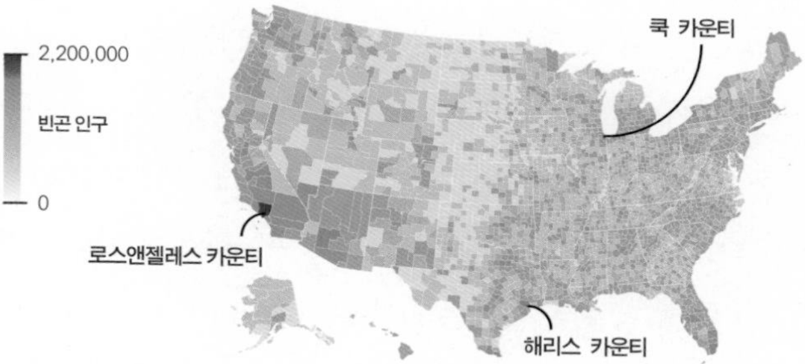

▶ **그림 26 미국 카운티별 인구 분포**

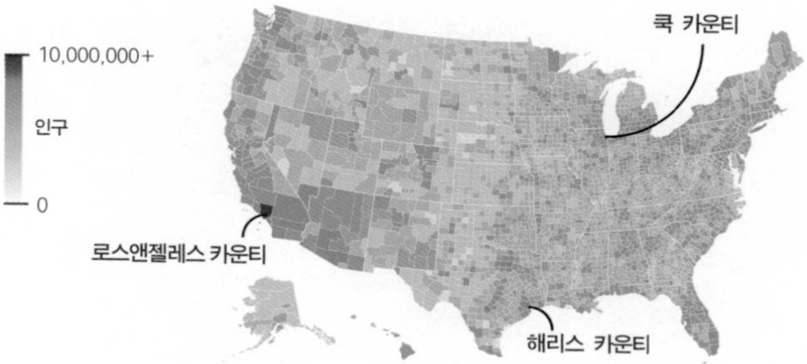

▶ 그림 27

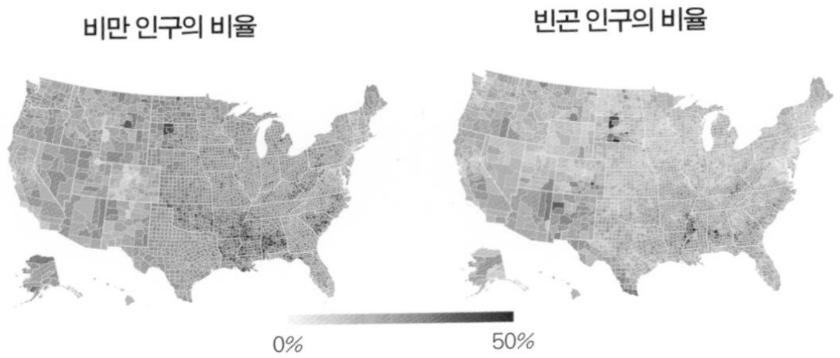

스어로 장소를 뜻하는 khōra와 군중 또는 대중을 뜻하는 plēthos에서 유래되었다—라고 하는데, 가공되지 않은 수치보다 비만 인구나 빈곤층의 비율 같은 조정된 데이터를 나타낼 때 훨씬 효과적이다. 이 경우 가공되지 않은 수치를 표시하면 해당 지역의 인구 규모를 반영하는 데 그친다.

숫자를 다른 식으로 시각화할 수도 있다. 이를테면 산점도를 활용할 수도 있다. 〈그림 28〉의 위쪽 차트는 인구수를 반영하지 않은 비만과 가난의 연관성을 보여준다. 아래쪽 차트는 전체 인구에서 비만인 사람들의 비율과 가난한 사람들의 비율 관계를 표시한 것이다.

미시시피주에 있는 클레이본 카운티는 비만 인구 비율이 가장 높고(주민 9000명 중 48%), 사우스다코타주의 오거라라 라코타 카운티는 빈곤 인구의 비율이 가장 높다(주민 1만 3000명 중 52%). 로스앤젤레스 카운티와 쿡 카운티, 해리스 카운티의 비만율은 21~27%이며 빈곤율은 17~19%이다. 이들은 두 번째 차트에서 왼쪽 하단 사분면에 있다.

이 사례는 조정된 데이터와 조정되지 않은 데이터 모두가 중요한 경우

▶ 그림 28 빈곤 대 비만

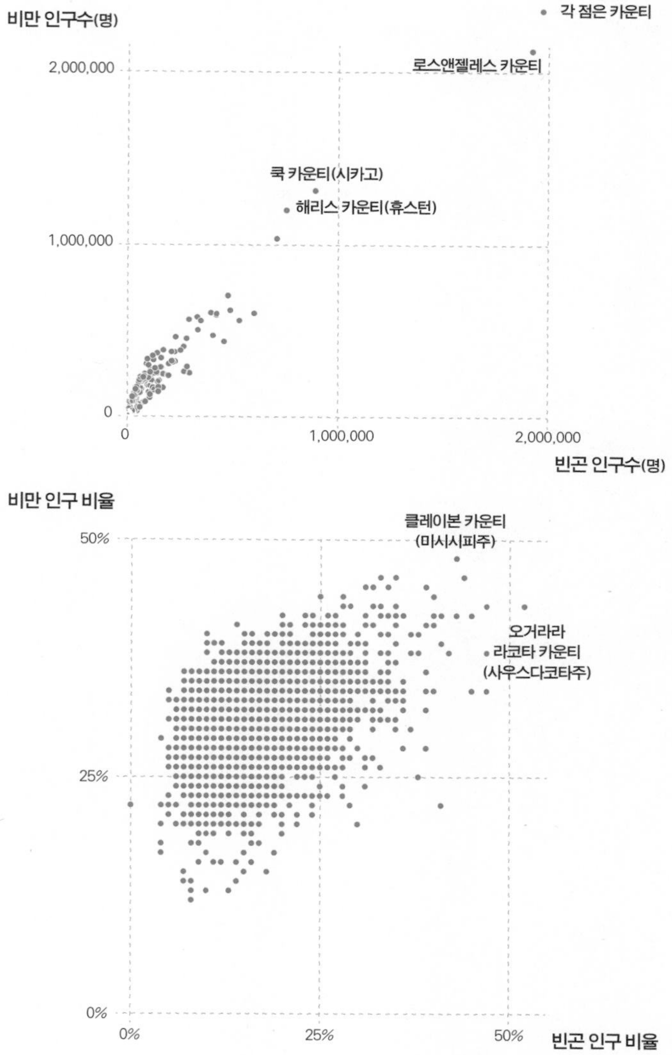
비만 인구수(명)
각 점은 카운티
로스앤젤레스 카운티
2,000,000
쿡 카운티(시카고)
해리스 카운티(휴스턴)
1,000,000
0
0
1,000,000
2,000,000
빈곤 인구수(명)
비만 인구 비율
클레이본 카운티
(미시시피주)
50%
오거라라
라코타 카운티
(사우스다코타주)
25%
0%
0%
25%
50%
빈곤 인구 비율

다. 어쨌든 로스앤젤레스 카운티에는 200만 명에 가까운 빈곤층이 거주하기 때문이다. 그러나 각 카운티를 비교하는 게 목적이라면 조정된 데이터를 봐야 할 것이다.

5장

신뢰도 95%의 비밀

미래 예측과 불확실성

How Charts Lie

지구온난화 예측 모델

차트로 거짓말하지 않으려면 모든 것을 정확히 표기해야 한다. 그러나 때로는 지나친 정확성이 차트를 이해하는 데 방해가 된다. 데이터는 종종 확실하지 않으며, 이러한 불확실성이 존재한다는 사실을 반드시 공개해야 한다. 이를 간과하면 잘못된 추론으로 이어질 수 있다.

2017년 4월 28일 아침 나는 브렛 스티븐스Bret Stephens가 《뉴욕타임스》 필진에 합류한 후 처음으로 게재한 칼럼을 읽었다. 《월스트리트저널》 출신의 유명 보수 칼럼니스트 스티븐스는 《뉴욕타임스》가 이념적 다양성을 위해 영입한 인물이다.

스티븐스가 쓴 첫 칼럼의 제목은 "기후변화에 대한 확고한 확실성"[1] 이었는데 몇 문장은 내 마음에 쏙 들었다. "우리는 데이터의 권위가 막강한 세상에 살고 있다. 그러나 권위는 지나친 확신으로 빠지는 경향이 있고, 지나친 확신은 교만을 낳는다." 안타깝게도 다른 문장들은 이만큼 감명을 주지 못했다. 칼럼의 후반부에서 스티븐스는 기후변화 이론에 대한 과학적 합의를 이상한 주장으로 공격한다(강조 표시는 내가 했다).

> 기후변화에관한정부간협의체Intergovernmental Panel on Climate Change, IPCC의 2014년 보고서를 읽은 사람이라면 알다시피 **1880년 이후 지구 기온은 분명히 약간 상승(섭씨 0.85℃ 또는 화씨 1.5℉)했다.** 인간이 어느 정도 기여했음에는 의심의 여지가 없지만 그 외에 사실로 인정되는 많은 것은 확률의 문제다. 특히 과학자들이 미래의 기후변화를 내다보기 위해 사용하는, 정교하긴 하나 오류를 범하기 쉬운 모델과 시뮬레이션은 더욱 그렇다. 과학을 부정한다는 말이 아니다. 현실을 솔직하게 인정하자는 얘기다.

"오류를 범하기 쉬운 모델과 시뮬레이션"은 잠시 후 이야기하고, 일단 전 세계 기온이 0.85℃ 상승한 것이 "약간" 수준이라는 주장에 초점을 맞추자. 언뜻 틀린 말은 아닌 것처럼 보일 수도 있다. 기온이 40℃에서 40.85℃로 오른다고 해서 사람들이 더위를 더 느끼진 않을 테니 말이다. 어느 쪽이나 덥기는 마찬가지니까.

그러나 이제라도 모든 지구촌 사람들이 알아야 할 사실은 날씨와 기후는 다르다는 점이다. 자신이 사는 곳에 눈이 펑펑 내리기 때문에 기후변화가 사실이 아니라고 주장하는 정치가는 당신을 속이고 있거나 아니면 초등학교 수준의 과학에 무지하다고 봐야 한다. 스티븐스가 "약간"이라고 말하는 0.85℃의 기온 상승은 역사적 관점에서 보면 전혀 약간이 아니다. 〈그림

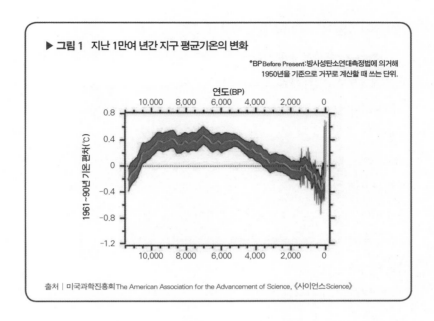

▶ 그림 1 지난 1만여 년간 지구 평균기온의 변화

*BP Before Present: 방사성탄소연대측정법에 의거해 1950년을 기준으로 거꾸로 계산할 때 쓰는 단위.

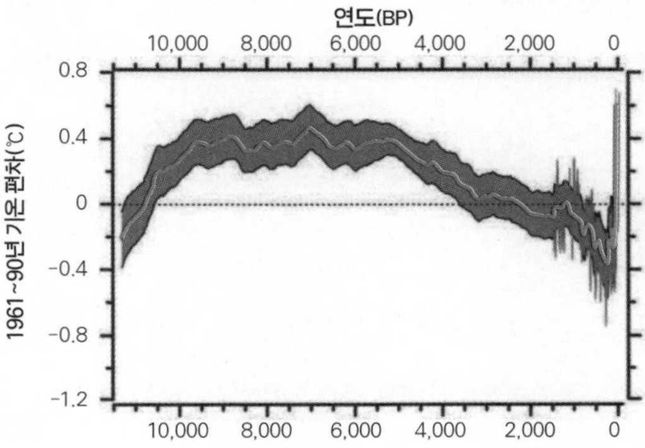

출처 | 미국과학진흥회The American Association for the Advancement of Science, 《사이언스Science》

1〉처럼 훌륭하게 디자인된 차트라면 지적이고 논리적인 논의를 이끌어낼 수 있을 것이다.[2]

차트를 읽는 법은 다음과 같다. 수평축은 연도를 의미하며 현 시점에서부터 거꾸로 세어야 한다(오른쪽 끝에 있는 0이 현재다). 수직축은 기후 과학에서 흔히 기준으로 삼는 1961~90년 지구의 평균기온 변화이며, 차트에 수평 점선으로 표시된 것은 기준선이다. 그래서 이 차트에서 양의 온도(기준선 위)와 음의 온도(기준선 아래)를 볼 수 있다.

가장 중요한 것은 붉은색 선이다. 이 선은 전 세계의 기후 연구자 및 조사 팀들이 각각 추정한 과거 연평균 기온의 변화를 평균화한 것이다. 회색 영역은 그 추정치를 둘러싼 불확실성의 영역이다. 차트를 통해 과학자들은 '각각의 연평균 기온이 회색 영역 안에 있으리라고 합리적으로 확신하며 최선의 추정치는 빨간 선이다'라고 말하고 있다.

차트의 가장 오른쪽에 있는 빨간 선과 좁은 회색 영역은 독특하고 유명한 그래픽으로 흔히 '하키 채'라고 불린다. 이 데이터는 마이클 E. 맨Michael E. Mann과 레이먼드 S. 브래들리Raymond S. Bradley, 맬컴 K. 휴스Malcolm K. Hughes가 발표했다.[3]

이 차트가 의미하는 바는 스티븐스의 주장과 달리 0.85℃라는 기온 상승 폭이 전혀 "약간"이 아니라는 것이다. 수직축을 읽어보라. 과거에 지구 기온이 지난 세기와 같은 수준으로 상승하기까지는 수천 년이 걸렸다. 시야를 집중하여 지난 2000년 동안 이처럼 급격한 기온 변화가 거의 없었다는 사실을 인식하면 이러한 깨달음은 더욱 명백해진다(〈그림 2〉).

결국 "약간"이 아니란 얘기다. 그렇다면 스티븐스의 두 번째 주장인 "오류를 범하기 쉬운 모델과 시뮬레이션"은 어떨까? 그는 이렇게 덧붙인다.

▶ 그림 2 지난 2000여 년간 지구 평균기온의 변화

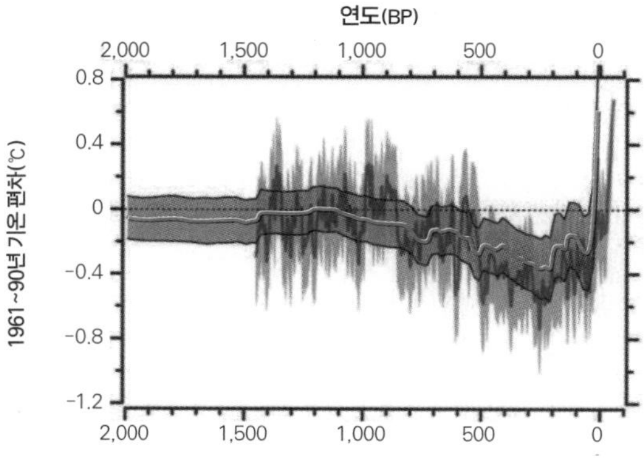

출처 | 미국과학진흥회, 《사이언스》

과학에 관해 완벽하게 확신하는 것이야말로 과학 정신에 어긋나고, 기후변화에 관한 주장이 하나라도 틀릴 때마다 의심의 여지를 낳게 된다. 비약적이고 비용이 많이 드는 정책 변화에 대한 요구의 배경에 이념적 의도가 있는지 의문을 제기하는 일은 정당하다.

이론적으로는 그럴듯하지만 현실적으로 생각해보자. 우선 기후 모델은 타당할 뿐만 아니라 반대로 많은 면에서 지나치게 낙관적이다. 지구의 기온은 급속도로 상승하고 있고, 빙하가 녹고 해양 면적은 증가하고 있으며, 머지않아 플로리다 남부 지역 같은 곳에서는 살기 힘들어질 정도로 해수면이 상승할 것이다. 마이애미 해안에서는 이미 날씨가 좋은 계절에도 침수 및 범람이 빈번하게 발생하고 있으며, 마이애미 시는 거대한 수중 펌프를 설치하고 고가도로를 설치하는 등 스티븐스가 불신하는 "비용이 많이 드는 정책 변화"를 논의하고 있다. 진보적이든 보수적이든 "이념적" 과학이 아니라 직접 관찰이 가능한 사실에 기반해서 말이다.

8개국 26명의 기후학자가 참여한 보고서 「코펜하겐 진단The Copenhagen Diagnosis」에 수록된 차트를 보라(〈그림 3〉).[4] 이 차트는 과거 IPCC의 예측과 실제 기록된 해수면 상승치를 비교하고 있다.

회색 영역은 IPCC의 예측 범위다. 1990년에 과학자들은 2010년이 되면 해수면이 1.5~6.5cm 상승할 것이라고 예측했다. "오류를 범하기 쉬운 모델과 시뮬레이션"이 아닌 위성 관측은 이런 비관적 예측의 대부분이 사실로 드러나고 있음을 증명한다. 과거의 기후 모델이 잘못된 적이 있던가? 물론이다. 과학은 절대적이지 않으니까. 그러나 암울한 예측 중 상당수가 안타깝지만 옳았음이 입증되고 있다.

▶ **그림 3 해수면 관측 및 상승 모델**

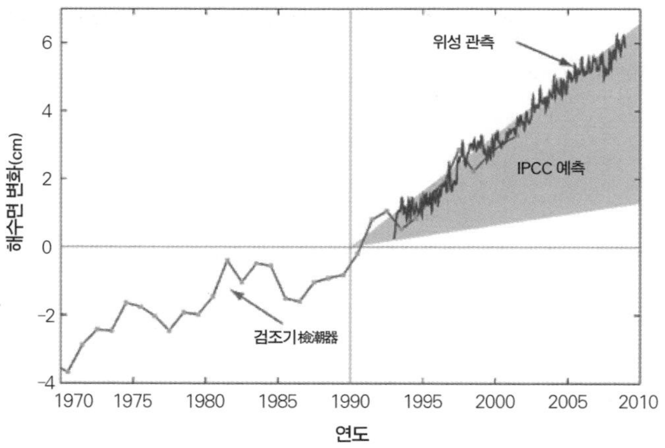

마지막으로 스티븐스가 《뉴욕타임스》 칼럼에서 빠뜨린 결정적인 핵심은 설사 데이터와 모델, 과학적 예측과 시뮬레이션이 매우 불확실하더라도—기후 과학자들도 차트를 발표할 때마다 인정한다—단 하나의 예외 없이 모든 것이 한 방향을 가리키고 있다는 것이다. 〈그림 4〉는 스티븐스가 제시해야 했던 IPCC의 훌륭한 차트 중 하나다.

이 차트는 불확실성의 범위와 함께 몇 가지 예측을 보여준다. 극도로 낙관적으로 예측하면 지구 기온이 2100년까지 섭씨 1℃ 상승하는 데 그칠 수도 있다. 실제로는 엄청난 변화지만 섭씨 2℃ 이상 상승할 확률도 있으니 말이다. 지구 기온이 더 이상 상승하지 않을 수도 있지만 똑같은 확률로 섭씨 2℃ 이상 상승할 수도 있는데, 그렇다면 이미 면적이 줄고 있는 마른 지표면은 인간에게 더욱 살기 힘든 곳이 될 것이다. 무시무시한 허리케인부터

▶ 그림 4 지구온난화 예측 모델(1850~1900년 평균온도 기준)

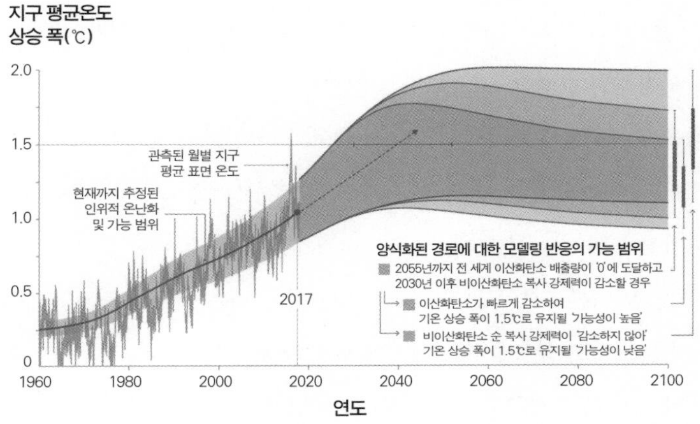

출처 | IPCC

황폐한 가뭄에 이르는 극심한 기후 때문에 어려움을 겪을 테니 말이다.

이런 비유를 들면 이해가 쉬울까? 기후변화가 아니라 전 세계 종양학 연구 팀이 당신이 암에 걸릴 확률을 각각 연구해 결과를 내놓았다면 당신은 틀림없이 건강에 지극한 관심을 기울이기 시작할 것이다. "오류를 범하기 쉬운 모델"에 기반했다며 불완전하지만 유일한 증거를 무시하지 않고 말이다. 모든 이론적 모델은 오류를 범할 수 있고 불완전하며 불확실하다. 그러나 모든 모델이 세부적으로는 다르더라도 거의 비슷한 이야기를 한다면 대체로 확신할 수밖에 없다.

스티븐스가 말한 "비용이 많이 드는 정책 변화"를 시도할 가치가 있는지 논하고 싶지만 그러려면 차트를 읽고 그것이 어떠한 미래를 예견하는지 이해할 수 있어야 한다. 좋은 차트는 우리가 더 나은 결정을 하게 돕는다.

오차는 오류의 동의어가 아니다

브렛 스티븐스의 칼럼은 우리가 데이터를 접할 때 그 안의 예측과 추정의 불확실성을 고려하고 그에 따라 인식을 수정할지 여부를 결정해야 한다는 점을 일깨워준다. 당신도 〈그림 5〉와 비슷한 여론조사 결과를 본 적이 있을 것이다. 하지만 선거 결과가 발표되면 우리는 어느 후보를 지지하는가에 따라 깜짝 놀라거나 화를 내곤 한다(〈그림 6〉).

선거 전 여론조사와 선거 결과를 비교하는 것은 차트에 서로 다른 불확실성이 도사리고 있음을 설명하기에 유용하다. 하나는 비교적 쉽게 계산할 수 있고 하나는 측정하기가 무척 어렵다. 전자부터 이야기해보자. 여론조사의 특성을 사전에 밝혔다고 해도 추정치에는 항상 오류가 존재한다는 사실

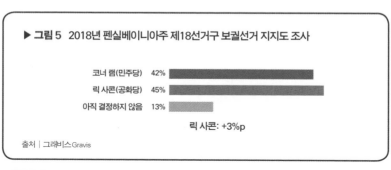

▶ **그림 5** 2018년 펜실베이니아주 제18선거구 보궐선거 지지도 조사

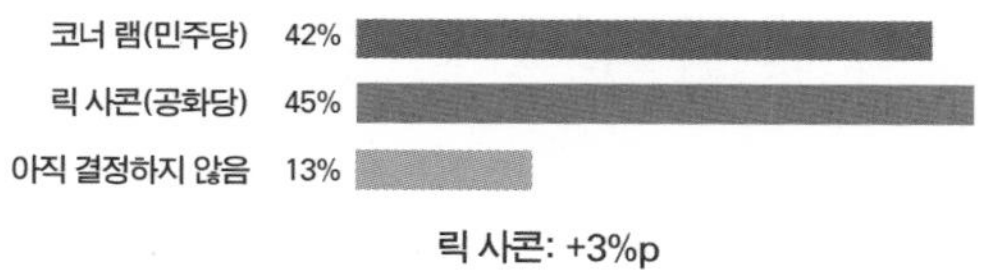

출처 | 그래비스Gravis

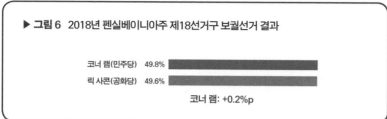

▶ **그림 6** 2018년 펜실베이니아주 제18선거구 보궐선거 결과

을 이런 차트는 알려주지 못한다.

통계에서 오차는 오류가 아니라 불확실성의 동의어다. 오차란 우리가 추산한 값이 차트나 기사에서 얼마나 정확해 보이든—"이 약은 95%의 경우 76.4%의 환자에게 효과적이다" 또는 "이런 사건이 발생할 확률은 13.2%다"—사실은 추정 가능한 범위 내에서의 중앙값이라는 의미다.

오차의 종류는 다양하다. 그중 하나인 오차 범위는 여론조사의 불확실성을 표현할 때 흔히 접할 수 있다. 오차 범위는 신뢰구간의 2가지 요소 중 하나다. 다른 하나는 신뢰 수준으로, 백분율 수치로 나타내며 주로 95%나 99%다. 가령 여론조사와 과학적 관찰, 실험 등의 결과를 읽는데 추정값이 45이고(45%든 45명이든 어쨌든 45) 오차 범위 ±3, 신뢰 수준 95%라고 해보자. 이를 과학자나 여론조사가가 아니라 보통사람들이 알아들을 수 있는 말로 변환해보면 가능한 한 조사를 엄밀하게 했다고 가정했을 때 우리가 알고 싶은 값이 95% 확률로 최선의 추정치인 45보다 3%p 작거나 큰 42%에서 48% 사이에 존재한다고 확신할 수 있다는 뜻이다.

따라서 수치가 불확실한 차트를 볼 때는 최종 결과가 보이는 것보다 더 작거나 클 수 있다는 사실을 명심해야 한다. 형태는 다르더라도 머릿속으로 〈그림 7〉과 같은 차트를 보고 있다고 생각해야 한다. 음영 처리한 영역은 신뢰구간의 너비이며 이 경우에는 추정값의 ±3%p다.

대부분의 일반적인 차트, 가령 막대그래프나 선 그래프가 오해를 야기하는 이유는 데이터를 부호화한 막대나 선의 경계가 분명하여 정확하고 어김이 없어 보이기 때문이다. 이 경계를 머릿속에서 흐릿하게 만들면 차트의 디자인적 결함을 극복할 수 있다. 추정치가 서로 지나치게 가까워 불확실성 구간이 겹칠 때는 더더욱 그렇다.

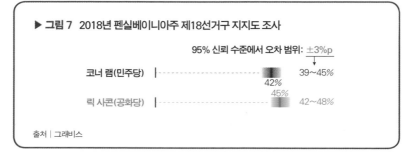

▶ **그림 7** 2018년 펜실베이니아주 제18선거구 지지도 조사

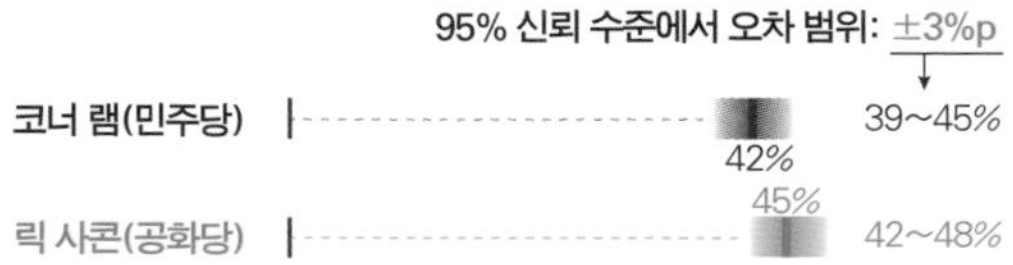

출처 | 그래비스

〈그림 5〉의 여론조사 결과에는 불확실성을 높이는 또 다른 데이터가 있다. 아직 누구에게 투표할지 결정하지 못한 13%의 사람들이다. 이른바 와일드카드wild card인 이들이 각각의 후보에게 던진 표의 비율을 예상하기란 참으로 어렵다. 물론 불가능하지는 않지만 응답자들을 인종, 문화적 배경, 소득수준, 과거의 투표 패턴 등 다양한 변수별로 분류하고 각각의 변수에 대한 불확실성을 계산해야 한다! 추정이 어렵거나 불가능해 생겨난 불확실성은 데이터를 생성 및 수집 하는 방법이나 연구 조사자들의 편향성 등의 요인에서 비롯되기 때문이다.

불확실성은 사람들을 헷갈리게 만든다. 사람들은 대부분 과학과 통계가 확고한 진실을 밝혀준다고 비합리적으로 기대하기 때문이다. 사실 과학과 통계가 줄 수 있는 것은 언제든 수정되고 변할 수 있는 불완전한 추정뿐이다(과학 이론은 종종 새로운 연구를 통해 반박되지만 어떤 이론이 반복적으로 입증됐다면 입지가 완전히 실추되는 일은 드물다). 나는 동료와 친구들이 "데이터가 불확실해서 어느 의견이 옳은지 틀린지 확신할 수가 없어"라는 말로 대화를 끝내는 모습을 수없이 봤다.

하지만 모든 추정치가 불확실하다는 말이 모든 추정치가 틀렸다는 뜻은 아니다. 오차는 오류의 동의어가 아니라고 했던 것을 기억하는가? 통계학자인 내 친구 헤더 크라우스Heather Krause에 따르면[5] 전문가가 데이터의 불확실성을 언급하는 방식만 바꿔도 사람들의 생각을 바꿀 수 있다. 즉, "이게 내 추정치인데 이 수치의 불확실성 수준은 이렇다"가 아니라 "이러한 추정치로 내가 측정하려는 현실을 포착할 수 있다고 상당히 확신하지만 실제 현실은 이 범위 내에서 다양한 모습으로 나타날 수 있다"라고 말해야 한다.

여론조사나 특정 과학 연구를 주장의 근거로 삼을 때는 조심해야 하지만 많은 결과가 비슷한 결과를 확증한다면 좀 더 자신감을 가져도 된다. 나는 정치와 선거에 관한 글을 좋아하는데, 여론조사 하나는 소음에 불과할 수 있어도 다수의 평균은 유의미할 수 있음을 늘 유념한다.

나는 실업률과 경제성장률, 다른 지표에 관한 기사를 읽을 때도 비슷한 원칙을 적용한다. 일주일 또는 1개월 사이의 변동은 크게 신경 쓸 필요가 없다. 그저 현실에 내재한 자연스러운 무작위성이 나타났을 수도 있기 때문이다(〈그림 8〉).

보다 넓은 시각으로 보면 실업률의 실질적 동향은 〈그림 8〉과 반대임을 알 수 있다. 미국의 실업률은 2009년과 2010년에 정점을 찍었다가 일시적

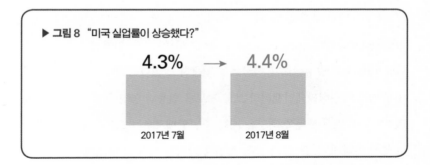

▶ 그림 8 "미국 실업률이 상승했다?"

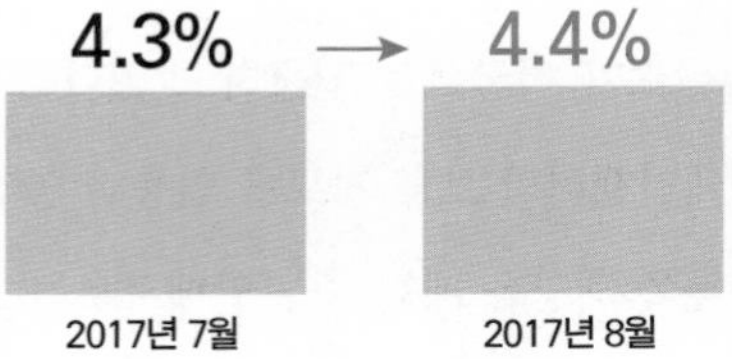

▶ 그림 9

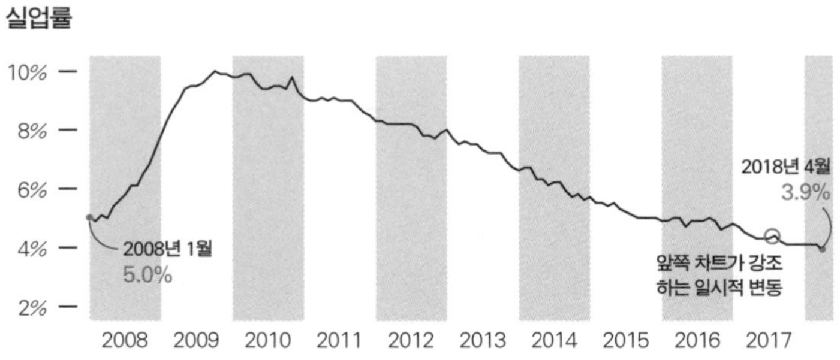

출처 | 미국 노동통계국

인 오르내림을 반복하며 하강하고 있다(〈그림 9〉). 즉, 실업률은 전반적으로 꾸준한 하락세를 기록하고 있다.

"죽음의 원뿔"에 관한 오해

차트에 신뢰도와 불확실성을 표기해도 잘못 해석될 여지는 있다.

나는 우연의 일치를 좋아한다. 이 글을 쓰고 있는 2018년 5월 25일 미국 국립허리케인센터National Hurricane Center에서 아열대 폭풍 알베르토Alberto가 대서양 해상에서 발생했으며 미국으로 접근하고 있다고 발표했다. 친구들은 내게 미국 국립허리케인센터의 보도 자료를 인용한 농담을 쏟아냈다. "알베르토가 카리브해 북동쪽 해상을 배회 중", "알베르토는 오늘 아침 상태가 별로 좋지 못하네" 등등. 그래, 오늘 아침에 커피를 아직 안 마셨거든.

나는 일기예보를 확인하러 미국 국립허리케인센터 웹 사이트를 방문했다. 〈그림 10〉을 보고 나와 이름이 같은 폭풍이 과연 어디로 올지 예상할 수 있겠는가? 이곳 남부 플로리다 사람들은 매년 허리케인이 방문하는 6월부터 11월이면 신문과 웹 사이트, TV에서 이런 종류의 지도를 자주 접한다.

수년 전 마이애미대학교의 동료이자 날씨와 기후, 환경 과학 전문가인 케니 브로드Kenny Broad와 섀런 마줌다Sharan Majumdar가 사람들 대부분이 이 지도의 의미를 잘못 이해하고 있다는 사실을 깨우쳐주었다. 현재 우리는 동료 교수 바버라 밀렛Babara Millet이 이끄는 허리케인 예보도를 개선하기 위한 다

▶ 그림 10 아열대 폭풍 알베르토 예상 경로

경고: 원뿔은 폭풍 중심부의 예상 경로를 포함할 뿐 폭풍의 크기를 나타내지는 않으며, 원뿔 바깥 지역에서도 위험 상황이 발생할 수 있다.

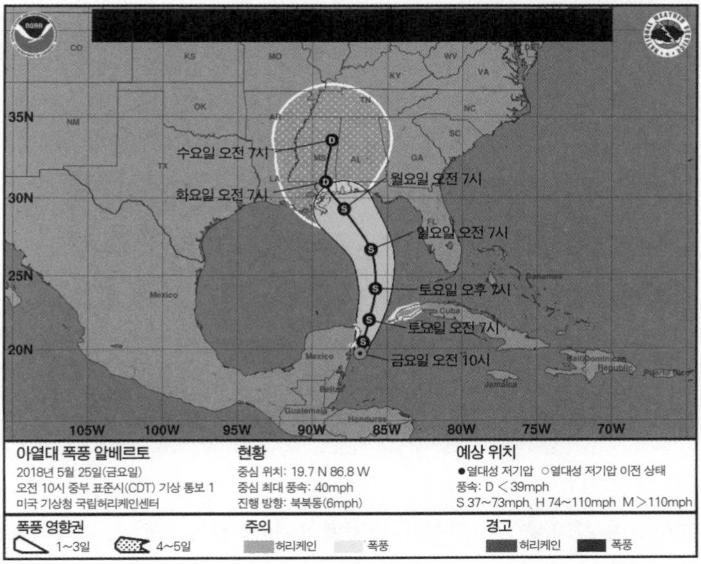

학문 간 융합 연구 팀에서 함께 일하고 있다.[6]

〈그림 10〉의 한가운데 있는 원뿔 표시는 '불확실성의 원뿔'로 불린다. 남부 플로리다 주민들은 "죽음의 원뿔"이라고도 하는데, 이 원뿔이 허리케인의 영향력이 미치는 지역을 나타낸다고 여기기 때문이다. 사람들은 지도의 원뿔이 폭풍의 영향권 또는 폭풍 피해를 입을 가능성이 있는 지역을 표시한 것이라고 생각한다. 차트에 "원뿔은 폭풍 중심부의 예상 경로를 포함할 뿐 폭풍의 크기를 나타내지는 않으며, 원뿔 바깥 지역에서도 위험 상황이 발생할 수 있다"라고 적혀 있는데도 말이다. 또 어떤 사람들은 원뿔 안에 찍혀 있는 점이 비가 내리는 지역을 가리킨다고 생각하는데, 이 점은 4~5일 후에 허리케인의 중심이 위치할 수도 있는 장소를 의미할 뿐이다.

많은 사람이 이런 실수를 저지르는 이유 중 하나는 원뿔과 폭풍의 모습이 유사하여 헷갈리기 때문이다. 허리케인은 강한 바람 때문에 폭풍의 중심부 주위로 구름이 휘몰아쳐 원에 가까운 형태를 띠는 경향이 있다. 불확실성의 원뿔을 볼 때마다 나는 〈그림 11〉과 같이 이해하지 않으려고 애쓰곤 한다.

기자들도 불확실성의 원뿔 지도를 잘못 이해할 때가 많다. 2017년 9월에 허리케인 어마Irma가 플로리다 해안에 접근했을 때 나는 TV 아나운서가 마이애미는 위험에서 벗어났다고 말하는 것을 들었다. 불확실성의 원뿔이 플로리다 서부 해안에 있어 플로리다 남동쪽에 위치한 마이애미는 원뿔의 영역에서 벗어나 있었기 때문이다. 이것이 바로 지도를 잘못 읽음으로써 나타나는 위험이다.

그렇다면 불확실성의 원뿔은 어떻게 읽어야 할까? 생각보다 복잡하다. 우선 명심할 기본 원칙은 이 원뿔은 허리케인의 중심이 지나갈 가능성이 있

▶ **그림 11**

경고 : 이런 형태의 지도를 올바르게 읽는 방법이 아니다.

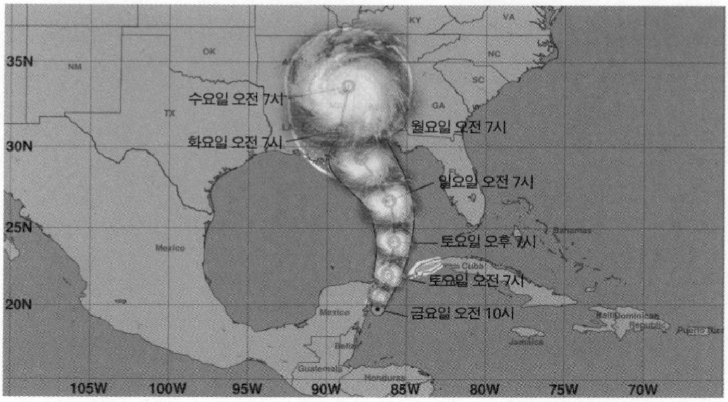

는 경로의 범위를 나타낼 뿐이며, 원뿔 가운데의 검은 선은 그 범위에 대한 최선의 추정이라는 점이다. 불확실성의 원뿔을 볼 때는 허리케인이 〈그림 12〉와 같이 이동할지도 모른다고 상상해야 한다(지도의 선들은 모두 가상으로 그린 것이다).

이 원뿔을 설계하기 위해서 미국 국립허리케인센터의 과학자들은 허리케인의 이동 경로를 예측하는 몇 가지 수학적 모델을 종합한다. 그것이 바로 〈그림 13〉의 〈1〉에 그려진 가상의 선들이다. 과학자들은 이 다양한 모델들의 신뢰도를 바탕으로 〈2〉와 같이 향후 5일 동안 허리케인의 중심이 지나갈 위치를 예상한다.

그다음 〈3〉에서 각 점의 추정 위치 주변에 점점 커지는 원을 그린다. 이 원들은 미국 국립허리케인센터가 예측한 각 지점의 불확실성, 즉 지난 5년

▶ **그림 12**

경고 : 모든 선은 가상 데이터다.

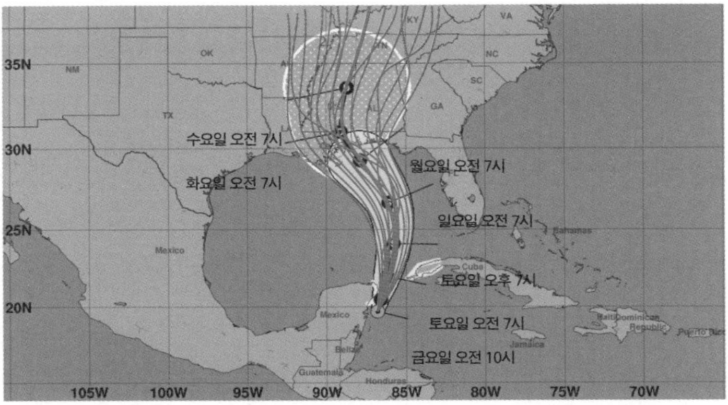

▶ **그림 13** 허리케인 및 폭풍 경로 예측에 쓰이는 수학적 모델

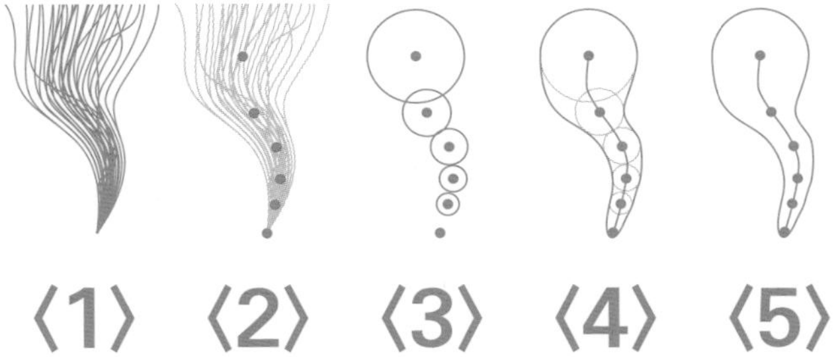

간의 모든 폭풍 예보에서 도출한 평균 오차 범위다. 마지막으로 과학자들은 컴퓨터 소프트웨어로 각 점을 이어 〈4〉의 곡선을 그리고, 그 곡선은 〈5〉의 원뿔이 된다.

허리케인을 시각화하기 위해 국수 가락을 담은 접시 같은 지도를 그린

▶ 그림 14

경고 : 지도를 올바르게 읽는 법에 가깝지만 완전히 옳은 것은 아니다.

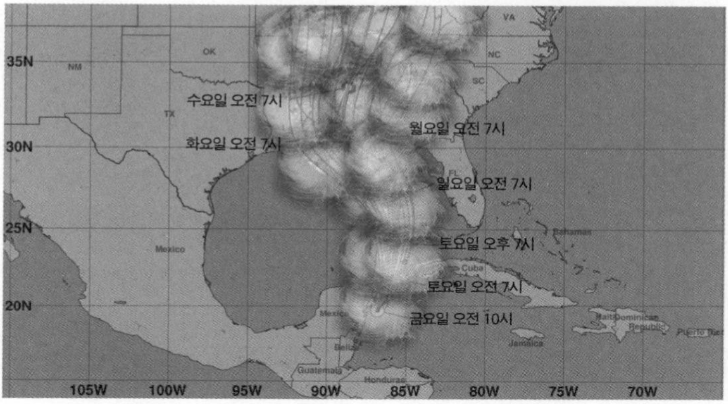

다고 해도 과연 어느 지역에 강풍이 불지는 확실히 알 수가 없다. 정보를 더 찾으려면 지도 위에 허리케인을 온전한 모습으로 겹쳐봐야 하는데 그러면 〈그림 14〉처럼 솜사탕 같은 모습이 되고 만다.

어쩌면 이런 의문이 들 수도 있다. "그렇다면 저 원뿔에는 항상 실제 허리케인의 경로가 포함될까?" 다시 말해, 일기예보관들은 바람, 해류, 기압이 같은 조건일 때 이런 허리케인이 100번 발생한다면 100번 모두 이 불확실성의 원뿔 안을 지나갈 거라고 말할까?

숫자와 통계를 다소 아는 입장에서 말하면 대답은 '아니요'다. 추측에 따르면 허리케인의 중심은 100번 중 95번 정도 원뿔 안을 지나가며 중앙의 선은 과학자들이 할 수 있는 최선의 예측을 나타낸 것이다. 다만 여러 조건들의 조합이 너무 광범위하기 때문에 때로는 이상값인 허리케인이 원뿔 밖을

▶ 그림 15

경고 : 이런 형태의 지도를 올바르게 읽는 방법이 아니다.

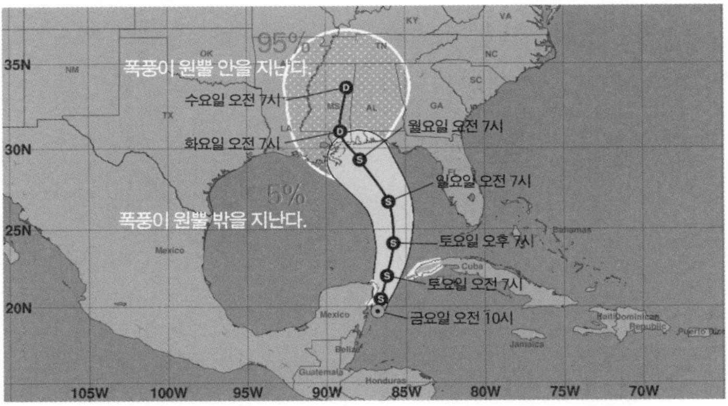

▶ 그림 16

이런 형태의 지도를 올바로 읽는 방법이다.

▶ **그림 17**

경고 : 이것은 가상의 원뿔이다.

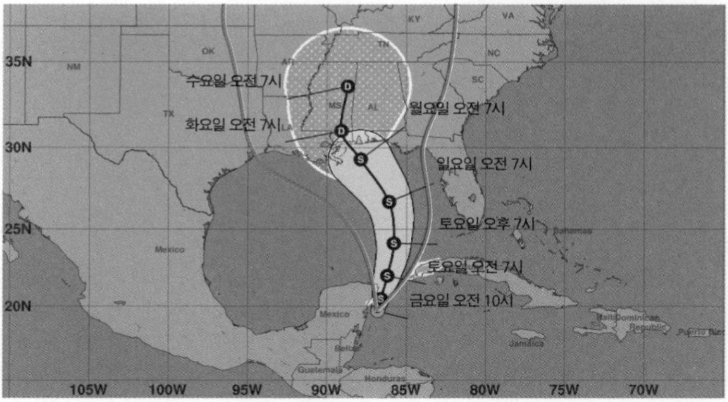

지날 수도 있다(〈그림 15〉).

과학과 데이터, 통계에 관해 어느 정도 교육을 받았다면 대부분 이렇게 추정할 것이다. 그러나 불행히도 틀렸다. 열대 폭풍과 허리케인의 경로 예측에 대한 성공률에 따르면 폭풍의 경로가 원뿔 내에 포함될 확률은 95%가 아니라 67%에 불과하다! 즉, 나와 이름이 같은 허리케인이 원뿔 밖의 지역을 덮칠 확률이 세 번 중 한 번은 된다는 뜻이다(〈그림 16〉).

만약 100번 중 95번의 경로를 포함하는 지도를 그리고 싶다면 원뿔의 범위가 훨씬 넓어야 한다(〈그림 17〉). 여기에 어느 지역이 폭풍의 영향권에 들지를 더 정확히 예측하기 위해 폭풍의 규모까지 적용하면 〈그림 18〉과 같아진다. 틀림없이 대중의 항의가 빗발칠 것이다. "그럼 이 허리케인은 어디로든 갈 수 있다는 거잖아. 과학자들은 도대체 아는 게 뭐야?"

나는 앞서 이런 허무주의를 경고했다. 과학자들은 많은 것을 알고 있고

▶ **그림 18**

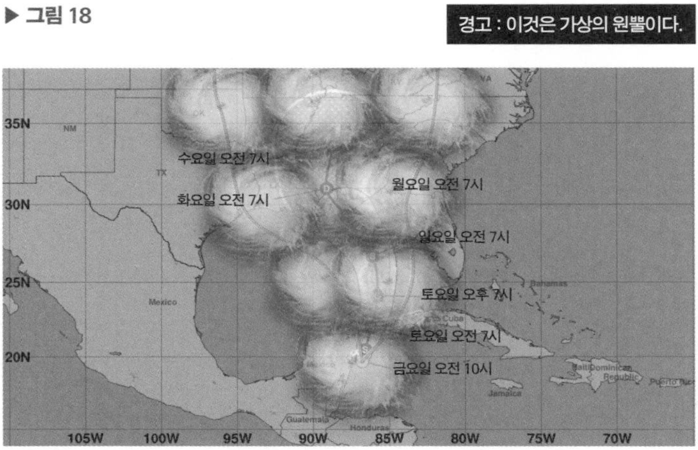

예측은 꽤나 정확하며 예측 성공률 역시 해마다 나아지고 있다. 세계에서 성능이 가장 뛰어난 슈퍼컴퓨터들로 돌리는 예측 모델도 꾸준히 개선되고 있다. 그렇지만 완벽할 수는 없다.

기상예보 시스템은 언제나 지나친 확신보다는 지나친 신중함을 선호한다. 정확하게 읽는 법만 안다면 불확실성의 원뿔은 당신과 가족, 재산을 보호할 수 있는 결정을 내리기에 유용하지만 그러려면 다른 차트를 함께 참고해야 한다. 2017년부터 국립허리케인센터는 〈그림 19〉와 같이 모든 폭풍에 대해 관련 자료를 제공하고 있다.

이 웹 페이지는 인치inch 단위를 사용하는 예상 강우량 지도(〈그림 19〉 상단)와 열대 폭풍으로 인한 강풍이 도달할 수 있는 가장 이른 시간(〈그림 19〉 하단)과 그 확률을 안내한다. 색이 짙을수록 가능성이 높다는 의미다.

미국 국립허리케인센터는 허리케인의 특성에 따라 이런 핵심 메시지 페

▶ **그림 19**

열대 폭풍 알베르토에 관한 핵심 메시지
2018년 5월 26일(토요일) 오전 11시(동부 하절기 시간)

1. 열대 폭풍 알베르토는 진행 경로나 강도와는 무관하게 쿠바 서부와 플로리다 남부, 플로리다 키스 지방에 폭우와 홍수를 일으킬 것으로 예상된다. 일요일부터 다음 주까지 미국 중부 걸프 연안 지역과 남동부 많은 지역에서 폭우 및 홍수가 발생할 가능성이 높다.

2. 일요일부터 열대 폭풍으로 인한 강풍과 폭풍해일이 알베르토 중심부의 동쪽 지역을 비롯한 미국 동부 걸프 연안 일부 지역에서 발생할 수 있으며, 현재 해당 지역에서 열대 폭풍 및 폭풍해일 주의보가 발효 중이다. 해당 지역에 거주하는 주민들은 폭풍 예보의 세부 사항에 집중하지 말고 지방정부 관계자의 안내에 따를 것을 권고한다.

3. 유카탄반도와 쿠바 서부 일부 지역에 높은 파도와 역조逆潮가 발생하고 있으며, 늦은 오후부터 밤 사이 미국 동부 및 중부 걸프 연안으로 확산될 것으로 예측된다.

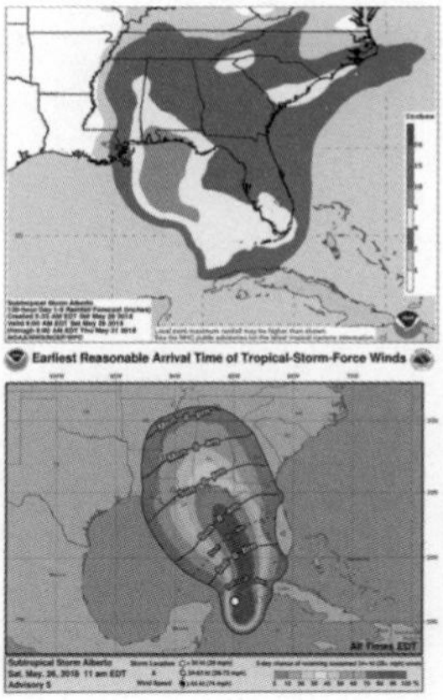

더 자세한 정보는 미국 국립허리케인센터 홈페이지www.nhc.noaa.gov를 참고하라.

이지에 다양한 지도를 게재한다. 가령 허리케인이 해안가에 접근하면 폭풍해일 및 침수 범람이 발생할 가능성을 표기한 지도를 올린다. 〈그림 20〉은 국립허리케인센터가 예시로 제공한 가상의 지도로, 원본처럼 컬러로 보면 훨씬 유용하다.[7]

이런 시각 자료들은 완벽하지 않다. 흑백으로는 제대로 구분되지 않고 색깔과 라벨도 때로는 헷갈린다. 그러나 불확실성의 원뿔과 나란히 놓고 비교하면 허리케인이 닥쳤을 때 큰 도움이 된다.

이처럼 상세한 차트는 뉴스, 특히 TV에서 찾아보기 힘들다. 언론이 원뿔을 선호하는 이유는 훨씬 단순하고 명확하고 이해하기 쉬워 보이기 때문일 것이다. 그만큼 잘못 이해하기도 쉽지만 말이다.

▶ **그림 20 폭풍해일 발생 시 침수 예상 구역**

미국 국립허리케인센터가 예시로 제공한 가상의 지도. 지도 속 장소는 멕시코만과 접한 미국 텍사스주 남동부 지역이다.

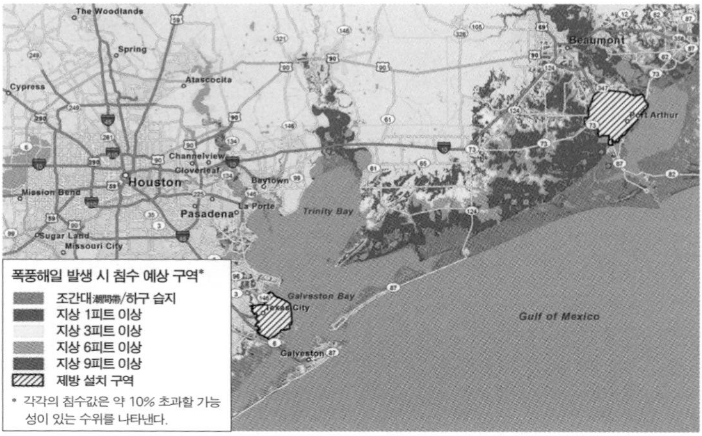

출처 | 미국 국립허리케인센터

불확실성의 원뿔이 많은 사람을 속일 수 있는 이유는 불확실성을 잘못 나타내서가 아니라 일반 대중이 이해하기 쉬운 방식으로 데이터를 보여주지 않기 때문이다. 누구나 미국 국립허리케인센터 웹 사이트를 방문할 수 있고 뉴스 매체도 이런 지도를 일상적으로 사용하지만, 사실 이 지도가 목표로 하는 대상은 전문교육을 받은 비상 대책 관리자와 의사 결정자 같은 전문가들이다.

이 원뿔은 차트의 핵심 원칙을 보여준다. 차트의 성공 여부는 그것을 디자인한 사람은 물론 읽는 사람에게 달려 있다. 읽는 사람의 도해력, 즉 그림을 읽는 능력이 중요한 이유다. 차트를 보고 거기 드러난 패턴을 해석하지 못하면 차트는 우리를 잘못된 길로 이끌 것이다. 이에 관해서는 다음 장에서 살펴보자.

6장

상관관계는 인과관계가 아니다

데이터 패턴 읽기

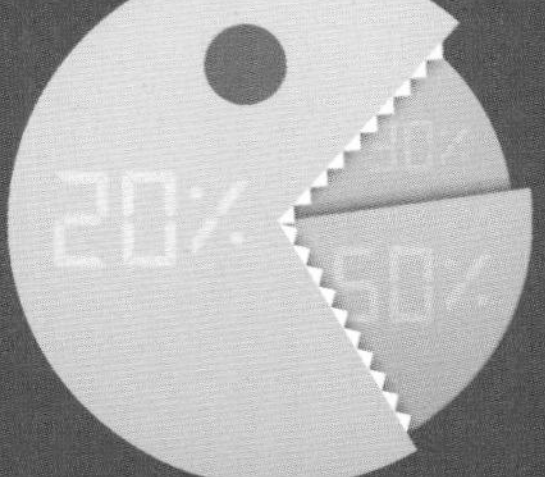

How Charts Lie

행복 지수를 좌우하는 것들

좋은 차트는 쓸모가 많다. 복잡한 숫자를 풀어 구체적이고 현실적으로 보여주기 때문이다. 또한 차트는 미심쩍거나 거짓이거나 잘못된 결론으로 우리를 이끌 수도 있다. 특히 주어진 정보에서 너무 많은 것을 읽고 기존의 믿음을 증명하려 하는 인간의 경향과 결합하면 더욱 그렇다.

저명한 통계학자 존 W. 튜키John W. Tukey는 "그림의 가장 훌륭한 점은 예상하지 못했던 점을 알아차리게 해준다는 것이다"라고 말한 적이 있다.[1] 좋은 차트는 우리가 모르고 지나치기 쉬운 현실을 드러내준다.

그러나 차트는 우리를 속여 무의미하거나 잘못된 정보를 받아들이게 만들기도 한다. 예를 들어 당신은 담배를 많이 피울수록 더 오래 산다는 것을 알고 있는가? 흡연—특히 궐련—이 몸에 해롭다는 상식과는 정반대라고?

▶ 그림 1

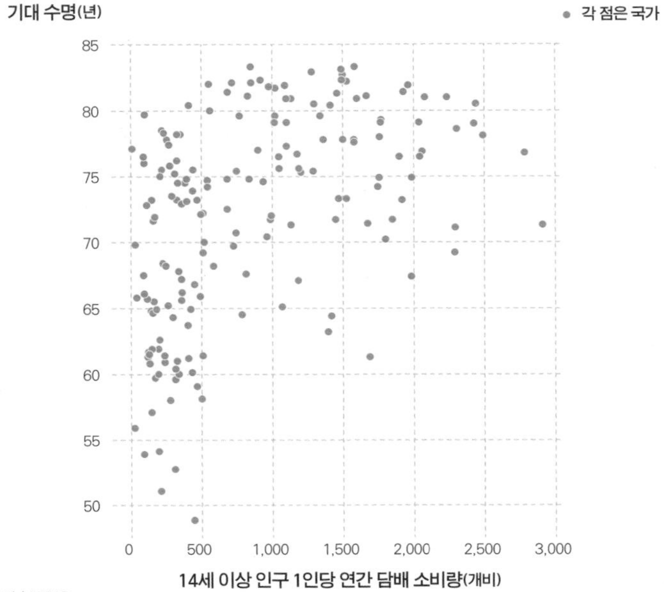

출처 | WHO

내 말이 의심스럽다면 세계보건기구World Health Organization, WHO와 UN의 데이터를 바탕으로 작성한 차트를 보라(〈그림 1〉).[2]

흡연자들은 이 차트를 보고 안도할 것이다. '담배를 피운다고 기대 수명이 줄진 않아! 그럴 리가 없을 것 같지만 놀랍게도 사실인 것 같아!' 그러나 내게 〈그림 1〉은 차트를 읽을 때 흔히 마주치는 문제들의 예시로 보였다. 상관관계와 인과관계, 합병 패러독스 그리고 생태적 오류 같은 것들 말이다. 하나씩 살펴보자.[3]

이 산점도 데이터에는 아무 문제가 없다. 그러나 "담배를 많이 피울수록 더 오래 산다"라는 설명은 잘못되었다. 차트의 내용을 정확하게 설명하는 일은 매우 중요하다. 이 차트는 국가 수준에서는 담배 소비량과 기대 수명 또는 기대 수명과 담배 소비량 사이에 긍정적인 상관관계가 있음을 보여준다. 그렇다고 흡연이 기대 수명을 증가시킨다는 의미는 아니다. 〈그림 1〉과 앞으로 살펴볼 사례들을 바탕으로 차트를 해석할 때 명심해야 할 핵심 법칙을 힘주어 말할 수 있다. **차트는 표시되어 있는 것만 보여준다.**

1장에서도 말했지만 "상관관계는 인과관계가 아니다"는 통계학 기초 수업에서 이골이 나도록 듣는 말이다. 상관관계는 대체로 인과관계를 판단하는 첫 번째 단서가 되지만 이 고전적인 경구는 부인할 수 없는 진실을 담고 있다. 이 사례에서도 그렇다. 내가 떠올리지 못한 다른 요인들이 담배 소비량과 기대 수명에 영향을 미칠지도 모른다는 얘기다. 가령 경제 수준은 어떨까? 부유한 국가의 국민들은 가난한 국가의 국민들보다 오래 사는 경향이 있다. 대체로 좋은 음식을 섭취하고 좋은 의료 혜택을 받으며 폭력과 전쟁에 희생될 확률도 적기 때문이다. 이들은 담배를 더 많이 살 수 있는 경제적 요건까지 갖추고 있다. 경제 수준은 〈그림 1〉의 교란 요인일지도 모른다.

앞에서 언급한 두 번째와 세 번째 문제, 즉 합병 패러독스와 생태적 오류는 연관되어 있다. 생태적 오류는 개인을 그가 속한 집단의 속성에 근거해 분석하려 할 때 발생한다. 내가 스페인에서 태어났지만 고정관념 속의 전형적인 스페인 남성과는 거리가 멀다고 설명한 경우도 여기 속한다.

어느 나라의 국민이 담배 소비량이 많고 또 오래 산다고 해서 당신이나 내가 담배를 많이 피워도 오래 살 것이라고 생각해서는 안 된다. 개인이나 집단 등 분석 수준이 다르면 필요한 데이터 세트도 달라진다. 예를 들어 집단(이 경우에는 국가)을 연구하기 위해 데이터를 생성하고 요약했는데 이를

▶ 그림 2

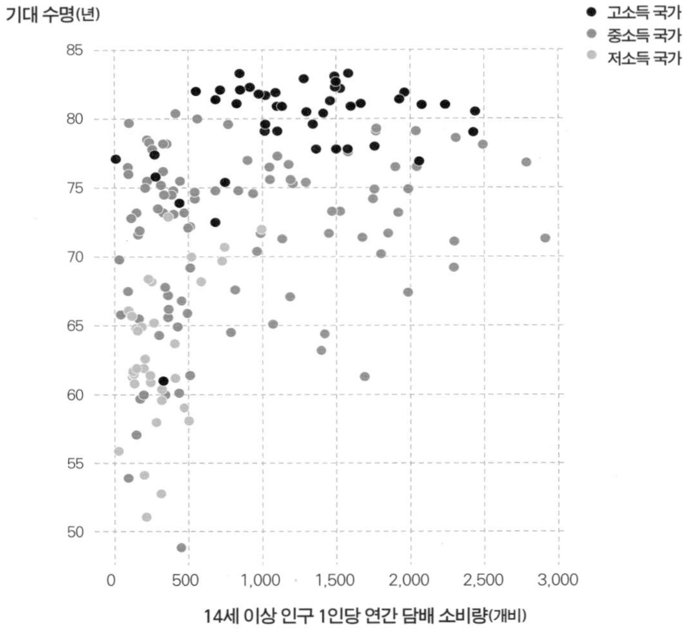

받아들이는 대상이 그보다 작은 집단이나 지역, 도시 또는 개인일 경우 데이터의 효용성은 크게 줄어든다.

여기서 합병 패러독스가 발생한다. 데이터를 일부분만 이용하거나 취합하는 방식에 따라 특정 패턴이나 추세가 종종 사라지거나 역전되는 것이다.[3] 〈그림 1〉에서 경제 수준을 교란 요인으로 가정했을 때, 대상 국가들을 고소득, 중소득, 저소득 국가로 분류하고 색깔로 구분하여 다시 그린 차트는 〈그림 2〉와 같다.

차트가 다소 어수선하다. 소득수준이 상이한 국가들이 자주 중첩되기 때

▶ 그림 3

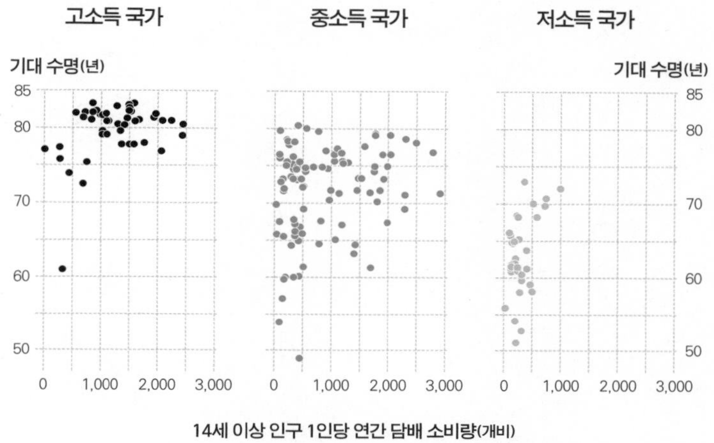

문이다. 〈그림 3〉은 소득수준별로 분류해 차트를 나눠 그린 것이다.

이제는 담배 소비량과 기대 수명 사이에서 강한 양의 상관관계를 발견할 수 없다. 가난한 국가의 국민들은 기대 수명(수직축)의 변동 폭이 크지만 평균적으로 담배를 그리 많이 피우는 편은 아니다. 중소득 국가의 국민들은 담배 소비량과 기대 수명 모두 변산도가 크며, 변수 간의 상관관계가 두드러지지 않는다. 고소득 국가의 국민들은 전반적으로 기대 수명이 높지만(수직축에서 높은 곳에 있다) 담배 소비량(수평축)은 넓게 퍼져 있다. 어떤 국가는 담배 소비량이 많고 어떤 국가는 적다.

데이터를 잘게 쪼개면 차트는 더욱 중구난방이 된다. 앞에서 본 기대 수명과 담배 소비량의 높은 상관관계는 희미해지고 어쩌면 존재하지도 않는 듯하다(〈그림 4〉).

▶ 그림 4

* 발트3국 제외.

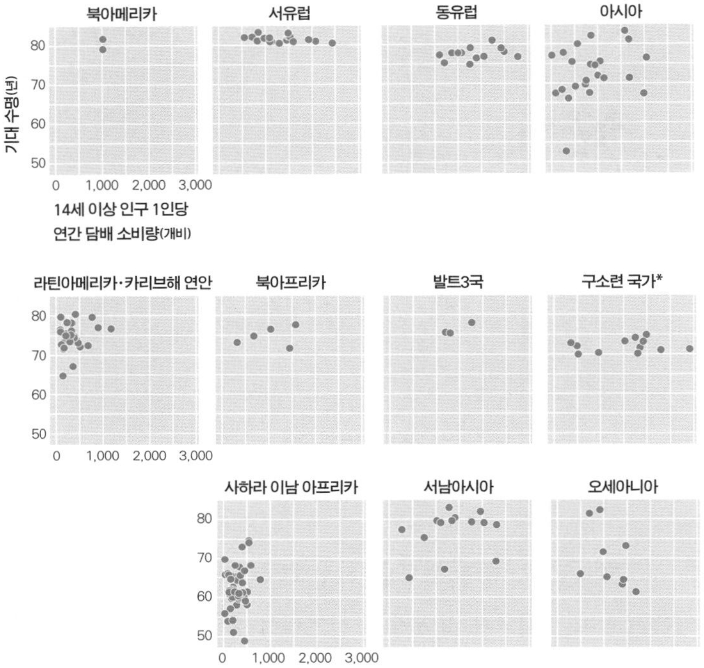

각 나라들을 종교, 주, 도시, 거주 지역 등 개인 수준의 구성 요소로 쪼개면 연관성은 더욱 희미해진다. 개별적 수준에서는 담배 소비량과 기대 수명의 관계가 음의 상관관계까지 떨어질 것이다. 그러나 개개인을 관찰하면 우리는 담배 소비량이 수명에 부정적인 영향을 끼친다는 사실을 알 수 있다. 다양한 출처[4]에 근거한 차트 〈그림 5〉는 40세 이상 성인들의 생존율을 비교한 것이다. 담배를 피운 적이 없거나 끊은 사람은 약 50%가 80세까지 살지만 흡연자 가운데 그때까지 살아남은 사람은 25%에 불과하다. 몇몇 연구에

▶ 그림 5

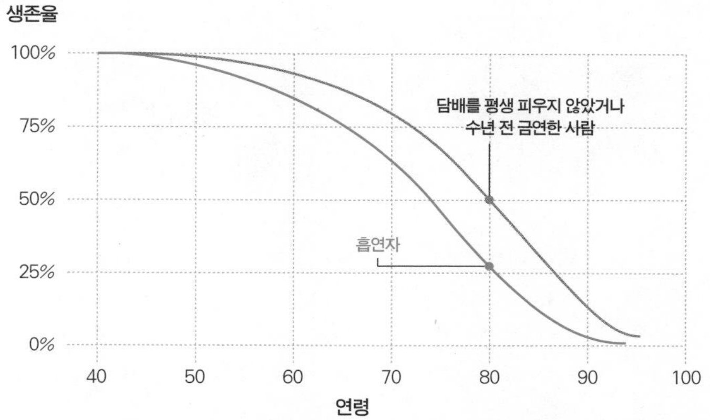

따르면 흡연은 수명을 7년 정도 감소시킨다(이러한 생존율 그래프를 카플란-마이어 곡선이라고 한다).

수준이 서로 다른 데이터를 통합하는 데서 기인하는 다양한 모순은 우리를 잘못된 추론에 이르게 할 수 있다. 생물학 교수 제리 코인Jerry Coyne은 진화는 왜 사실인가Why Evolution Is True라는 웹 사이트(그는 동명 서적의 저자다)에서 종교적 신실함과 행복도, 삶의 질 향상 간 음의 관계를 논했다.[5]

〈그림 6〉은 각 국가별로 종교가 삶에 중요하다고 응답한 사람들의 비율(2009년 갤럽 조사)과 해당 국가의 행복 지수(UN의 「세계 행복 보고서World Happiness Report」)의 상관관계를 요약한 2개의 지도와 산점도다.

두 변수는 음의 연관성이 비교적 희박하다. 일반적으로 종교적인 국가일수록 국민들은 덜 행복하며 예외적 사례가 있더라도 이러한 연관성은 유의미하다. 가령 우크라이나는 그리 종교적인 국가는 아니지만 행복 지수가 낮

▶ **그림 6**

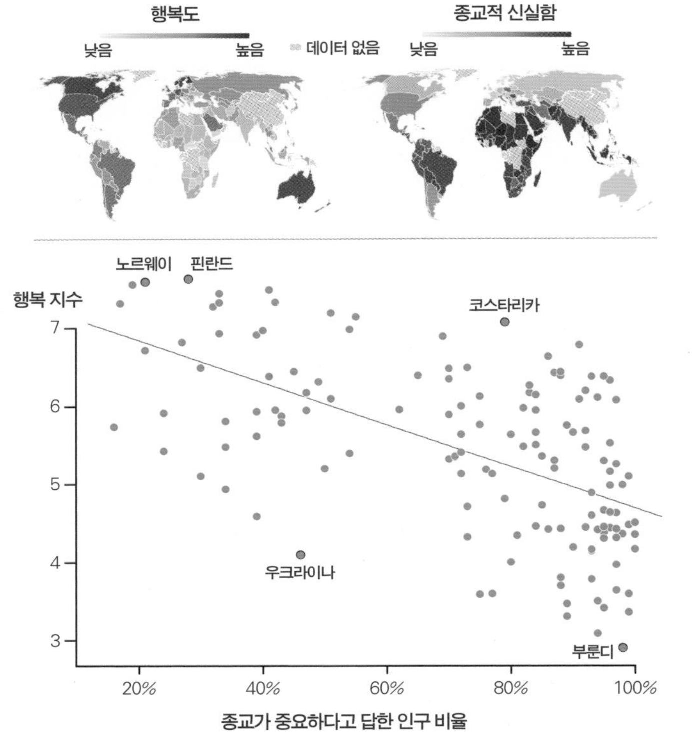

고 코스타리카는 아주 행복한 국가지만 매우 종교적이다.

행복 지수는 평등 및 웰빙과 양의 연관성이 있다. 평등 수준이 높을수록 그리고 의식주가 충분하고 국민들이 건강할수록 국가는 행복한 경향을 띤다. 평등과 행복은 양의 상관관계를 지닌 반면 양쪽 모두 종교성과는 음의 상관관계를 지닌다. 불평등이 심할수록 국가의 행복 수준은 감소하고 종교가 삶에 중요하다고 응답하는 사람들의 비율은 증가한다.

▶ 그림 7

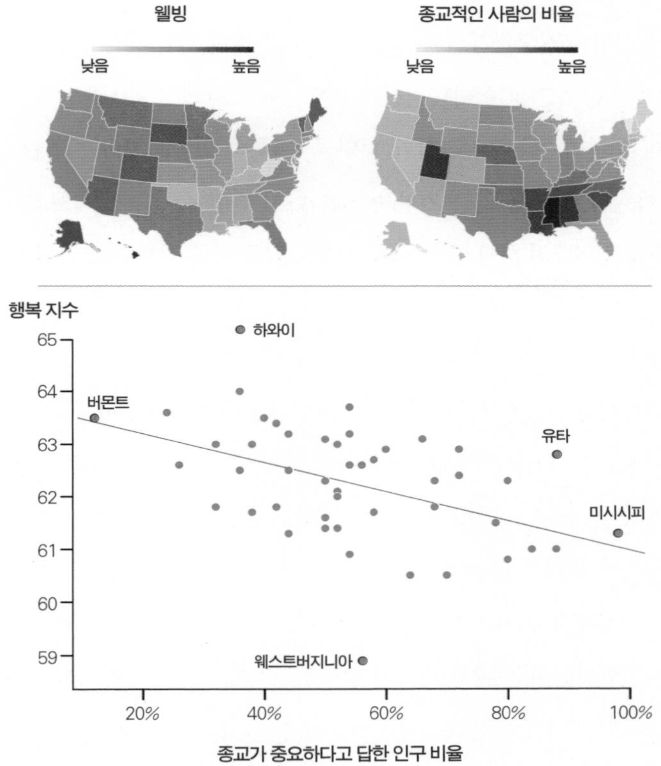

종교성과 행복 및 웰빙 지표 사이의 역상관관계는 데이터를 쪼개 보다 좁은 지역적 수준에서 들여다봐도 일관되게 유지된다. 갤럽 데이터를 바탕으로 미국 각 주의 전반적인 웰빙 및 삶의 만족도(건강보험의 유무, 영양 수준, 운동량, 지역사회에 대한 소속감, 시민 참여 등을 기반으로 측정)와 스스로 종교적이라고 응답한 사람들의 비율을 비교해보자(〈그림 7〉).[6] 산점도가 흔히 그렇

듯 여기에도 예외는 있다. 웨스트버지니아주가 웰빙 수준이 낮고 종교성이 중간인 반면 유타주는 2가지 척도 모두 높다.

열성적인 무신론자라면 이 차트를 보고 성급한 결론을 내릴지도 모르겠다. 종교를 믿으면 삶이 비참해진다는 뜻일까 아니면 그 반대일까? 이 차트는 종교를 버리거나 무신론자가 되면 더 행복해리라고 말하는 건가? 물론 둘 다 아니다. 차트를 읽는 기본 법칙을 다시 한번 상기하자. **차트에서 너무 많은 것을 읽어내려 하지 말라. 특히 자신이 읽고 싶은 것을 읽고 있을 때는 더 더욱.**

차트는 종교에 헌신적일수록 행복과 웰빙 수준이 낮아진다고 말하고 있지만 신앙심이 높을수록 비참해진다는 의미는 '아니다.' 실제로 이는 역인과 관계일 수도 있다. 즉 삶이 덜 고통스럽기 때문에 덜 종교적이 되는 것이다.

아이오와대학교 교수 프레데릭 솔트Frederick Solt는 국가별 연구를 통해 불평등 수준이 변하면 종교적 신실함도 변한다는 사실을 보여주었는데 이는 개인의 경제적 수준과는 무관하게 나타났다. 가난한 사람이든 부자든 모두 불평등이 증가하자 종교적으로 더욱 독실해졌다.[7] 솔트에 따르면 부유하고 권력을 가진 사람들이 종교적이 되는 이유는 종교를 사회적 지배 체제를 정당화하는 데 사용할 수 있기 때문이다. 반대로 가난한 이들은 종교에서 심리적 안정감과 소속감을 얻는다.

이 현상은 종교적 신실함과 행복 또는 웰빙이 음의 관계에 있으면서도 데이터를 개인적 수준으로 해체했을 때는 양의 관계로 변하는 이유를 설명해준다. 특히 불안정하고 불평등한 사회일수록 이 현상이 두드러지는데 그런 사회에서는 종교적인 사람들의 행복감이 크다.[8]

극단적인 예를 생각해보자. 당신이 전쟁으로 피폐해지고 제도가 붕괴한 가난한 국가에 산다면 기성 종교는 당신이 기댈 수 있는 삶의 의미와 위안, 지역사회 네트워크 그리고 안정성을 부여하는 강력한 원천이 될 수 있다. 행복하지만 종교적이지는 않은 평범한 노르웨이인이나 핀란드인과 당신의 상황을 비교할 수는 없다. 삶의 조건과 상황이 너무 다르기 때문이다. 종교를 금지한다고 더 행복해지지도 않을 것이다. 한편 부유하고 평등하며 안전한 나라에 사는 사람에게는 종교가 행복에 뚜렷한 영향을 미치지 못한다. 사회가 건강보험과 수준 높은 교육, 안전 그리고 소속감을 제공하기 때문이다. 하지만 당신 같은 사람들에게 종교는 완전히 다른 삶을 제공해줄 수 있다. 평균적으로 안전하지 못한 환경에서 가난한 사람들은 종교적일 때 상대적으로 더 나은 삶을 살 수 있다.[9]

지금껏 논의한 사례들을 바탕으로 차트를 읽을 때 고려해야 할 또 다른 중요한 법칙을 제시할 수 있다. **각각의 추론에는 그에 걸맞은 수준의 데이터 통합이 필요하다.** 한마디로 국가 또는 지역별 종교와 행복의 상관관계를 알고 싶다면 국가 또는 지역 수준의 통합 데이터를 비교해야 한다. 개인에 관해 알고 싶으면 국가나 지역 수준의 차트는 필요하지 않다. 이 경우 차트는 개인과 개인을 비교해야 한다.

가난한 사람들은 부자를 위해 투표하는가

선입견을 뒷받침하는 차트를 보고 성급하게 결론 내리는 것은 누구든 쉽게 빠질 수 있는 병폐다. 대통령 선거가 끝날 때마다 정치적으로 진보 성향인 몇몇 친구들은 어째서 사회복지 제도 의존도가 높은 가난한 지역 유권자들이 복지 제도를 폐지하거나 줄이는 공약을 내건 후보들을 지지하는지 궁금해한다.

2004년 저널리스트이자 역사학자 토머스 프랭크Thomas Frank의 베스트셀러 제목을 빌려 이런 현상을 "왜 가난한 사람들은 부자를 위해 투표하는가(원제는 What's the Matter with Kansas다—옮긴이)" 패러독스라고 부를 수도 있을 것이다. 프랭크의 저서에 따르면 일부 유권자들이 자신들의 이익과 상반되는 후보를 지지하는 이유는 종교나 임신중절, 동성애자 인권, 정치적 올바름 등에 관한 문화적 가치 면에서 동질성을 느끼기 때문이다. 내 친구들은 〈그림 8〉과 같은 차트를 보고 할 말을 잃었다.

이 차트는 프랭크의 이론을 확인해주는 듯하다. 가난한 카운티일수록(붉은 점이 차트의 위쪽에 있다) 2016년 민주당 득표율이 2012년에 비해 감소했다(붉은 점이 왼쪽으로 더 멀리 이동했다).

패턴 자체는 사실이지만 이것이 정말로 웨스트버지니아주나 테네시주의 빈곤층이 자신들의 이익과 상반되는 투표를 한다는 의미일까? 아닐 것이다. 일단 비난 자체가 지나치게 단순하다. 우리는 투표할 때 경제적 관심사만 고려하지 않는다. 나만 해도 줄곧 우리 집과 경제 수준이 비슷한 가정의 세금을 인상해야 한다고 주장하는 후보에게 투표해왔다. 뿐만 아니라 유권자들은 후보의 가치관도 중요하게 여긴다. 나는 후보의 경제정책에 얼마나 찬동하든 간에 반이민주의를 주창하거나 외국인 혐오증이 있는 사람에게는 절대로 표를 주지 않는다.

하지만 차트에 집중하기 위해 유권자가 고려하는 유일한 요인이 경제적 이익이라고 가정해보자. 그렇더라도 이 차트가 더 유용해지지는 않는데 여기서 알 수 있는 사실은 가난한 사람들이 민주당에서 멀어지고 있다는 것이

▶ 그림 8 2012년, 2016년 미국 대선 민주당 지지율 변화

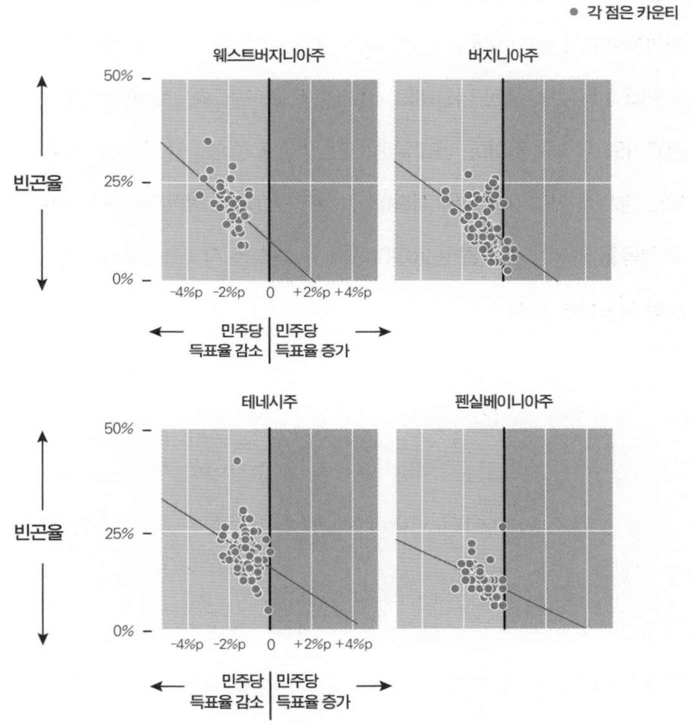

아니기 때문이다. 엄밀히 말해 이 차트는 가난한 카운티의 민주당 득표율이 떨어지고 있음을 보여준다. 이 2가지는 전혀 다르다. 미국의 투표율은 대개 낮은 편인데 이는 경제적 사다리를 타고 내려갈수록 더욱 낮아진다. 비영리 인터넷 언론 프로퍼블리카의 정책 전문 기자 알렉 맥길리스Alec MacGillis가 쓴 글의 내용처럼 말이다.

> 사회복지 제도 의존도가 가장 높은 계층의 상당수가 공화당을 선택하는 행위는 그들의 이익에 반하지 않는다. 그보다 이들은 아예 투표를 하지 않고 있다. (……) 지역사회에서 높은 비율로 공화당에 투표하는 유권자들은 경제적 사다리에서 그들보다 한두 단계 높은 집단이다. 부보안관, 교사, 고속도로 건설 노동자, 주유소 경영자와 광부들 등이다. 공화당에 대한 이들의 충성도가 증가한 이유는 부분적으로 경제적 사다리의 하위 계층에서 사회 안전망에 대한 의존도가 점차 증가하고 있음을 인식한 데 따른 반응이며, 이는 쇠락하는 지역사회에서 가장 눈에 띄는 하향 이동성의 징후다.[10]

통합 데이터와 개별 데이터의 차이에 대한 인식은 차트가 우리에게 어떻게 편향을 심을 수 있는지 이해하는 데 필수적이다. 시각 자료의 보물과도 같은 아워 월드 인 데이터 웹 사이트의 데이터를 활용한 〈그림 9〉 차트의 패턴을 살펴보자.[11]

2장에서 이처럼 선을 연결한 산점도 읽는 법을 언급했다. 각각의 선은 국가를 나타내며, 달팽이가 시간의 흐름에 따라 왼쪽에서 오른쪽, 아래에서 위로 기어가며 남긴 자취라고 상상하면 된다. 미국의 선에 주목하자. 선의 시작점은 1970년의 기대 수명(수직축)과 조정된 달러 가치로 환산한 1인당 의료비(수평축)에 해당하며, 종결 지점은 2015년의 같은 변수를 가리킨다. 종결 지점은 시작점보다 위쪽에 있으며 훨씬 오른쪽으로 이동해 있는데, 이는 2015년에 미국의 기대 수명과 의료비가 1970년에 비해 증가했다는 의미다.

이 차트가 시사하는 바는 1970년부터 2015년 사이에 거의 모든 국가에서 기대 수명과 의료비가 비슷한 비율로 증가했다는 것이다. 유일한 예외는

▶ 그림 9 1970~2015년 기대 수명 대 보건 의료비 지출 현황(2010년 국제 달러 기준)

보건 의료 재정은 1인당 연간 의료비 지출로 보고되며, 국가 간 물가 상승률 및 물가 수준에 따라 조정된다.

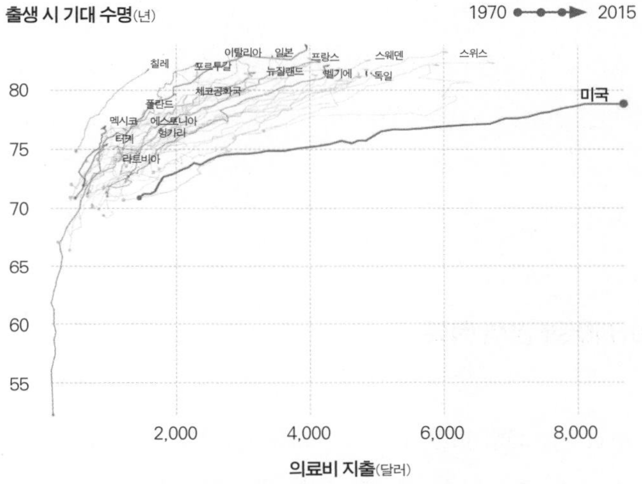

출처 | 세계개발지수World Development Indicators, 보건 의료비 지출 및 재원 조달–OECD 통계(2017), 아워 월드 인 데이터

미국이다. 미국은 기대 수명이 크게 증가하지 않았으나 1인당 평균 의료비가 급증했다. 여기서 우리는 차트 읽기의 또 다른 법칙을 제시할 수 있다. **모든 차트는 현실의 단순화된 표현이며, 복잡한 현실을 숨기는 만큼 또한 많은 것을 드러낸다.**

그러니 차트를 읽을 때는 항상 스스로에게 이렇게 물어보라. 차트에 표시된 데이터 뒤에 다른 패턴이나 추세가 숨어 있는 건 아닐까? 이러한 국가적 추세를 둘러싼 다양한 변동과 차이를 생각해보라. 미국의 의료비는 당신의 경제 사정과 거주지에 따라 천차만별이고 기대 수명도 마찬가지다. 2017년에 워싱턴대학교 연구진은 "콜로라도주 중부의 일부 부유한 카운티 주민들의 기대 수명이 87년이라는 최고치를 기록한 반면(스위스나 독일 평균보다도 높다) 아메리카 원주민 보호 구역이 있는 사우스캐롤라이나주와 노스캐롤라이나주 일부 카운티의 거주민들은 66세로 무척 낮다"라는 사실을 발견했다. 격차가 무려 20년 이상이다.[12] 내 생각이지만 공공 의료보험 제도를 운영하는 부유한 국가는 국민들 사이의 의료비와 기대 수명 격차가 이처럼 클 것 같지 않다.

오바마케어와 경제 회복

2010년 3월 23일 버락 오바마 대통령이 건강보험 개혁법Affordable Care Act, 오바마케어을 승인했다. 오바마케어는 처음 발의될 때부터 이 책을 쓰고 있는 2018년 여름까지 열띤 논란의 대상이 됐다. 사람들은 물었다. 이게 정말로 미국 경제에 바람직한 일일까? 우리가 정말로 비용을 부담할 수 있을까? 이 제도를 엉망으로 만들려는 행정부아래 법안이 제대로 유지될 수 있을까? 이 법안은 고용을 늘리는 데 도움이 될까 아니면 고용주들이 고용을 꺼리게 만들까?

이 질문에 대한 대답은 아직도 논쟁이 분분하지만 일부 전문가들은 공화당의 주장과 달리 오바마케어가 일자리 시장에 좋은 영향을 미쳤다고 차트를 통해 주장했다(〈그림 10〉). 경제 위기로 일자리가 줄었다가 2010년 즈음에 회복되는 현상을 보라. 그래프가 전환된 시점에 무슨 일이 생겼을까?

누군가 차트로 당신을 설득하려 든다면 이렇게 자문하라. **이 차트에 나**

▶ 그림 10 2008~17년 미국 비농업 부문 취업자

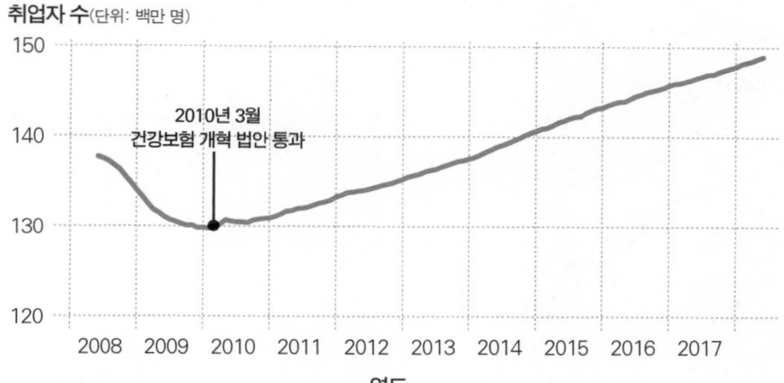

출처 | 미국 노동통계국

타난 패턴 또는 추세가 그 자체만으로 차트 작성자의 주장을 뒷받침하는 데 충분한가?

이 경우 내 대답은 '아니요'다. 첫 번째 이유는 앞에서 배웠다시피 차트는 오직 표시된 데이터만을 보여줄 뿐 그 외의 내용은 내포하지 않기 때문이다. 이 차트가 보여주는 것은 비슷한 시기에 두 사건이 발생했다는 사실뿐이다. 오바마케어가 통과되었고 일자리 곡선이 전환점을 맞았다. 그러나 차트는 한 사건이 다른 사건을 초래했다거나 영향을 끼쳤다고 말해주지 않는다. 그것은 당신의 머릿속에서 일어난 추론일 뿐이다.

두 번째 이유는 같은 시기에 일자리 시장이 회복되는 데 영향을 미쳤을 다른 사건들을 떠올릴 수 있다는 것이다. 2009년 2월에는 2007~08년의 금융 위기에 대처하기 위해 오바마 행정부가 경기 부양 정책으로 내세운 미국 경기회복 및 재투자법American Recovery and Reinvestment Act이 발효되었다. 이 정책으로 투입된 수십억 달러가 몇 달 후에 경기를 끌어올렸고 결과적으로 기업들

▶ **그림 11 만약 건강보험 개혁안이 통과하지 못했다면?**

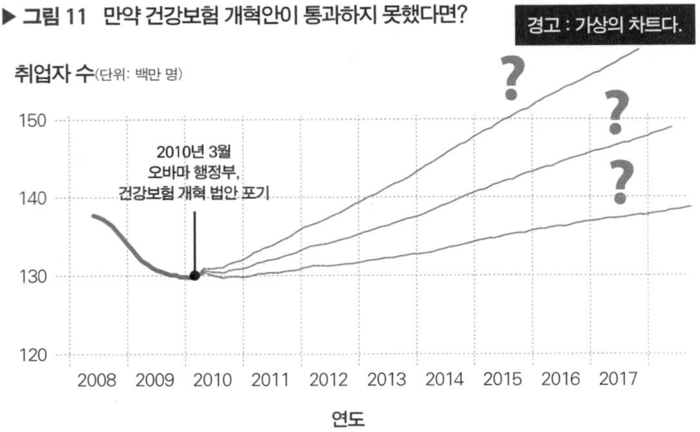

출처 | 미국 노동통계국

이 다시 직원을 고용하기 시작했는지도 모른다.

정반대의 상황을 상정해볼 수도 있다(〈그림 11〉). 만약 오바마케어가 국회에서 통과하지 못했다면 일자리 곡선은 어떻게 됐을까? 지금과 똑같았을까 아니면 경제 회복이 더 느려졌거나(오바마케어가 일자리를 창출하므로) 반대로 더 빨라졌을까(오바마케어 때문에 기업들이 고용으로 인한 보험비 부담을 꺼리므로)?

우리는 알 수 없다. 왜냐하면 원래의 차트(〈그림 10〉)는 오바마케어가 일자리 시장에 영향을 미쳤는지 아닌지 알려주지 않기 때문이다. 이 차트는 단독으로는 오바마케어를 옹호하거나 비난하는 데 쓸모가 없다.

우익들도 비슷한 차트를 활용한다. 취임 첫해에 도널드 트럼프는 자신이 대통령에 취임하기 전에는 일자리 시장이 "재앙"을 맞았으나 곧장 회복하기 시작했다고 주장했으며 이를 뒷받침하기 위해 편리하게도 수평축을

▶ 그림 12

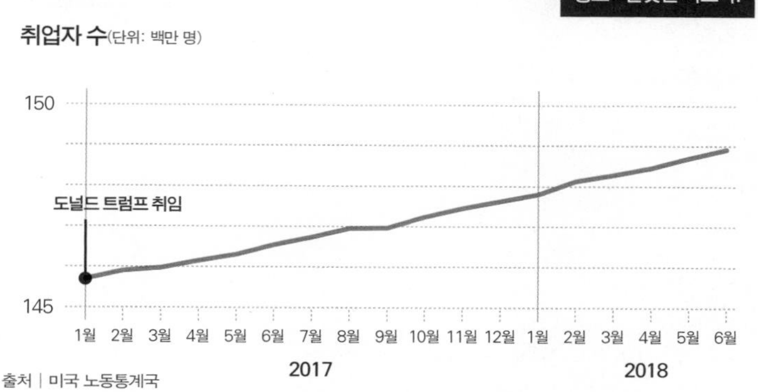

▶ 그림 13

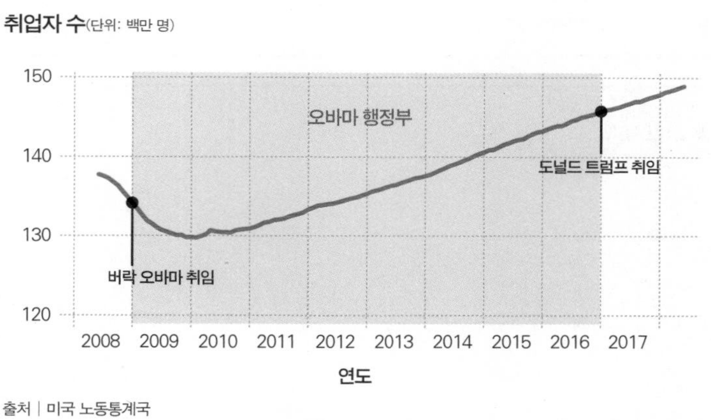

잘라낸 차트를 사용했다(〈그림 12〉).

하지만 트럼프가 취임한 시점보다 앞으로 돌아가봐도 곡선의 방향과 기울기는 실제로 크게 변하지 않았음을 알 수 있다(〈그림 13〉). 일자리 시장은

▶ 그림 14

경고 : 잘못된 차트다.

다우존스
산업 평균 지수

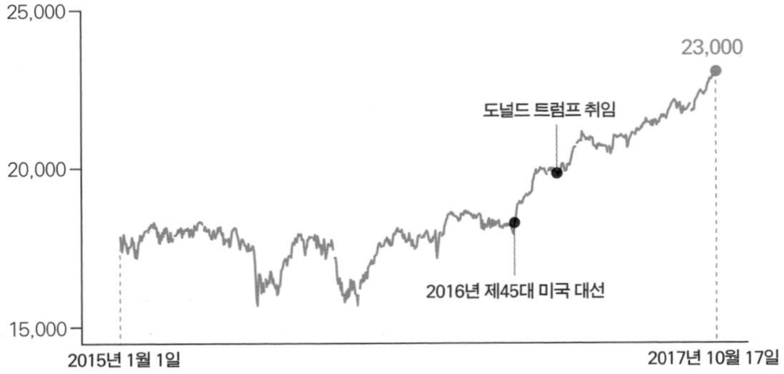

출처 | 미국 연방준비제도이사회Federal Reserve Board

▶ 그림 15

다우존스
산업 평균 지수

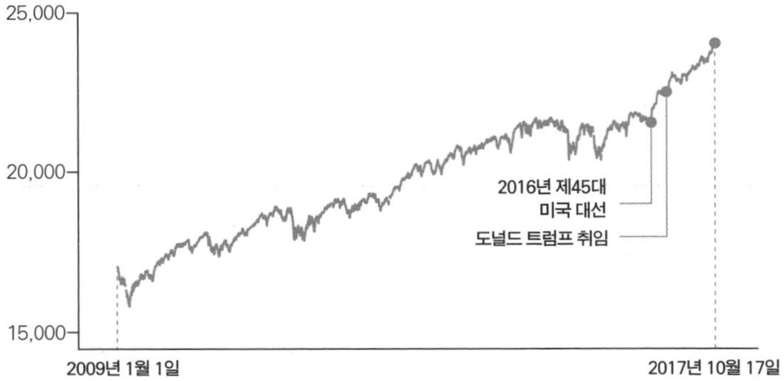

2010년부터 회복되기 시작했고 트럼프가 공을 주장할 수 있는 분야는 기존의 추세를 유지하고 있다는 사실뿐이다.

2017년 10월에 트럼프는 트위터에 "와우!"라는 한마디와 함께 그가 당선된 2016년 11월 대선일 이전에는 평탄했지만 그 직후 치솟기 시작한 다우존스 산업 평균 지수 그래프를 올리며 호들갑을 떨었다(〈그림 14〉).

무엇이 문제인지는 짐작하기 쉽다. 다우존스 산업 평균 지수는 고용지수와 비슷한 패턴을 따른다. 주가는 2009년부터 꾸준히 상승세를 그렸다. 2016년 트럼프의 취임식 직후 발생한 '트럼프 효과'를 포함하여 약간의 굴곡과 정체를 거치긴 했지만 곡선의 방향은 항상 일정했다(〈그림 15〉).[13]

가짜 인과관계에 유의하라

아무리 차트의 내용이 단순해도 자신에게 중요한 아이디어를 입증해주는 것 같으면 좋아하기 마련이다. 〈그림 16〉의 왼쪽 차트는 창조론자들 사이에서 꽤 유명하다. 이 차트는 캄브리아기 대폭발 때 다양한 동물 속屬이 급격히 증가했음을 보여준다. 속은 생물의 분류 단위 중 하나로, 예를 들어 개 속에는 늑대와 자칼, 개 등이 포함된다. 이 차트는 다윈의 이상적인 "생명의 나무tree of life"와 비교할 때 사용되는데 다윈의 차트는 이상적인 진화 과정에서는 새로운 속이 꾸준히 조금씩 등장한다는 이론을 담고 있다.

〈그림 16〉의 왼쪽 차트에 따르면 캄브리아기에 새로운 종류의 동물들이 동시다발적으로 발생했다. 캄브리아기 "대폭발"은 선캄브리아기부터의 화석 기록이 많지 않아 100년 넘게 생물학자들에게 커다란 미스터리였는

▶ 그림 16

경고 : 잘못된 차트다.

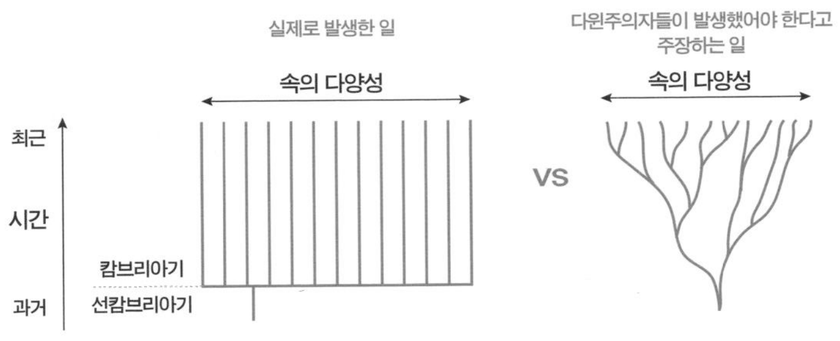

데 생물군이 급격히 세분화했다는 주장을 뒷받침해주었다. 다윈도 『종의 기원』에서 이 미스터리에 당혹감을 표했다. 창조론자들은 "지질시대의 한 시점에 진화론적 조상이 존재한다는 어떤 증거도 없이 복잡한 구조의 동물이 완전한 형태로 지구상에 출현했다. 이러한 놀라운 생명의 폭발은 창조주의 특수한 창조 외에는 설명할 수 없다"라고 주장한다.[14]

그러나 이 "대폭발"이라는 단어와 창조론자들이 내세우는 차트는 잘못되었다. 다윈의 시대보다 훨씬 많은 화석 기록을 보유하고 있는 현대의 과학자들은 "캄브리아기 분화Cambrian diversification"라는 용어를 선호한다. 실제로 캄브리아기에는 수많은 동물 속이 등장했지만 이들의 출현은 갑작스러운 폭발과는 거리가 멀다. 캄브리아기는 지금으로부터 5억 4500만 년 전부터 4억 9000만 년 전까지 자그마치 5000만 년 동안 지속되었다. 폭발이라고 부르기에는 어마어마하게 긴 시간이다.

이러한 불편한 현실을 알고 있는 일부 창조론자, 가령 스티븐 C. 메이어

Stephen C. Meyer 같은 인물은 "대폭발" 시기를 캄브리아기 제3조인 아트다바니아조Atdabanian로 국한하는데, 약 5억 2100만 년 전부터 5억 1400만 년 전인 이 시기에 동물 속이 보다 폭넓게 세분화했다. 메이어는 "새로운 정보는 오직 지성에서 비롯되므로 캄브리아기에 발생한 유전 정보의 '폭발'은 동물이 자연선택 같은 두서없고 무계획적인 과정이 아니라 지적 설계의 결과라는 설득력 있는 증거를 제시한다"라고 말했다.[15]

700만 년은 "폭발"이라고 하기에는 여전히 긴 시간이다. 우리 인류만 해도 지구상에 존재한 지 30만 년밖에 되지 않았다. 게다가 이게 유일한 문제도 아니다. 옥시덴털대학교의 고생물학 교수이자 『화석은 말한다』의 저자인 도널드 R. 프로세로Donald R. Prothero는 선캄브리아기와 캄브리아기에 대해 보다 구체적인 차트를 선호한다.

> 생명체의 분화는 뚜렷하게 구분되는 여러 단계를 거쳐 발생한 것으로 밝혀졌다. 35억 년 전 최초의 단순한 박테리아 미생물 화석에서부터 7억 년 전 출현한 최초의 다세포 생물(에디아카라 동물군), 5억 4500만 년 전 캄브리아기 초기(네마키트-달디니아조와 톰모티아조)에 나타난 최초의 골격 화석(일명 "작은 껍데기 화석"이라고 불리는 조개껍데기 조각)을 거쳐 캄브리아기 제3조(아트다바니아조, 5억 2000만 년 전)에 나타난 삼엽충처럼 딱딱한 껍질을 지닌 커다란 최초의 동물 화석 등을 거쳐서 말이다.[16]

〈그림 17〉을 보라. 오른쪽에 표시된 막대들은 속의 세분화를 의미한다. 이 막대들은 갑자기 증가하는 것이 아니라 서서히 증가한다. 이런 꾸준한 속의 증식—보토미아조 말기에 대멸종으로 끝난—은 캄브리아기가 시작되기 훨씬 전부터 시작되었기에 "진화론적 조상이 존재한다는 어떤 증거도

▶ 그림 17

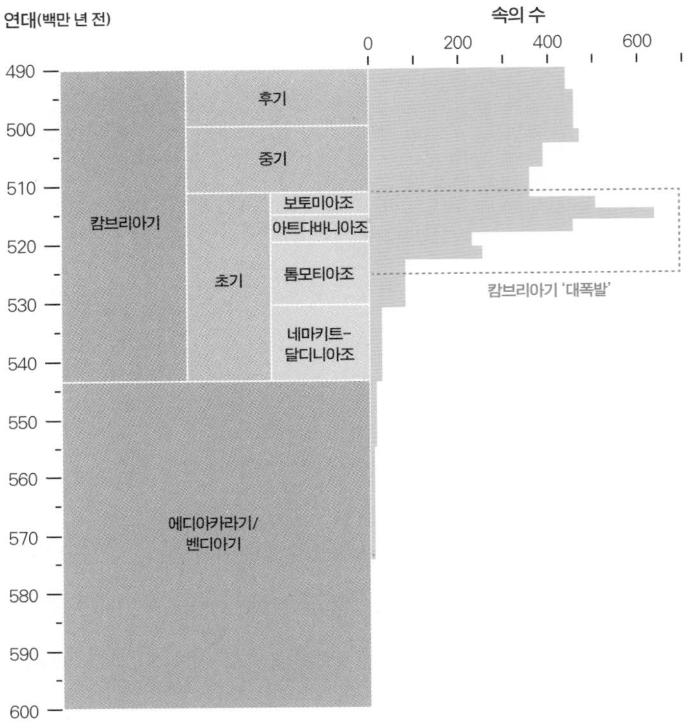

출처 | 도널드 R. 프로세로

없이 복잡한 구조의 동물이 완전한 형태로 지구상에 출현했다"라는 주장을 반박한다. 원한다면 "지성을 갖춘 창조주"를 믿어도 상관없지만 현실을 무시해서는 안 된다.

이쯤 되면 우리가 원하는 대로 차트가 이야기하도록 만들 수 있음을 깨달았을 것이다. 차트의 구성 방식, 세부 정보 그리고 차트가 보여주는 패턴

▶ **그림 18**

출처 | 타일러 비겐

에 대한 해석 방식을 통제함으로써 말이다. 〈그림 18〉의 2가지 차트는 우스꽝스러운 내용으로 가득한 웹 사이트 가짜 상관관계Spurious Correlations에서 가져왔는데 동명의 책을 쓴 타일러 비겐Tyler Vigen의 작품이다.

처음 비겐의 웹 사이트를 방문했을 때 나는 '가짜 인과관계'라는 제목이 더 적절하다고 생각했다. 왜냐하면 수영장에서 익사한 사람들의 수가 실제로 니컬러스 케이지Nicolas Cage가 출연하는 영화의 수와 공변共變 하기 때문이다. 데이터는 정확했고 시각화 방식은 적절했다. 이중 축 차트는 때때로 위험할 수 있지만 말이다. 2장에서 봤듯이 축을 조정해 선의 기울기를 원하는 대로 만들 수 있기 때문이다.

진정으로 가짜인 것은 두 변수의 상관관계가 아니라 공변에서 이끌어낼 수 있는 해석이다. 니컬러스 케이지가 영화에 많이 출연할수록 정말로 수영장에서 사고가 더 많이 일어날까? 혹시 니컬러스 케이지의 영화를 보면 수영장에 들어가고 싶은 충동이 일어서 익사 위험이 높아지는 걸까? 이번에는 당신이 과학기술에 대한 미국의 투자 비용과 목 매달아 자살한 사람들의 수 사이의 가짜 인과관계가 있는지 고민해보기 바란다. 교수대 농담을 좋아한다면 즐겨보시길!

결론

좋은 차트는 더 나은 세상을 만든다

나이팅게일의 쐐기 차트

영국 런던에 갈 일이 있다면 웨스트민스터사원과 빅벤, 국회의사당의 웅장함을 감상한 후 웨스트민스터 다리 동쪽으로 건너가보라. 오른쪽으로 돌면 세인트토머스 병원이 보이는데 그곳에 있는 2개의 커다란 건물 사이에 조그맣고 사랑스러운 박물관이 있다. 바로 플로렌스 나이팅게일 박물관이다.

나이팅게일은 공중 보건과 간호학, 통계학, 차트 제작 역사에서 널리 사랑받고 존경받는 인물이다. 교리보다 행동을 중시하는 독실한 유니테리언 신도로서 부유한 집안의 반대에도 불구하고 어린 시절부터 공중 보건 개선에 일생을 바치기로 결심했으며 평생 가난하고 어려움에 처한 이들을 돌보았다. 나이팅게일은 또한 과학을 사랑했다. 일부 전기 작가들은 인문학, 수학을 철저히 교육한 아버지의 영향 덕분에 그녀가 "당대에 가장 탁월하게 분석적으로 사고한 인물 중 한 사람"이 되었다고 설명했다.[1]

내 충고를 듣고 플로렌스 나이팅게일 박물관에 들른다면 거기 전시된 서류와 책들을 자세히 살펴보기 바란다. 당신의 눈길을 사로잡는 차트가 하나 있을 것이다(〈그림 1〉). 바로 나이팅게일의 쐐기 차트다. 내가 제일 좋아하는 차트 중 하나이기도 하다. 완벽하지는 않지만 차트 읽기의 원칙을 보여주는 모범 사례이니 역사적 맥락을 짚고 가자.

1853년 지금의 터키에 자리 잡고 있던 오스만제국이 러시아제국에 선

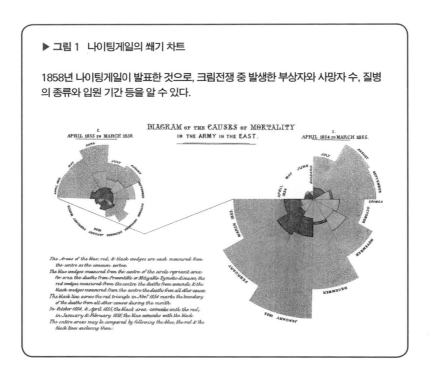

▶ 그림 1 나이팅게일의 쐐기 차트

1858년 나이팅게일이 발표한 것으로, 크림전쟁 중 발생한 부상자와 사망자 수, 질병의 종류와 입원 기간 등을 알 수 있다.

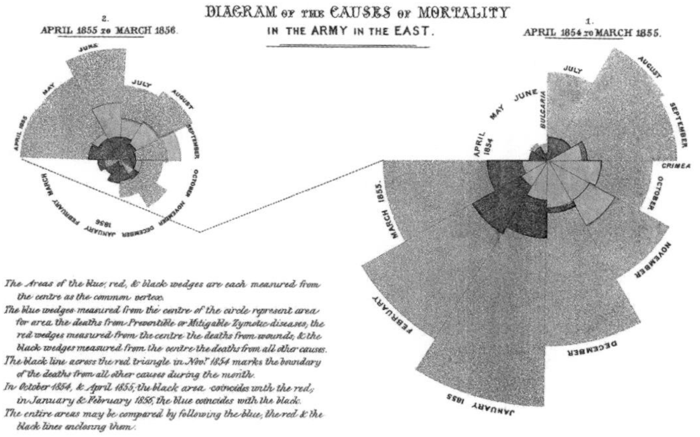

전포고를 함으로써 크림전쟁(1853~56)이 발발했다. 1854년에는 영국과 프랑스도 오스만제국 편에서 참전하기로 결정했다. 크림전쟁의 원인은 무척 복잡했는데 세력을 확장하려던 러시아제국의 야심과 당시 오스만제국의 일부였던 팔레스타인 소수 기독교 집단—러시아정교회와 로마가톨릭교회—을 둘러싼 갈등도 연관되어 있었다.[2]

이 전쟁에서 병사들 수만 명이 목숨을 잃었다. 사망률이 무시무시했다. 참전한 병사 5명 중 1명이 사망했는데 상당수는 부상이 아니라 이질이나 장티푸스 같은 질병 때문에 죽었다. 당시에는 수분 공급과 영양가 있는 음식, 청결한 장소에서 휴식하는 것 외에는 효과적인 감염병 치료책이 없었다. 감염성 질병의 원인이 세균에 있다는 세균 이론은 그로부터 20년이 지나서야 등장했다.

대부분의 전투는 흑해 북쪽에 있는 크림반도에서 벌어졌다. 부상을 입거나 질병에 걸린 영국 병사들은 터키로 수송됐다. 많은 사람이 흑해를 건너다 목숨을 잃었고 살아남은 이들은 환자들로 북적거리고 지저분하며 이가 들끓고 물자는 부족한 스쿠타리(지금의 터키 이스탄불주 위스퀴다르)의 병원에서 비참한 처지를 마주해야 했다. 보스턴대학교 연구진에 따르면 "스쿠타리 병원은 군 병원이라기보다는 이른바 '열병 병동' 역할을 수행했으며, 주로 열병 환자들을 건강한 동료들로부터 격리하는 곳이었다. 스쿠타리 병원은 병을 치료하기 위해 가는 곳이 아니었다."[3]

병원의 물품 관리 시스템을 체계화한 경험이 있던 나이팅게일은 스쿠타리의 막사 병원에 자원했다. 이 병원은 군용 막사가 늘어선 것에 불과했기 때문에 그런 이름으로 불렸다. 나이팅게일과 동료 간호사 팀은 1854년에 병원에 도착했다. 나이팅게일은 약 2년 동안 그곳에서 일하며 군 지도부와 기존 의료진들의 저항에 맞서 싸웠다. 그녀는 병원에 혁신을 단행했다. 모든 환자와 치료 내역에 대한 기록을 검토하고 시설을 개선하고 과잉 수용된 환자 수를 줄이고 더 많은 의료 물자를 확보하기 위해 윗선에 압박을 가하고 환자들을 심리적으로 지원했다.

나이팅게일이 병원에 도착한 직후에는 사망률이 높아졌지만 1854~55년 겨울 즈음에는 급격히 줄었다. 그녀에 관한 전설이 전하는 것만큼 빠른 속도는 아니었지만 말이다. 최근 역사학자들에 따르면 그 이유는 나이팅게일이 청결 수준을 향상시키기는 했지만 환기나 위생에는 그만큼 신경을 쓰지 않았기 때문이었다. 나이팅게일은 주변 환경의 위생보다 환자들의 개인위생에 관심이 더 컸다.[4]

영국 정부는 부상병 및 군인들의 끔찍한 상황을 우려하던 중, 영국군의 높은 사망률이 언론에 보도되면서 여론의 압박이 심해지자 전쟁 지역에 위원회를 파견하기 시작했다. 하나는 의료 지원 물자를 다루는 위원회였고, 다른 하나는 보건 위생을 관리하는 위원회였다. 이에 따라 1855년 3월에 위생위원회Sanitary Commission가 활동하기 시작했다. 이 날짜를 기억해두자.

나이팅게일이 후원한 위생위원회는 스쿠타리 막사 병원이 건물 하수구가 막힌 까닭에 오수 구덩이 위에 세워진 것이나 마찬가지라는 사실을 발견했다. 일부 하수관은 동물들의 배설물로 가득했다. 위원회는 하수관을 청소하고 환기시설을 개선하고 쓰레기를 체계적으로 처분하도록 지시했다. 이런 조언 덕분에 위생위원회가 방문한 모든 병원의 위생 상태가 나아졌다.[5]

당시 나이팅게일은 스쿠타리 막사 병원의 사망률이 부상병을 치료하는 다른 병원보다 훨씬 높다는 사실을 모르고 있었다. 몇몇 간호사들이 병원보다 전장에서 수술했을 때 오히려 생존율이 높다는 사실을 다소 미심쩍어했으나 그녀는 전장의 젊은이들이 "생명력으로 가득해 피로와 통증에 강한 반면 병원에 입원한 환자들은 고통에 지쳐 있기 때문"이라고 생각했다.[6]

나이팅게일은 런던으로 돌아와 위생위원회의 성과를 분석한 후에야 높은 사망률의 원인을 깨닫고 경악했다. 위생위원회와 함께 연구에 참여한 이들 중에는 의료 위생 전문 통계학자 윌리엄 파William Farr도 있었다. 위생학은 당시 의료계에서 아직 논란이 많은 분야였다. 의사들은 의료 처치보다 위생 상태나 환기 및 통풍이 더 중요하다는 사실이 밝혀지면 자신들의 권위가 약해질까 봐 두려워했다. 안타깝게도 나이팅게일의 데이터는 위생의 중요성이 사실임을 지적하고 있었다. 〈그림 2〉는 크림전쟁 사망자의 총합을 표시한 누적 막대그래프다. 1855년 3월 이후에 전체 사망자 수와 질병으로 인한 사망률이 크게 감소했음을 알 수 있다.

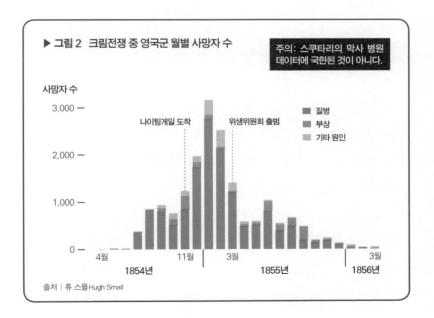

▶ 그림 2 크림전쟁 중 영국군 월별 사망자 수

주의: 스쿠타리의 막사 병원 데이터에 국한된 것이 아니다.

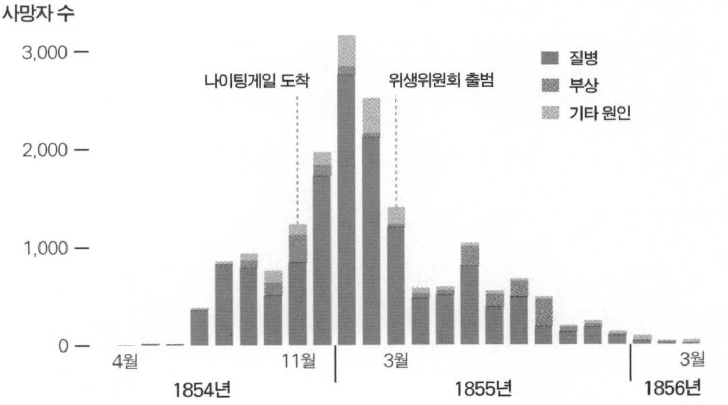

출처 | 휴 스몰Hugh Small

사망률이 급격히 줄어든 원인을 단순히 병원의 위생 상태 개선만으로 설명할 수는 없지만 나이팅게일은 그것이야말로 가장 중요한—유일하게 중요한 요인은 아닐지 몰라도—요인이라고 봤다.[7] 나이팅게일은 위생 및 환기 시스템을 개선했다면 더 많은 환자를 살릴 수 있었을 거라는 자책 때문에 1910년에 세상을 뜰 때까지 평생을 간호학 및 공중 보건 실천에 바쳤다.

나이팅게일의 차트로 돌아가보자. 그녀는 이 차트를 "쐐기 차트"라고 불렀다. 전장에서 돌아온 나이팅게일은 그동안 쌓은 명성을 이용해 군 병원을 혁신하는 데 매진했다. 그녀는 영국군이 보병들의 건강과 안녕을 등한시한다고 여겼다. 군 상층부는 나이팅게일의 의견에 동의하지 않았고 어떤 책임도 부인했으며 변화에 저항했다. 빅토리아 여왕은 군 상층부를 안타깝게 여기면서도 왕립 위원회가 크림반도와 터키에서 발생한 비극을 조사하도록 승인했다. 나이팅게일도 위원회 활동에 기여할 수 있었다.

군 조직에 "깨끗한 물을 제공하고 오수가 잘 빠지는 하수관, 원활한 환기 시설을 설치하는 데 공적 자금을 지출하라고 촉구하는"[8] 윌리엄 파의 위생 개혁 운동을 사람들에게 납득시키기 위해, 나아가 궁극적으로 사회 전반을 개혁하기 위해 나이팅게일은 위원회 보고서뿐만 아니라 책과 팸플릿에도 차트와 숫자를 활용했다. 〈그림 1〉의 쐐기 차트는 나이팅게일이 만든 그래픽 중에서도 가장 유명하다. 앞에서 본 누적 막대그래프와 같은 데이터를 나타냈지만 훨씬 인상적이고 화려하다.

크기가 다른 2개의 원으로 이루어진 나이팅게일의 쐐기 차트는 시계 방향으로 읽는다(〈그림 3〉). 2개의 원은 각 월에 해당하는 쐐기 모양 조각들로 구성되어 있다. 다이어그램 오른쪽에 위치한 (1)은 1854년 4월부터 1855년 3월까지의 데이터를 나타낸 것으로 위생위원회가 전장에 파견된 시기와 일

▶ 그림 3

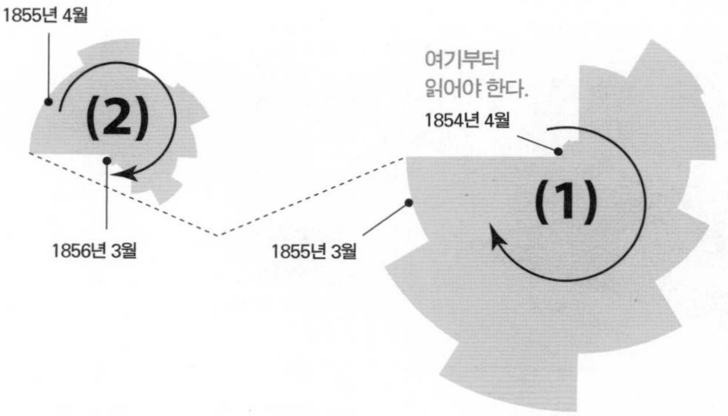

치한다. 왼쪽의 (2)는 1855년 4월부터 1856년 3월까지의 데이터를 그린 것이다.

쐐기는 달마다 3개씩 있고 서로 부분적으로—꼭대기에서 누적되지 않고—중첩된다. 원의 중앙부터 시작되는 각 쐐기의 면적은 질병과 부상, 기타 원인으로 사망한 병사들의 비율이다. 〈그림 4〉는 1855년 3월에 해당하는 쐐기 조각이다.

나이팅게일은 어째서 병사들의 사망률 데이터를 단순한 누적 막대그래프나 선 그래프가 아니라 이런 화려한 형식으로 제시했을까? 역사학자 휴 스몰의 지적에 따르면 나이팅게일이 설득하려던 대상 중 한 사람은 정부의 의료 총책임자였던 존 사이먼John Simon이다. 사이먼은 전장에서는 질병과 감염으로 인한 사망을 피할 수 없다고 주장했다. 나이팅게일은 월별 데이터를 점선으로 연결한 2개의 원형 차트로 나눠 표시함으로써 위생위원회가 개입하기 전과 후를 강조해 그 주장을 반박했다.

▶ 그림 4

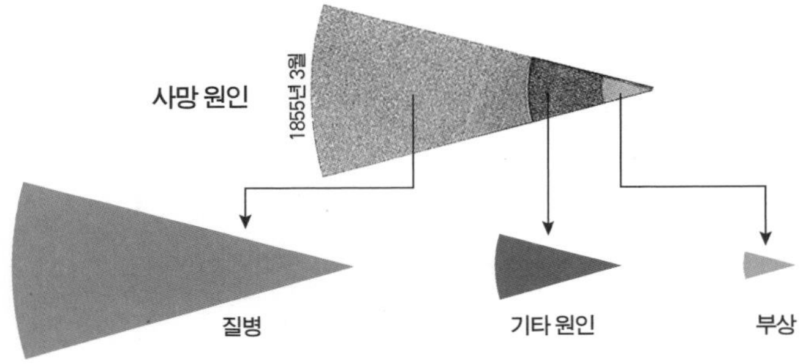

개인적인 추측을 덧붙이면, 나는 나이팅게일이 단순히 사실과 정보를 전달하는 것이 아니라 눈길을 사로잡는 독특하고 아름다운 그래픽으로 상대방을 설득하려 했다고 생각한다. 막대그래프는 똑같은 메시지를 효과적으로 전달할 수 있지만 그리 매력적으로 보이지는 않는다.

나이팅게일의 유명한 쐐기 차트로 이어지는 이 이야기는 우리 모두가 귀담아 들어야 할 원칙을 담고 있다. 3장에서 언급했지만 차트를 만들고 읽을 때 가장 중요한 원칙은 다음과 같다. **차트는 신뢰할 수 있는 데이터를 기반으로 할 때에만 신뢰할 수 있다.** 나이팅게일이 사용한 데이터는 당시에 구할 수 있었던 최선의 자료였다. 이 데이터들을 수집하고 분석하고 대중에게 제시하기까지 수년이 걸렸다.

나이팅게일의 쐐기 차트가 내포한 두 번째 원칙은 차트는 시각적 논거가 될 수 있으나 차트만으로는 충분하지 않다는 것이다. 나이팅게일의 차트는 거의 언제나, 데이터의 출처를 설명하고 결론에 도달하기 전에 대안이 될 수 있는 해석을 제시하는 보고서나 책의 보조 자료로 제시되었다. 카롤린스카

대학교 교수이자 공중 보건 통계학자인 한스 로슬링은 이렇게 말했다. "숫자 없이는 세상을 이해할 수 없다. 그리고 숫자만으로는 세상을 이해할 수도 없다."[9]

정보 제시에 관한 이 같은 철저함은 프로파간다와 진짜 정보를 구분할 수 있게 해준다. 프로파간다는 여론을 유도하기 위해 일부러 정보를 단순한 방식으로 제공하고 자신들의 주장을 강화하는 듯한 내용은 강조하는 한편 그에 대한 논증은 배제한다. 나이팅게일과 동료들은 공중 보건 혁신을 뒷받침하는 설득력 있는 사례와 정보를 제시했지만 그 일은 실질적인 증거에 기반해 오랫동안 힘겹게 논거를 마련한 뒤에야 가능했다. 그들은 이성을 통해 사람들을 설득하려 했다.

세 번째 원칙은 데이터와 차트가 사람들의 생명을 구하고 마음을 바꾸게 할 수 있다는 것이다. 그 대상이 타인뿐인 것은 아니다. 나이팅게일이 만든 차트는 사회 전체의 행동이 변화하도록 설득하는 도구이기도 했지만 동시에 자신을 변화시켰다. 이 점이 내가 나이팅게일을 존경하는 가장 큰 이유다. 그녀는 전쟁이 끝난 뒤에 죄책감에 시달렸다. 데이터를 확인한 뒤 자신의 눈앞에서 죽어간 수많은 병사를 살릴 수도 있었다는 사실을 깨달았기 때문이다. 그래서 나이팅게일은 행동에 나섰고 자신이 저지른 것과 똑같은 실수 때문에 미래에 발생할지도 모르는 비극을 막기 위해 평생을 바쳤다.

어쩌면 가장 정직하고 깨우친 이들만이 증거를 마주하고 스스로의 생각을 바꿀 수 있을지도 모른다. 손에 넣은 정보를 가장 도덕적이고 올바르게 사용하는 사람들. 우리는 최선을 다해 그들을 본받아야 한다.

합리화에서 추론으로

차트는 추론推論, reasoning의 도구가 될 수도 있고 합리화合理化, rationalization의 도구가 될 수도 있다. 우리 인간은 전자보다 후자를 선호하는 경향이 있다. 우리는 차트의 시각적 정보를 근거 삼아—특히 기존의 믿음과 일치할 경우—기존 세계관에 끼워 맞추려고 한다. 근거를 도출하고 그에 따라 믿음과 세계관을 수정하는 것이 아니라 말이다.

추론과 합리화는 비슷한 정신적 메커니즘에 의존하므로 둘은 쉽게 혼동되며 종종 추리推理, inference에 기반한다. 추리는 유효한 근거나 추정을 통해 새로운 정보를 생성하는 것이다.

추리는 현실과 일치할 때 타당할 수도 있고 반대로 그렇지 않을 수도 있다. 앞에서 우리는 담배 소비량과 기대 수명이 국가 수준에서 양의 연관성이 있다는 사실을 살펴봤다. 만약 우리의 정보가 단편적이고('담배 소비량 높고 낮음', '기대 수명 높고 낮음') 그 이상의 정보는 잘 모르거나 자신의 흡연을 합리화할 이유가 있다면 흡연자가 더 오래 산다고 결론 내릴 수도 있다. 가령 애연가인 당신에게 미디어와 친구, 가족들이 시시때때로 담배는 몸에 해롭다고 구박한다고 상상해보라. 그러다 그런 주장을 반박하는 차트를 발견하면 재빨리 흡연을 정당화하는 데 사용할 것이다. 그것이 바로 합리화다.

합리화는 인간의 뇌에 기본적으로 설정되어 있다. 이에 관한 논문도 넘쳐나고 정신적 편향이 우리를 어떻게 잘못된 길로 이끄는지 설명하는 책들도 엄청나게 많다. 그중 내가 가장 좋아하는 책은 캐럴 태브리스Carol Tavris와 엘리엇 애런슨Elliot Aronson의 『거짓말의 진화: 자기 정당화의 심리학』이다. 태브리스와 애런슨은 우리가 어떻게 믿음을 형성하고 정당화하고 나아가 그것을 바꾸기를 거부하는지를 설명하면서 "선택의 피라미드"로 비유한다.

가령 커닝에 큰 거부감이 없는 두 학생이 있다고 치자. 어느 날 시험을 치는데 두 학생 모두 커닝하고 싶은 강한 유혹을 느꼈다. 1명은 커닝을 하고 다른 1명은 하지 않았다. 태브리스와 애런슨에 따르면 이후 두 학생에게 다시 커닝에 대한 의견을 물으면 뚜렷한 변화가 나타난다. 커닝의 유혹에 저항하는 데 성공한 학생은 커닝에 더 큰 거부감을 표현할 것이며, 유혹에 넘어간 학생은 커닝이 그렇게 나쁜 짓은 아니라고 변명하거나 어쩌면 커닝을 정당화할 수도 있다. 이번 시험에는 장학금이 달려 있었다는 식으로 말이다. 저자들은 이렇게 덧붙인다.

> 강렬한 자기 합리화를 경험하고 나자 2가지 일이 발생했다. 첫째, 두 학생은 이제 달라졌다. 둘째, 이들은 자신의 믿음을 내면화하여 이제까지 항상 그래왔다고 확신했다. 마치 피라미드의 꼭대기에서 고작 1mm쯤 떨어진 곳에서 함께 출발했지만 각자의 행동에 대한 합리화를 마친 뒤에는 서로 다른 벽면을 타고 미끄러져 피라미드의 반대쪽에 와 있는 것과 비슷했다.

여기에는 여러 가지 역학이 작용한다. 인간은 부조화를 싫어한다. 우리는 자신을 높이 평가하고 자아상을 훼손하는 것이 있으면 위협을 느낀다 ("나는 좋은 사람이야. 그러니까 커닝은 그렇게 나쁜 일일 리가 없어!"). 따라서 우리는 자신의 행동을 합리화함으로써 위협을 느끼는 부조화를 줄이려 한다 ("커닝은 다들 하잖아. 게다가 다른 사람한테 피해를 주는 것도 아닌걸").

나아가 자신이 커닝함으로써 다른 사람에게 피해를 주었다는 증거를 발견한 후에도—커닝한 사람이 장학금을 타면 실제로 장학금을 받을 자격이 되는 사람은 정당한 몫을 빼앗긴 셈이 된다—이를 인정하고 생각을 바꾸기보다 받아들이길 거부하거나 믿음과 일치하는 방식으로 왜곡하려든다. 우리가 그렇게 행동하는 이유는 2가지 선천적 특성, 바로 확증 편향과 동기에 의한 추론 때문이다. 심리학자 게리 마커스Gary Marcus는 "확증 편향이 기존의 믿음과 일치하는 데이터를 인식하는 무의식적 성향이라면, 동기에 의한 추론은 아이디어가 마음에 들 때보다 그렇지 않을 때 더 면밀하게 뜯어보는 보완적 성향이다"[10]라고 주장했다.

인지부조화와 확증 편향, 동기에 의한 추론의 관계는 조너선 하이트Jonathan Haidt의 『바른 마음』, 위고 메르시에Hugo Mercier와 당 스페르베르Dan Sperber의 『이성의 진화』 등에서 자세히 다루고 있다. 이 책들에 따르면 인간의 추론 과정이 정보를 수집하고 처리하고 평가한 다음 이를 바탕으로 신념을 형성하는 메커니즘이라는 기존의 견해는 구태의연하고 잘못되었다.

이들에 따르면 인간의 추론은 통념과 다르게 작용한다. 추론은 혼자서 또는 문화적, 이념적으로 균일한 집단 내에서 이뤄질 때 합리화에 침식당할 수 있다. 우리는 집단 내의 다른 사람들이 이미 그런 믿음을 갖고 있거나 그것을 긍정적으로 느끼기 때문에 믿음을 형성하고 그다음에 사고력을 이용해 믿음을 정당화하며, 상대에게 그 가치를 설득하고 그와 상반된 상대의 믿음에 대항해 스스로를 방어한다.

그렇다면 어떻게 합리화에서 추론으로 옮겨갈 수 있을까? 차트 개발에 매진한 나이팅게일의 삶이 유용한 단서가 될 수 있다. 크림전쟁에서 돌아온 그녀는 자신이 돌본 환자들이 어째서 그토록 많이 사망했는지 이해할 수 없었다. 그녀는 여전히 부족한 보급품과 관료주의 그리고 병원에 이송되던 당시 환자들의 심각한 건강 상태에 원인을 돌렸다. 또한 그녀는 자신의 평판도 지켜야 했다. 한밤중에 홀로 램프를 든 채 어두컴컴한 스쿠타리 병원의 긴 복도를 걸으며 죽어가는 병사들을 살피는 사진이 신문에 실린 후 그녀는 엄청난 명성을 얻었고 거의 전설적인 인물이 되었다. 그녀가 크림전쟁 당시의 행동을 정당화하는 추론에 굴복했더라도 충분히 이해할 수 있다.

그러나 나이팅게일은 반대쪽 길을 택했다. 데이터를 신중하게 검토하고 전문가들과 협력하며 오랫동안 열렬하고 솔직하게 대화했다. 그런 나이팅게일에게 윌리엄 파는 방대한 증거와 데이터를 제공하고 그것들을 분석할 기술을 알려주고 병원의 보건 위생 상태를 개선하면 더 많은 사람의 목숨을 살릴 수 있다고 제안했다. 나이팅게일은 파와 함께 병사들의 사망률이 높은 원인을 평가하고 이를 새로운 수치들과 비교했다.

우리는 나이팅게일의 사례에서, 안타깝게도 인간은 혼자서는 이성적으로 추론하기 힘들며 특히 사고방식이 비슷한 이들에게 둘러싸여 있을 때는 더욱 어렵다는 점을 배울 수 있다. 그럴 경우 자기 강화를 위해 논거를 사용하는 경향에 따라 결국 합리화에 도달한다. 최악의 뉴스는 우리가 지적이고 정보가 많을수록 성공적으로 자기 합리화를 한다는 것이다. 부분적으로 우리가 정치 당파, 교회 등의 같은 집단에 속한 사람들을 의식하고 그들에게 동조하기 위해 애쓰기 때문이다. 반대로 어디서 또는 누가 시작했는지 모르는 견해에 노출되면 아이디어의 본질을 더 깊게 생각하는 경향이 있다.

합리화는 자신 또는 자신과 사고방식이 비슷한 뇌와 대화하는 것과 비슷하다. 한편 추론은 토론을 시작하기 전에 자신의 의견에 동의하지 않는 상대방을 가능한 한 보편적으로 타당하고 일관적이며 구체적인 주장으로 설득하기 위한, 동시에 그 과정에서 언제든 스스로 설득당할 준비가 되어 있는 정직하고 솔직하며 열린 대화다.

이런 대화는 굳이 얼굴을 마주할 필요도 없다. 나이팅게일이 살던 시대에는 사람들이 서신으로 많은 대화를 했다. 신문이나 기사, 책을 읽을 때 충분한 주의를 기울이면 독자는 작가와 대화할 수 있다. 책을 쓰는 작가들도 마찬가지다. 이들은 독자들이 책의 내용을 수동적으로 흡수하지 않고 깊이 숙고하고 건설적으로 비판하며 사고의 범위를 확장하길 바란다. 3장에서 권한 것처럼 스펙트럼이 다양한 언론 매체를 신중하게 선택해 한쪽에 치우치지 않고 미디어를 골고루 섭취해야 하는 이유도 바로 그 때문이다. 우리 몸 안에 음식을 집어넣을 때 무엇을 먹고 마실지 고민하는 것처럼 머릿속에 정보나 지식을 집어넣을 때에도 비슷한 관심을 기울여야 한다.

우리가 자기 합리화에 사용하는 논거들은 대체로 보편타당하거나 일관되거나 구체적이지 않다. 직접 시험해보라. 어떤 사안에 대해 의견이 다른 사람에게 당신이 왜 그것을 믿는지 설명해보라. 최대한 노력하되 권위를 동원하여 논증하거나("이 책이, 이 저자가, 이 과학자가, 이 사상가가, 이 아나운서가 그러는데……") 가치관에 호소하는("나는 좌파 자유주의자야. 그래서……") 행위는 피한다.

대신 차근차근 추론 과정을 이어나가며 주장을 펼쳐라. 그러면 제아무리 소중하게 여기는 신념이라도 기본 틀이 얼마나 불안정한지 깨달을 것이다. 겸허함을 배우는 그 경험은 "나도 몰라"를 인정하는 데 대한 두려움을 버려야 한다는 사실을 깨우쳐준다. 대부분의 경우 우리는 그렇게 하지 못한다.

전문가들은 뭔가에 관해 잘못 생각하는 사람들을 설득할 때 그러한 전략을 사용하기도 한다.[11] 사람들에게 무작정 증거를 던져대지 마라. 그러면 역효과를 유발하거나 또는 인지 부조화와 확증 편향, 동기에 의한 추론이라는 악마의 세 쌍둥이를 자극할 수도 있다. 그 대신 상대방이 찬찬히 생각할 수 있도록 분위기를 조성하라. 실험에 따르면 의견이 서로 다른 사람들을 한 방에 모은 다음 동등한 입장에서 대화하게 하면—상대방을 집단의 일부로 인식하여 본능적인 집단 방어기제가 발현되지 않도록—개인들은 보다 온건해지는 경향이 있다. 사람들과 논쟁할 때면 진심으로 그들의 생각에 관심을 갖고 공감하고 보다 구체적이고 상세하게 설명해달라고 요청하라. 그러면 서로 지식의 편차가 있다는 사실을 발견할 수 있다. 잘못된 믿음에 대한 가장 뛰어난 해독제는 단순히 신뢰할 수 있는 정보가 아니다. 그보다는 상대의 믿음이나 사고 체계에 균열을 내고 진실된 정보가 스며들게 하는 의심과 불확실성이 더 효과적이다.

가짜 뉴스와의 전쟁을 끝낼 무기

차트는 명확하고 설득력이 있으므로 대화를 풀어나가는 핵심 열쇠가 될 수 있다. 2007년에 정치학자 브렌던 나이핸Brendan Nyhan과 제이슨 라이플러Jason Reifler는 차트가 사람들의 오해를 바로잡는 데 도움이 된 3가지 실험 결과를 2017년에 발표했다.[12] 2003년에 이라크를 침공한 미국의 조지 W. 부시 행정부는 미국 병사들과 이라크 민간인들의 목숨을 앗아가는 반군의 공격에 대비하기 위해 이라크 점령군의 수를 늘리겠다고 발표했다. 2007년 6월이 되자 사상률이 낮아지기 시작했다.

병력 증강의 효과에 관해 여론은 두 파로 갈렸다. 나이핸과 라이플러에 따르면 공화당 지지자의 70%는 병력을 늘린 덕분에 이라크의 상황이 호전—실제로도 그랬다—됐다고 믿었다. 민주당 지지자들은 21%만 그렇게 생각했다. 민주당 지지자들의 31%는 미군 병력을 늘리면 폭력 사태와 사상률을 증가시켜 상황이 더욱 악화될 것이라고 생각했다.

나이핸과 라이플러는 실험에 참가한 사람들을 세 집단으로 분류했다. 미군이 이라크에 계속 주둔하기 바라는 집단과 철수를 바라는 집단 그리고 확고한 견해가 없는 사람들이었다. 그다음 연구진은 참가자들에게 〈그림 5〉와 같은 차트를 보여주었다.

▶ **그림 5** 이라크전쟁에서 미군에게 가해진 공격

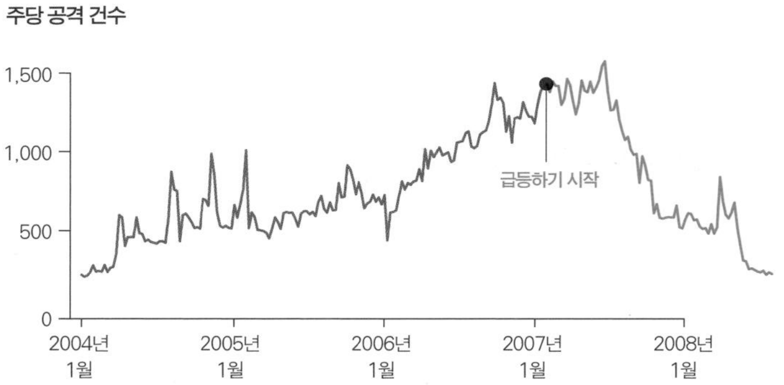

이 차트는 병력 증강이 효과가 없다거나 반군의 공격과 희생자의 수를 늘렸을 뿐이라고 생각하던 사람들의 수를 줄였다. 특히 미군의 이라크 점령에 반대하던 사람들 사이에서 이러한 변화가 더욱 두드러졌다. 차트는 모두의 마음을 돌리지는 못했으나 일부의 인식을 바로잡는 데 영향을 미쳤다. 나이핸과 라이플러는 또한 오바마 대통령 임기 시절 일자리 시장에 관한 차트(많은 사람들, 특히 공화당 지지자들은 오바마 행정부 때 실업률이 급격히 낮아졌

다는 사실을 믿지 않았다)와 기후변화에 관한 차트로 실험을 했는데, 두 경우 모두 차트를 본 사람들은 잘못된 인식을 완전히 바꾸지는 않았으나 그 정도가 감소했다.

나이핸과 라이플러의 실험은 이 책의 주요 메시지를 다시금 상기시킨다. **차트는 우리를 똑똑하게 만들고 유익한 대화를 나누도록 돕지만 그러려면 특정한 조건이 충족되어야 한다.** 그 조건의 하나는 차트의 디자인이고 나머지는 우리가 그것을 읽고 해석하는 방법이다. "세상에는 3가지의 거짓말이 있다. 거짓말, 새빨간 거짓말 그리고 통계다." 벤저민 디즈레일리Benjamin Disraeli 또는 마크 트웨인Mark Twain의 말이라고 전하는 이 문장은 슬프게도 꽤 유명한데, 사실 통계는 우리가 거짓말을 원하거나 진실을 가려낼 만한 지식이 없을 때만 거짓말할 수 있을 뿐이다. 미심쩍거나 의심스러운 차트는 악의보다 방만이나 무지에서 비롯된 경우가 훨씬 많다.

차트를 읽는 우리에게 필요한 또 하나의 조건은 **논의를 발전시키기 위해 차트에 접근해야 한다**는 것이다. 대부분의 차트는 대화를 가로막지 않고 조성한다. 좋은 차트는 질문에 대답할 수 있게 도와주지만("병력을 증강한 뒤 반군의 공격이 늘었는가 아니면 줄었는가?") 그보다 중요한 것은 우리의 호기심을 돋우고 더 나은 질문을 하도록 자극한다("그렇다면 희생자의 수는 어떤가?")는 점이다. 나이팅게일의 경우를 생각해보라. 그녀의 유명한 차트는 전장에서의 위생 문제를 둘러싼 기나긴 논쟁의 일부이자, 관련 조치를 취해야 한다고 모두를 설득하기 위해 제시된 증거였다. 그러나 데이터와 차트는 그때 정확히 무엇을 해야 했는지는 말해주지 않는다.

이 이야기는 차트를 통해 우리가 더욱 똑똑해지기 위한 다음 조건으로 이어진다. **우리는 차트가 거기 표시되어 있는 것만 보여준다는 원칙에 충실해**

야 하며 너무 많은 것을 읽어내려 해서는 안 된다. 나이헨과 라이플러의 차트는 미군 병력이 증강되자 반군의 공격 빈도가 뚜렷이 줄었음을 보여주지만 어쩌면 공격의 강도가 더 극심해져 희생자 수가 많아졌을 수도 있다. 정말로 그랬다는 것이 아니라 그럴 가능성도 있다는 얘기다. 이는 우리가 이라크 병력 증강을 논의할 때 함께 살펴봐야 할 또 다른 증거가 될 것이다.

나이팅게일의 사례에서 배울 수 있는 또 다른 교훈은 **차트를 사용하는 목적이 중요하다**는 것이다. 인간과 다른 동물을 구분할 수 있는 특성은 물리적으로나 개념적으로나 몸과 마음을 확장할 수 있는 기술을 발명하는 능력이다. 우리는 바퀴와 날개 덕분에 더 빨리 이동할 수 있고, 안경과 망원경, 현미경으로 더 많은 것을 자세히 볼 수 있다. 인쇄 매체와 컴퓨터는 기억을 더욱 세밀하게 보존하고 신뢰성을 부여했으며, 수레와 기중기, 장대는 우리의 힘을 늘려주었다. 뿐만 아니라 우리는 음성언어와 문자 그리고 이를 공유하고 확장하도록 돕는 첨단 기술 덕분에 더 효과적으로 소통한다. 끝없이 이어지는 이러한 사례들은 우리가 일종의 사이보그종이 되었음을 뜻한다. 인류는 이제 도구와 보조 기구들 없이는 생존하지 못할 것이다.

두뇌의 보조 기구인 일부 첨단 기술은 우리의 지성을 확장한다. 철학과 논리, 수사학, 수학과 예술, 과학기술은 인류의 꿈과 호기심, 직관을 축적하고 생산적인 방식으로 실현한다. 이 개념적인 도구들 가운데 하나가 바로 차트다. 좋은 차트는 우리의 상상력을 넓히고 숫자를 통해 통찰력을 제공함으로써 이해력을 강화한다.

도구는 우리의 몸과 사고력만 확장하지 않으며 도덕적 측면도 지닌다. 도구가 중립적이지 않은 이유는 설계하고 사용하는 방식이 중립적이지 않기 때문이다. 도구를 발명하는 사람들은 그것을 통한 혁신이 어떤 결과를 가져올지 항상 고민하고 부정적인 결과가 나타나면 바로잡아야 할 책임이 있다. 한편 도구를 사용하는 사람은 언제나 도구를 도덕적으로 사용하도록 노력해야 한다.

망치를 예로 들어보자. 망치는 무엇을 하는 도구인가? 못을 박고 집과 은신처, 헛간, 벽을 세워 사람들과 곡식, 동물들이 궂은 날씨를 피하게 돕고 세상에서 가장 가난한 지역에서도 기아와 고통을 피할 수 있게 해준다. 차트도 마찬가지다. 차트는 사람들의 이해를 돕고, 소통할 수 있게 거들고, 대화를 위한 정보를 제공하는 데 사용할 수 있다.

이 똑같은 망치를 다른 목적으로 사용할 수도 있다. 집과 은신처, 헛간, 벽을 무너뜨리고 사람들을 기아와 고통 속으로 내몰 수도 있다. 심지어 전쟁터에서 무기로 쓸 수도 있다. 기술의 일종인 차트도 이해를 방해하고 우리를 어리둥절하게 만들고 대화를 방해할 수 있다.

가짜 정보와의 전쟁은 끝을 모르는 군비 경쟁과도 같다. 모든 세대에는 나름의 첨단 기술과 그것들로 무장한 프로파간다 선동가들이 있었다. 1930~40년대에 나치는 인쇄기 같은 첨단 기술을 장악하고 두려움과 증오, 전쟁과 인종 학살을 부추기는 데 라디오와 영화를 활용했다. 기회가 된다면 미국 홀로코스트 기념관에서 펴낸 나치 프로파간다에 관한 책을 읽어보거나[13] 인터넷에서 관련 사례를 검색해보기 바란다. 현대에 살고 있는 우리의 눈에 나치 프로파간다는 공격적이고 조잡하고 형편없어 보일 것이다. 당시 사람들은 어떻게 저런 허튼소리에 넘어갔지?

왜냐하면 가짜 정보는 언제나 그것이 태동한 사회에 걸맞게 정교하거나 혹은 정교하지 않기 때문이다. 이 대목을 쓰는 사이 나는 새로운 인공지능에 관한 끔찍한 뉴스 기사를 접했다. 음성 파일이나 영상 파일을 마음대로 조작 가능한 이 기술은[14] 선언문을 읽는 내 목소리를 녹음한 다음 버락 오바마나 리처드 닉슨Richard Nixon의 연설에 덧씌울 수 있다. 영상으로도 비슷한 일을 할 수 있다. 우스꽝스러운 얼굴 표정을 녹화한 다음 다른 사람의 얼굴에 내 표정을 합성해 얹는 것이다.

데이터와 차트는 과학자와 수학자, 통계학자나 엔지니어에게는 그리 새롭지 않지만 대중은 진실을 발현하는 놀라운 신기술로 여긴다. 프로파간다를 활용하는 이들과 거짓말쟁이들이 파고들 수 있게 문을 활짝 열어놓은 꼴이다. 여기에 대항하는 최선의 방어책은 교육과 관심, 도덕과 대화다. 우리는 데이터와 차트가 칭송받을 뿐만 아니라 어디에나 존재하는 시대에 살고 있다. 온라인, 특히 소셜 미디어 같은 오늘날의 매체들은 한 사람이 여러 사람에게, 나아가 수백, 수천, 수백만 명에게 닿을 수 있게 해주기 때문이다.

내 트위터 폴로어는 5만 명이므로 트위터에 뭔가를 올릴 때마다 무척 조심스럽다. 잘못된 정보를 하나라도 올렸다간 수많은 폴로어를 통해 순식간에 퍼져 나갈 테니까. 벌써 여러 번 이런 일을 경험했는데 그때마다 서둘러 잘못된 부분을 수정하고 자료를 남들과 공유한 모든 사람들에게 그 사실을 알려야 했다.[15]

언론인들은 그들의 의무가 "엄중한 검증"에 있다고 말하곤 한다. 그 이상을 실천하기 위해서는 더한 노력이 필요한데, 내가 아는 기자와 편집자들은 사실 검증을 무척 중시한다. 이제는 검증이 언론인만의 윤리적 의무에 그치지 않고 모든 시민의 책임이 되어야 할 것이다. 정보 생태계와 공공 담론의 질을 유지하기 위해 우리가 열린 공간에서 공유하는 내용이 과연 올바른지 평가하고 판단하는 책임 말이다. 우리는 망치를 책임감 있게 사용해야 한다는 것을, 파괴가 아니라 창조를 위해 사용해야 한다는 것을 본능적으로 안다. 차트와 소셜 미디어 같은 새로운 기술도 똑같이 사용함으로써 우리는 심각한 병폐가 드러나는 잘못된 정보와 가짜 정보의 일부가 아니라 사회의 면역 체계가 되어야 한다.

1982년 7월 저명한 진화생물학자이자 베스트셀러 작가 스티븐 제이 굴드Stephen Jay Gould가 석면에 노출되어 발병하는 희귀 암인 복막 중피종 진단을 받았다. 의사들은 그에게 이 암을 진단받은 환자들의 생존 기간 중윗값이 겨우 8개월이라고 말했다. 복막 중피종을 진단받은 환자들 중 절반이 8개월을 버티지 못했으며 나머지 절반은 그보다 오래 생존했다는 의미다. 굴드는 자신의 투병 경험을 그린 아름다운 에세이에서 이렇게 썼다.

> 암과 싸울 때는 태도가 중요하다. 이유는 알 수 없지만 같은 병을 앓는 사람들의 연령, 계급, 건강 상태, 사회경제적 지위 그리고 긍정적인 태도를 비교하면 삶에 대한 강한 의지와 목적을 지닌 사람들이 오래 사는 경향이 있다.[16]

평균적으로 8개월만 살 수 있다는 사실을 알고도 긍정적인 태도를 유지할 수 있을까? 때로는 아무것도 모르는 것보다 약간만 아는 쪽이 오히려 해가 된다는 사실을 이해하면 도움이 될지도 모른다. 굴드가 의학 논문에서 찾은 차트는 이 가상의 카플란-마이어 곡선과 비슷했을 것이다(〈그림 6〉).

굴드가 깨달은 사실은 복막 중피종 환자의 생존 기간 중윗값이 8개월이라는 것은 자신이 8개월밖에 살지 못한다는 의미가 아니라는 것이다. 〈그림 6〉과 같은 차트는 초반에는 생존율이 급격히 낮아지지만 꼬리 부분은 오른쪽으로 길게 이어진다.

굴드는 자신이 긴 꼬리 부분에 위치할 거라고 생각했다. 암 진단을 받은

▶ 그림 6

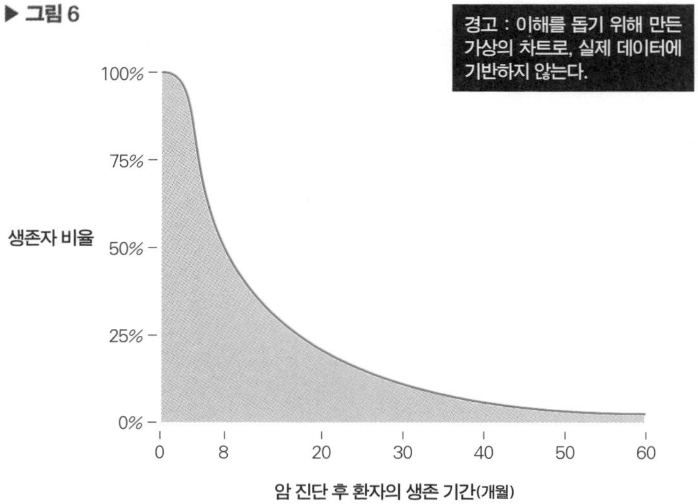

환자들의 생존 기간은 많은 요인에 따라 달라진다. 가령 그 나쁜 소식을 들었을 때의 연령(굴드는 젊은 편이었다)과 암의 진행 단계(종양의 크기와 전이 유무), 전반적인 건강 상태, 흡연 유무, 보살핌의 수준과 치료의 종류(굴드는 실험적인 공격적 처치를 받았다) 그리고 유전자 등이다. 굴드는 자신이 8개월 안에 사망한 50%가 아니라 수년간 살아남는 환자 집단에 속할 거라고 여겼다.

그의 생각이 옳았다. 40세에 복막 중피종을 진단받은 그는 이후 20년 동안 생산적으로 생활했고 교육에 전념했으며 10권이 넘는 대중과학서와 논문을 집필했다. 방대한 대작 『진화 이론의 구조The Structure of Evolutionary Theory』는 그가 사망하고 몇 달 후에 출간되었다. 굴드는 숫자와 차트를 신중하고 꼼꼼하게 살펴보고 평가함으로써 더 행복하고 현명하고 나아가 희망적으로 살 수 있었다. 부디 모든 사람이 그럴 수 있는 세상이 오기를 바란다.

마치며

차트로 바라본 팬데믹 시대

내가 이 글을 쓰는 시점은 2020년 5월 3일 일요일이다. 한쪽 컴퓨터 화면을 통해 문장을 타이핑하는 동안 다른 화면으로는 스페인의 전국지 《엘파이스》의 온라인 기사[1]를 읽고 있다. 기사는 코로나바이러스감염증-19corona virus disease, 코로나19에 관한 여러 표와 지도, 그래프를 보여주고 있다(〈그림 1〉).

코로나19 팬데믹은 역사를 통틀어 세계적인 위기를 시각적으로 형상화한 최초의 사례다. 미래의 역사학자들은 이 팬데믹이 인류에 미친 암울한 영향을 기억할 것이다. 또한 그보다는 덜 중요하지만 이 책의 목적과 밀접하기도 한 차트의 역할도 기억할 것이다. 차트가 발휘한 중대한 역할 덕분에 이 범유행병은 차트의 역사에서 획기적인 지위를 얻었다.

차트는 팬데믹에 관한 우리의 인식을 형성했고 앞으로도 그러할 것이

▶ **그림 1　스페인 코로나19 확진자 및 사망자 현황**(2020년 5월 3일 집계)

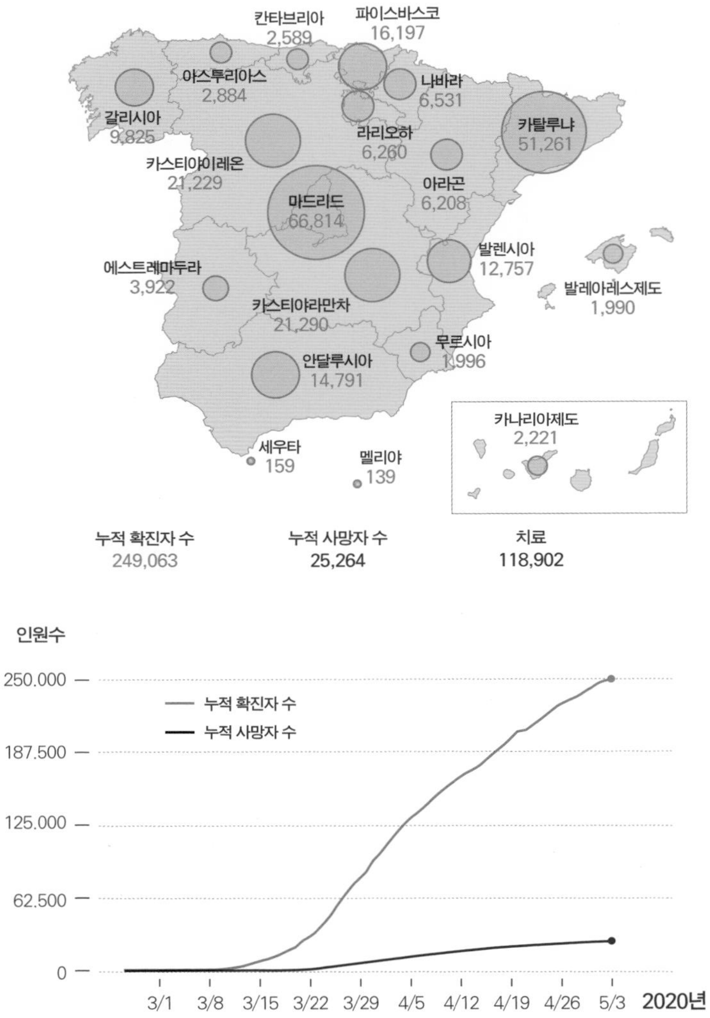

다. 이 책에서 지적했듯이 얼마나 주의 깊게 읽느냐에 따라 차트는 우리에게 정보를 제공하거나 잘못된 인식을 심어준다. 차트의 영향력과 한계를 인식하고 이용하는 기술은 매우 중요하다. 미래 사건에 관한 예측 모델의 불확실성을 인지하는 일도 마찬가지다. 우리는 요즘 그러한 불확실성을 무수히 목격하고 있다.

나는 2020년 1월 말부터 신종 코로나 바이러스에 관한 뉴스를 찾아보기 시작했다. 내가 정기적으로 구독하는 미국, 영국, 스페인 및 브라질의 뉴스 매체들은 독자들을 위해 위기 상황의 수치를 시각화하는 데 많은 노력을 기울였다.

정부와 교육기관도 그 흐름에 합류했다. 예컨대 존스홉킨스대학교는 팬데믹에 대한 철저하고 대중적인 데이터 시각 자료 대시 보드를 설계하고 운영하는 코로나바이러스정보센터Coronavirus Resource Center를 설립했다.[2] 백악관의 언론 브리핑은 확진자 수와 사망자 수, 검사 수, 각각의 비율 및 기타 지표의 변화를 보여주는 다양한 차트를 종종 동반한다(〈그림 2〉).[3]

수많은 차트가 인기를 얻고 있는 현 상황을 보면 그래픽 정보에 대한 대중의 욕구가 쉽게 가라앉을 것 같지 않다. 어떤 차트는 팬데믹의 확산 양상을 보여주는가 하면 어떤 차트는 미래에 대한 예측을 보여준다. 2020년 3월 20일 《워싱턴포스트》 웹 사이트는 정부가 아무 제재도 실행하지 않은 경우부터 사회적 거리 두기에 이르는 다양한 통제 조치를 시행할 때 유행병이 어떻게 확산하는지를 시뮬레이션한 결과를 게재했다.[4] 해당 기사는 순식간에 웹 사이트에서 가장 많은 조회 수를 기록했다.[5]

어쩌면 당신도 미국 질병통제예방센터Centers for Disease Control and Prevention가 최초로 작성한, 곡선을 평평하게 만드는 차트의 여러 형태를 봤을지 모른다.

▶ **그림 2**

2020년 4월 18일 도널드 트럼프 대통령과 데버라 버크스 Deborah Birx **백악관 코로나19 태스크포스 조정관이 각국 사망률**(인구 10만 명당) **차트를 통해 브리핑을 진행하고 있다.**

〈그림 3〉은 초기 대응이 부족하면 팬데믹이 어떻게 국가의 의료 체계를 마비시킬 수 있는지를 관념적으로 설명하는데, 내 예상으로는 머지않아 역사적으로 가장 상징적인 시각 자료 중 하나가 될 듯하다.[6]

차트가 주류 문화로 등극하고 더 많은 사람이 이를 접하고 즐기는 현상을 불평할 생각은 없다. 어쨌든 나는 차트를 디자인하고 이를 가르치는 것을 좋아하기 때문이다. 이 책을 쓴 이유도 차트가 어떻게 착각이나 오해를 야기할 수 있는지를 가르치는 데 그치지 않고 차트를 존중하면 얼마나 멋진 도구가 될 수 있는지 알려주고 싶어서였다. 그러나 팬데믹에 관한 기사들을 읽고 소셜 미디어의 반응을 관찰한 나는 그 어느 때보다 지금 이 책이 필요하다는 사실을 절감했다.

▶ **그림 3**

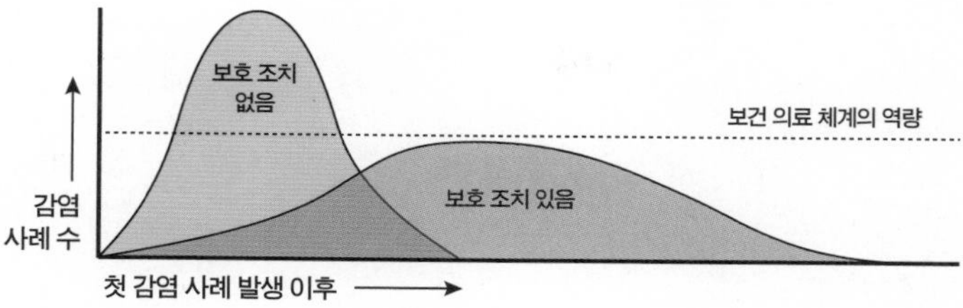

출처 | 미국 인구조사국

예컨대 사람들은 이 책의 2장에서 설명한 로그 척도에 불평을 했다. 유행병을 이해하려면 선형 척도와 로그 척도가 모두 필요하다. 선형 척도가 확진 사례나 사망자 수를 보여준다면 로그 척도는 팬데믹이 확산되는 '비율', 즉 환자 수가 얼마나 빨리 증가하는지를 확인할 때 유용하기 때문이다.

《엘파이스》에 실린 두 그래픽을 살펴보자(〈그림 4〉).[7] 첫 번째 선 그래프에는 두 번째 로그 그래프에서 알 수 있는 정보가 포함되지 않았다. 팬데믹 초기 단계에는 사망자 수가 5~6일마다 10배 가까이 증가했지만 나중에는 확산 속도가 점차 감소했다는 사실 말이다.

팬데믹 초기에는 사망률이 독감이나 심장병, 교통사고와 비교되었다. 코로나19의 치사율, 환자의 사망 확률이 독감보다 높고 심장병과 교통사고 사망률보다 훨씬 높다는 데는 모두가 동의할 것이다. 이 두 비교 사례의 경우는 연간 변동성이 적다. 한편 팬데믹아래서는 사망률이 비선형적으로 증가할 수 있다. 만약 어느 나라에서 오늘 환자 1명이 사망했는데 적절한 예방 조치를 취하지 않는다면 사망자가 이틀마다 2배씩 늘어날 수도 있다는 얘기다. 1개월 후면 3만 명 이상의 사망자가 발생하고 2개월이면 수억 명에

▶ **그림 4** 스페인, 프랑스, 한국, 이탈리아, 영국, 독일의 코로나19 사망자 수 변화

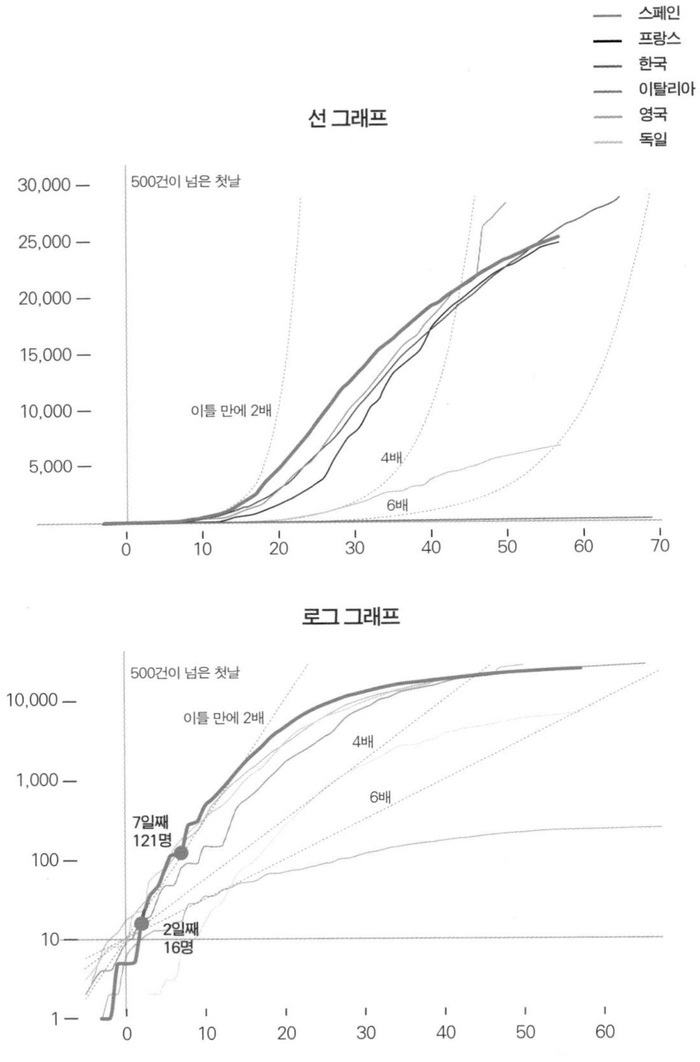

출처 | 《엘파이스》

이를 수도 있다.

이 글을 쓰는 지금 코로나19에 관한 또 다른 문제점은 실제로 얼마나 많은 사람이 바이러스에 감염되었고 이로 인해 사망했는지를 장담할 수 없다는 점이다. 다시 말해 우리는 분자와 분모 모두가 불확실한 상태에서 사망률을 계산하고 있다.

이 책의 3장은 집계 대상의 정의가 집계에 얼마나 큰 영향을 미치는지 설명하고, 5장은 차트에 내포된 불확실성을 다룬다. 2가지 모두 코로나 바이러스 관련 그래픽을 읽을 때 고려해야 할 중요한 요소다. 알다시피 차트에 표시된 숫자는 정확해 보여도 실제로는 그렇지 않을 수 있다. 특히나 지금 같은 팬데믹 상황에서는 말이다.

존스홉킨스대학교에 따르면 팬데믹이 시작되고 내가 후기를 쓰는 지금까지 코로나 바이러스로 사망한 사람은 모두 24만 6027명이다. 그런데 '코로나 바이러스로'는 정확히 무엇을 의미하는가? 바이러스가 유발한 합병증의 직접적 결과로 사망한 사람들인가? 아니면 코로나 바이러스에 감염되어 있으며 그것이 가장 유력한 사망 원인인 경우를 가리키는가? 모든 국가가 '코로나 바이러스로'를 같은 뜻으로 해석하는가? 그렇지 않다면 각국의 통계 수치에 관한 비교는 까다로운 일이 될 것이다. 우리는 차트가 정확히 무엇을 집계했는지 검증해야 한다. 차트의 메시지를 이해하려면 차트 외의 상황도 고려하고 작게 쓰인 글자들을 읽어봐야 한다. 차트 제작자들의 책임은 그 작은 활자를 전문가를 비롯해 일반 대중, 즉 질병 역학이나 생물통계학 등의 분야에 무지한 사람들도 이해할 수 있는 언어로 제공하는 것이다.

2020년 5월 3일 자로 기록된 24만 6027명이라는 수치는 계속 갱신될 확률이 무척 높다. 전문가들은 지난해의 같은 날 기록된 평균 사망자 수를 기준으로 금일 사망자 수와 예상 사망자 수를 비교할 수도 있을 것이다. 그 차이를 "초과 사망"이라고 부르는데, 질병통제예방센터에 따르면 특정 통계 기법으로 "코로나19와 직접적으로 연관된 사망 수뿐만 아니라 코로나19와 연관되었을 가능성이 있는 사망률에 관한 정보를 제공"할 수 있다.[8]

스페인을 포함해 이미 많은 국가에서 원인을 알 수 없는 수천 명의 초과 사망자가 발생하는 중이다(〈그림 5〉).[9] 많지는 않을지 몰라도 그중 일부는 분명 코로나 바이러스로 인한 사망자이므로 24만 6027명과 같은 구체적인 수치를 볼 때는 일시적이라고 가정해야 한다.

오늘의 추산치가 나중에 바뀐다고 해도 놀라지 말 것이며 그러한 사실이 '통계는 항상 틀렸다' 같은 어리석은 판단으로 이어져서도 안 된다. 통계는 종종 불확실하고, 5장에서 논한 것처럼 이러한 불확실성은 다루는 주제에 따라 언론사나 정부 기관이 발표하는 차트의 불가피한 일부가 되기도 한

▶ **그림 5 스페인 코로나19 월별 사망자**

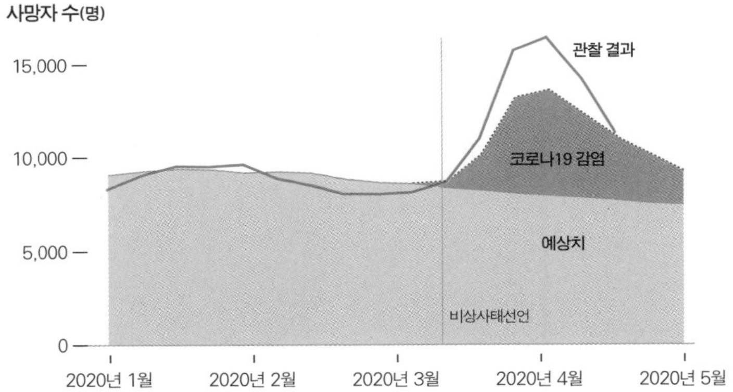

다. 한편 반드시 필요한 경우에도 불확실성이 존재함을 표시하지 않으면 해당 차트의 정확성에 관해 잘못된 인식이 형성될 수도 있음을 명심해야 한다.

집계 대상에 대한 지식이 제한되어 있고 실시간으로 숫자를 집계해야 하는 극도의 압박감에 시달리면 지금과 같은 불확실성이 커진다. 그러나 다시 강조하건대 그렇다고 숫자가 쓸모없어지는 것은 아니다. 흔히 하는 말처럼 통계로 거짓말하기는 쉽지만 실은 통계 없이 거짓말하는 편이 훨씬 쉽다. 나는 언제나 내게 친숙한 미국과 스페인에서 입수할 수 있는 최신 정보를 사용한다.

3장에서 나는 매일 보는 숫자와 차트에 합리적인 회의를 품는 것이 건전한 태도라고 말했다. 회의주의는 차트와 숫자에 대한 신중한 검토와 이성적인 추론을 이끌어내기 때문이다. 그러나 회의주의도 충분히 비이성적일 수 있으며 궁극적으로는 허무주의로 변모할 수도 있다.

미래에 대한 예측도 예외가 아니다. 팬데믹 초기에 물리적 거리 두기가 거의 시행되지 않고 검사 수도 부족했을 때 예측 모델은 수만, 수십만 나아가 수백만 명의 사상자가 발생할지도 모른다는 예측을 내놓았다. 만약 이 예상이 실현되지 않았다면 과연 그것이 이 모델이 틀렸다는 증거일까? 반드시 그렇지는 않다. 우리는 앞으로 도출될 결과를 신중하게 기다려야 한다. 변화한 예측 결과는 예방 조치와 치료가 제 역할을 다했음을 의미할 수도 있다.

예측 모델은 간단히 말해 예측 시점에 입수한 제한된 데이터에 근거한 추측이다. 따라서 시간이 지나면서 변화하거나 다양한 요인에 힘입어 계속 갱신될 수 있다. 지극히 정상적인 일이다. 차트가 보여주는 예측이 어떤 의미인지 말로 설명할 때("확진자의 수는…… 예상됩니다") 기억해야 할 유용한 접근법은 그 앞에 "만약 현 시점에서 아무 조치도 취하지 않고 지금과 같은 상황을 유지한다면"이라는 전제를 붙이는 것이다.

또한 예측은 단순히 하나의 수치나 그래프 선이 아니라 수많은 수치를 종합하여 형성된다. 예상치는 결국 불확실성을 내포한 다른 통계치에 기초한 확률분포라는 점을 명심하라. 간단히 말해 예측에는 상한치(최악의 시나리오)와 하한치(최상의 시나리오) 그리고 중간점(대체로 가장 가능성이 높은 시나리오)이 존재한다.

미국 정부에서 사망자 수는 증가해도 팬데믹 피해가 최악은 아닐 것으로 본다는《워싱턴포스트》기사를 읽고 놀란 이유도 여기에 있다. 암울한 데이터 속에서도 일부 관료들은 팬데믹이 일으킨 참사가 적어도 예상만큼 끔찍하지는 않을 거라는 희망의 근거를 보았다고 기자들은 덧붙였다.[10] 물론 전염병의 피해는 최악의 예상만큼 나쁘지는 않을 것이다. 그건 전혀 새로운 소식이 아니다! 그저 확률이 작용하는 방식일 뿐이다. 만약 팬데믹의 결과가 최악의 예상과 동일하거나 더 나쁘다면 우리는 진짜 뉴스, 정말로 최악의 뉴스를 보게 될 것이다.

현실의 팬데믹은 현실 그대로도 이미 끔찍하다. 숫자와 차트는 실제 현실에 무감각하게 만들 수 있기에[11] 우리는 거기에 인간의 얼굴을 부여하도록 노력해야 한다(제발 기회가 될 때마다 의료 관계자와 연구원들에게 감사하자). 24만 6027명의 사망자는 그럴 필요가 없었음에도 결국 생이 단축된 24만 6027명의 진짜 삶이며, 얼마 전까지 웃고 울고 즐기고 고통받고 사랑받고 사랑하던 사람들이었다. 이들을 단순히 숫자나 차트의 작은 점으로 기억해서는 안 된다.

감사의 말

아내와 세 자녀의 도움이 없었다면 이 책을 완성하지 못했을 것이다. 나는 오로지 가족들 덕분에 기나긴 여정 동안 백지를 놓고 매일 고군분투하는 나날들을 견딜 수 있었다.

수많은 과학자와 통계학자들이 초고를 읽고 피드백을 주었다. 닉 콕스Nick Cox는 내가 초고를 보내자 거의 모든 쪽마다 사려 깊게 코멘트하고 수정할 부분을 표시해 돌려주었다. 내 전작들을 꼼꼼히 읽고 검토해준 디에고 쿠오넨Diego Kuonen과 헤더 크라우스, 프레더릭 쉬츠Frédéric Shütz, 존 슈와비시Jon Schwabish가 이번에도 변함없이 도와주었다. 이 책을 완성하도록 도와준 다른 친구들로는 존 베일러John Bailer, 스티븐 퓨Stephen Few, 앨리사 파워스Alyssa Fowers, 카이저 펑Kaiser Fung, 로버트 그랜트Robert Grant, 벤 커트먼Ben Kirtman, 킴 코왈류스키Kim Kowalewski, 마이클 E. 만Michael E. Mann, 알렉스 라인하트Alex Reinhart, 캐머런 리오펠Cameron Riopelle, 나오미 로빈스Naomi Robbins, 월터 소사 에스쿠데로Walter Sosa Escudero, 모리시오 바르가스Mauricio Vargas가 있다.

내가 학생들을 가르치는 마이애미대학교 커뮤니케이션학부는 지금까지 거쳐온 곳 중에서 최고의 보금자리다. 학장 그레그 셰퍼드Greg Shepherd와 학과장이자 동료인 샘 터릴리Sam Terilli, 킴 그린페더Kim Grinfeder, 닉 사이노레마스Nick Tsinoremas에게 감사하다.

나는 대학에서 학생들을 가르치는 것 외에도 차트 디자이너와 컨설턴트로서 경력을 쌓았다. 내 모든 고객, 특히 맥마스터카McMaster-Carr와 애커먼Akerman 그리고 무료 차트 제작 툴을 만들기 위해 꾸준히 함께 노력한 구글 뉴스 랩Google News Lab의 사이먼 로저스Simon Rogers와 팀원들에게 감사를 표한다. 또 2017년부터 2019년까지, 이 책에서 언급한 주제와 관련해 많은 강연을 할 수 있도록 자리를 마련해준 모든 교육기관에도 감사한다. 바로 그 강연들이 이 책의 토대가 되었다.

이 책의 몇몇 아이디어는 마이애미대학교에서 콘퍼런스를 준비하던 중에 떠올랐다. 동료가 되어준 이브 크루즈Eve Cruz, 헬렌 가이넬Helen Gynell, 페이지 모건Paige Morgan, 아시나 해지제노폰토스Athina Hadjixenofontos, 그레타 웰스Greta Wells에게 무한한 감사를 보낸다.

5장에서 불확실성의 원뿔을 설명할 때 말했지만 나는 얼마 전 마이애미대학교 동료인 바버라 밀렛이 이끄는 연구 팀에 합류했다. 우리 팀의 목적은 대중에게 허리케인의 위험성을 더욱 잘 알릴 수 있는 차트를 고안하는 것이다. 케니 브로드와 섀런 마줌다, 스코트니 에번스Scotney Evans도 함께 일하고 있다. 재미있고 흥미진진한 토론을 함께 해준 이들 모두에게도 감사한다.

마지막으로 내 에이전트 데이비드 푸게이트David Fugate를 빠뜨릴 수 없다. 그는 내게 좋은 기획서란 어떤 것인지 가르쳐주었다. 나의 전담 편집자인 꾸인 도Quynh Do의 열정은 내게 끊임없는 격려가 되었다. 탁월하고 세심하게 능력을 발휘해준 책임 편집자 다시 자이델Dassi Zeidel, 교열 편집자 세라 존슨Sarah Johnson, 교정을 맡아준 로라 스타렛Laura Starrett 그리고 제작 관리자 로런 아바테Lauren Abbate에게도 감사 인사를 보낸다.

주석

들어가며

1. 해당 사례에 관해서는 나의 저서에서 다룬 바 있다. Alberto Cairo, *The Truthful Art: Data, Charts, and Maps for Communication*(San Francisco: New Riders, 2016). 알베르토 카이로, 『진실을 드러내는 데이터 시각화의 과학과 예술』, 이제원 옮김(인사이트, 2019).
2. 다음 책을 읽어보길 추천한다. David Boyle, *The Tyranny of Numbers*(London: HarperCollins, 2001).
   데이비드 보일, 『숫자의 횡포: 숫자는 왜 인간을 행복하게 만들지 못하는가』, 이종인 옮김(대산출판사, 2002).
3. Jerry Z. Muller, *The Tyranny of Metrics*(Princeton, NJ: Princeton University Press, 2018).

서론

1. Stephen J. Adler, Jeff Mason, and Steve Holland, "Exclusive: Trump Says He Thought Being President Would Be Easier Than His Old Life," Reuters, April 28, 2017; https://www.reuters.com/article/us-usa-trump-100days/exclusive-trump-says-he-thought-being-president-would-be-easier-than-his-old-life-idUSKBN17U0CA
2. John Bowden, "Trump to Display Map of 2016 Election Results in the White House: Report," The Hill, November 5, 2017; http://thehill.com/blogs/blog-briefing-room/332927-trump-will-hang-map-of-2016-election-results-in-the-white-house
3. "2016 November General Election Turnout Rates," United States Election Project, last updated September 5, 2018; http://www.electproject.org/2016g
4. Associated Press, "Trending Story That Clinton Won Just 57 Counties Is Untrue," PBS, December 6, 2016; https://www.pbs.org/newshour/politics/trending-story-clinton-won-just-57-counties-untrue
5. Chris Wilson, "Here's the Election Map President Trump Should Hang in the West Wing," *Time*, May 17, 2017; http://time.com/4780991/donald-trump-election-map-white-house/

6. 그는 그 사실을 트위터에서 선언했다(@KidRock). "이 웹 사이트가 진짜냐고 묻는 이메일과 문자가 쏟아지고 있다." https://twitter.com/KidRock/status/885240249655468032 Tim Alberta and Zack Stanton, "Senator Kid Rock. Don't Laugh," Politico, July 23, 2017; https://www.politico.com/magazine/story/2017/07/23/kid-rock-run-senate-serious-michigan-analysis-215408
7. David Weigel, "Kid Rock Says Senate 'Campaign' Was a Stunt," *Washington Post*, October 24, 2017; https://www.washingtonpost.com/news/powerpost/wp/2017/10/24/kid-rock-says-senate-campaign-was-a-stunt/?utm_term=.8d9509f4e8b4; https://www.kidrockforsenate.com/
8. Paul Krugman, "Worse Than Willie Horton," *New York Times*, January 31, 2018; https://www.nytimes.com/2018/01/31/opinion/worse-than-willie-horton.html
9. "Uniform Crime Reporting (UCR) Program," Federal Bureau of Investigation, accessed January 27, 2019; https://ucr.fbi.gov/
10. 펜실베이니아대학교 통계학 및 범죄학 교수 리처드 A. 버크Richard A. Berk의 말. "이건 전국적인 추세가 아니라 도시에서 나타나는 현상이며, 또 엄밀히 말하자면 도시 전체가 아니라 일부 동네의 국지적인 문제입니다. 그러므로 국민들은 걱정할 필요가 없습니다. 시카고 주민들도 마찬가지입니다. 하지만 특정한 동네에 사는 사람들은 걱정해야 할지도 모릅니다." "Whether Crime Is Up or Down Depends on Data Being Used," quoted by Ti-mothy William, *New York Times*, September 28, 2016; https://www.nytimes.com/2016/09/28/us/murder-rate-cities.html
11. Cary Funk and Sara Kehaulani Goo, "A Look at What the Public Knows and Does Not Know about Science," Pew Research Center, September 10, 2015; http://www.pewinternet.org/2015/09/10/what-the-public-knows-and-does-not-know-about-science/
12. Adriana Arcia et al., "Sometimes More Is More: Iterative Participatory Design of Infographics for Engagement of Community Members with Varying Levels of Health Literacy," *Journal of the American Medical Informatics Association* 23, no. 1, January 2016, 174–183; https://doi.org/10.1093/jamia/ocv079
13. Anshul Vikram Pandey et al., "The Persuasive Power of Data Visualization," *New York University Public Law and Legal Theory Working Papers* 474 (2014); http://lsr.nellco.org/nyu_plltwp/474
14. 인지편향과 그것이 사람을 속이는 방법에 관한 문헌은 광범위하다. 가장 먼저 다음 책을 추

천한다. Carol Tavris, Elliot Aronson, *Mistakes Were Made(But Not by Me): Why We Justify Foolish Beliefs, Bad Decisions, and Hurtful Acts*(New York: Mariner Books, 2007).
캐럴 태브리스, 엘리엇 애런슨, 『거짓말의 진화: 자기 정당화의 심리학』, 박웅희 옮김(추수밭, 2007).

15. Steve King(@SteveKingIA), "Illegal immigrants are doing what Americans are reluctant to do," Twitter, February 3, 2018, 5:33 p.m.; https://twitter.com/SteveKingIA/status/959963140502052867
16. David A. Freedman, "Ecological Inference and the Ecological Fallacy," Technical Report no. 549, October 15, 1999; https://web.stanford.edu/class/ed260/freedman549.pdf
17. W. G. V. Balchin, "Graphicacy," *Geography* 57, no. 3, July 1972, 185–195.
18. Mark Monmonier, *Mapping It Out: Expository Cartography for the Humanities and Social Sciences*(Chicago: University of Chicago Press, 1993).
19. 더 많은 추천 프로그램은 이 책의 홈페이지를 참조하라. http://howchartslie.com

1장

1. 윌리엄 플레이페어의 평전은 다음 책을 가장 추천한다. Bruce Berkowitz, *Playfair: The True Story of the British Secret Agent Who Changed How We See the World*(Fairfax, VA: George Mason University Press, 2018).
2. 추세선을 계산하는 법을 설명하는 것은 이 책의 범위를 한참 벗어나는 일이다. 추세선에 대한 논의와 산점도의 역사에 대해 더 알고 싶다면 다음을 참조하라. Michael Friendly, Daniel Denis, "The Early Origins and Development of the Scatterplot," *Journal of the History of the Behavioral Sciences* 41, no. 2 (Spring 2005), 103–130; http://datavis.ca/papers/friendly-scat.pdf
3. Ben Shneiderman and Catherine Plaisant, "Treemaps for Space-Constrained Visualization of Hierarchies, including the History of Treemap Research at the University of Maryland", University of Maryland; http://www.cs.umd.edu/hcil/treemap-history/
4. Stef W. Kight, "Who Trump Attacks the Most on Twitter", Axios, October 14, 2017; https://www.axios.com/who-trump-attacks-the-most-on-twitter-

1513305449-f084c32e-fcdf-43a3-8c55-2da84d45db34.html
5. Stephen M. Kosslyn et al., "PowerPoint Presentation Flaws and Failures: A Psychological Analysis", *Frontiers in Psychology* 3 (2012), 230; https://www.ncbi.nlm.nih.gov/pmc/articles/PMC3398435/
6. Matt McGrath, "China's Per Capita Carbon Emissions Overtake EU's," BBC News, September 21, 2014; http://www.bbc.com/news/science-environment-29239194

2장

1. MSNBC가 그 순간을 포착했다. TPM TV, "Planned Parenthood's Cecile Richards Shuts Down GOP Chair over Abortion Chart," YouTube, September 29, 2015; https://www.youtube.com/watch?v=iGlLLzw5_KM
2. Linda Qiu, "Chart Shown at Planned Parenthood Hearing Is Misleading and 'Ethically Wrong,'" Politifact, October 1, 2015; http://www.politifact.com/truth-o-meter/statements/2015/oct/01/jason-chaffetz/chart-shown-planned-parenthood-hearing-misleading-/
3. 슈크의 깃허브Github 저장소와 홈페이지 주소는 각각 다음과 같다. https://emschuch.github.io/Planned-Parenthood/; http://www.emilyschuch.com/
4. White House Archived(@ObamaWhiteHouse), "Good news: America's high sch-ool graduation rate has increased to an all-time high," Twitter, December 16, 2015, 10:11 a.m.; https://twitter.com/ObamaWhiteHouse/status/677189256834609152
5. Keith Collins, "The Most Misleading Charts of 2015, Fixed," Quartz, December 23, 2015; https://qz.com/580859/the-most-misleading-charts-of-2015-fixed/
6. Anshul Vikram Pandey et al., "How Deceptive Are Deceptive Visualizations? An Empirical Analysis of Common Distortion Techniques," *New York University Public Law and Legal Theory Working Papers* 504 (2015); http://lsr.nellco.org/cgi/viewcontent.cgi?article=1506&context=nyu_plltwp
7. 《내셔널리뷰》의 트윗은 이후 삭제되었지만 《워싱턴포스트》가 관련 기사를 냈다. Philip Bump, "Why this National Review global temperature graph is so misleading," *Washington Post*, December 14, 2015; https://www.washingtonpost.com/news/the-fix/wp/2015/12/14/why-the-national-reviews-global-temperature-graph-is-

so-misleading/?utm_term=.dc562ee5b9f0
8. "Federal Debt: Total Public Debt as Percent of Gross Domestic Product," FRED Economic Data, Federal Reserve Bank of St. Louis; https://fred.stlouisfed.org/series/GFDEGDQ188S
9. Intergovernmental Panel on Climate Change, *Climate Change 2001: The Scientific Basis*(Cambridge: Cambridge University Press, 2001); https://www.ipcc.ch/ipccreports/tar/wg1/pdf/WGI_TAR_full_report.pdf
10. 마크 몬모니어는 부당할 정도로 비난받는 메르카토르 도법에 관한 책을 쓴 적이 있다. Mark Monmonier, *Rhumb Lines and Map Wars: A Social History of the Mercator Projection*(Chicago: University of Chicago Press, 2010).

3장

1. 자쿱 마리안이 올린 지도는 여기서 볼 수 있다. "Number of Metal Bands Per Capita in Europe," Jakub Marian's Language Learning, Science & Art, accessed January 27, 2019; https://jakubmarian.com/number-of-metal-bands-per-capita-in-europe/ 이 지도에서 사용한 데이터의 출처는 인사이클로피디아 메탈럼Encylopaedia Metallum 웹 사이트다. https://www.metal-archives.com
2. Ray Sanchez and Ed Payne, "Charleston Church Shooting: Who Is Dylann Roof?" CNN, December 16, 2016; https://www.cnn.com/2015/06/19/us/charleston-church-shooting-suspect/index.html
3. Avalon Zoppo, "Charleston Shooter Dylann Roof Moved to Death Row in Terre Haute Federal Prison," NBC News, April 22, 2017; https://www.nbcnews.com/storyline/charleston-church-shooting/charleston-shooter-dylann-roof-moved-death-row-terre-haute-federal-n749671
4. Rebecca Hersher, "What Happened When Dylann Roof Asked Google for Information about Race?" NPR, January 10, 2017; https://www.npr.org/sections/thetwo-way/2017/01/10/508363607/what-happened-when-dylann-roof-asked-google-for-information-about-race
5. Jared Taylor, "DOJ: 85% of Violence Involving a Black and a White Is Black on White," Conservative Headlines, July 2015; http://conservative-headlines.com/2015/07/doj-85-of-violence-involving-a-black-and-a-white-is-black-on-white/

6. Heather Mac Donald, "The Shameful Liberal Exploitation of the Charleston Massacre," *National Review*, July 1, 2015; https://www.nationalreview.com/2015/07/charleston-shooting-obama-race-crime/
7. "2013 Hate Crime Statistics," Federal Bureau of Investigation, accessed January 27, 2019; https://ucr.fbi.gov/hate-crime/2013/topic-pages/incidents-and-offenses/incidentsandoffenses_final
8. David A. Schum, *The Evidential Foundations of Probabilistic Reasoning*(Evanston, IL: Northwestern University Press, 2001).
9. 원 인용문은 다음과 같다. "데이터를 실컷 고문하면 자연은 항상 자백할 것이다(If you torture the data enough, nature will always confess)."
10. "Women Earn up to 43% Less at Barclays," BBC News, February 22, 2018; http://www.bbc.com/news/business-43156286
11. Jeffrey A. Shaffer, "Critical Thinking in Data Analysis: The Barclays Gender Pay Gap," Data Plus Science, February 23, 2018; http://dataplusscience.com/GenderPayGap.html
12. Sarah Cliff and Soo Oh, "America's Health Care Prices Are Out of Control. These 11 Charts Prove It," Vox, May 10, 2018; https://www.vox.com/a/health-prices
13. 국제건강보험연맹 웹 사이트(http://www.ifhp.com)에서 해당 보고서를 볼 수 있다. 2015년 보고서는 다음 링크에서 열람 가능하다. http://fortune.dotcom.files.wordpress.com/2018/04/66c7d-2015comparativepricereport09-09-16.pdf
14. 무작위 표본 추출법의 종류에 대해 알고 싶다면 다음을 참조하라. "Sampling," Yale University, accessed January 27, 2019; http://www.stat.yale.edu/Courses/1997-98/101/sample.htm
15. 출처는 다음과 같다. Christopher Ingraham, "Kansas Is the Nation's Porn Capital, according to Pornhub," WonkViz, accessed January 27, 2019; http://wonkviz.tumblr.com/post/82488570278/kansas-is-the-nations-por-capital-according-to
잉그러햄은 포른허브와 버즈피드가 협력해 도출한 데이터를 사용했다. Ryan Broderick, "Who Watches More Porn: Republicans or Democrats?" BuzzFeed News, April 11, 2014; https://www.buzzfeednews.com/article/ryanhatesthis/who-watches-more-porn-republicans-or–democrats
16. Benjamin Edelman, "Red Light States: Who Buys Online Adult Entertainment?" *Journal of Economic Perspectives* 23, no. 1 (2009), 209–220; http://people.hbs.

edu/bedelman/papers/redlightstates.pdf
17. Eric Black, "Carl Bernstein Makes the Case for 'the Best Obtainable Version of the Truth,'" *Minneapolis Post*, April 17, 2015; https://www.minnpost.com/eric-black-ink/2015/04/carl-bernstein-makes-case-best-obtainable-version-truth
18. 다음 책을 참조하라. Tom Nichols, *The Death of Expertise: The Campaign against Established Knowledge and Why It Matters*(New York: Oxford University Press, 2017).

4장

1. "It's Time to End Chain Migration," The White House, December 15, 2017; https://www.whitehouse.gov/articles/time-end-chain-migration/
2. Michael Shermer, *The Believing Brain: From Ghosts and Gods to Politics and Conspiracies—How We Construct Beliefs and Reinforce Them as Truths*(New York: Times Books, Henry Holt, 2011).
3. John Binder, "2139 DACA Recipients Convicted or Accused of Crimes against Americans," Breitbart, September 5, 2017; http://www.breitbart.com/big-government/2017/09/05/2139-daca-recipients-convicted-or-accused-of-crimes-against-americans/
4. Miriam Valverde, "What Have Courts Said about the Constitutionality of DACA?" PolitiFact, September 11, 2017; http://www.politifact.com/truth-o-meter/statements/2017/sep/11/eric-schneiderman/has-daca-been-ruled-unconstitutional/
5. Sarah K. S. Shannon et al., "The Growth, Scope, and Spatial Distribution of People with Felony Records in the United States, 1948 to 2010," *Demography* 54, no. 5 (2017), 1795–1818; http://users.soc.umn.edu/~uggen/former_felons_2016.pdf
6. "Family Income in 2017," FINC-01. Selected Characteristics of Families by Total Money Income, United States Census Bureau, accessed January 27, 2019; https://www.census.gov/data/tables/time-series/demo/income-poverty/cps-finc/finc-01.html
7. TPC Staff, "Distributional Analysis of the Conference Agreement for the Tax Cuts and Jobs Act," Tax Policy Center, December 18, 2017; https://www.tax

policycenter.org/publications/distributional-analysis-conference-agreement-tax-cuts-and-jobs-act
8. 사실 이 이야기는 훨씬 복잡하다. 여러 조사에 따르면 많은 가구가 세금을 절약한 것이 아니라 더 많은 세금을 내게 되었다. Danielle Kurtzleben, "Here's How GOP's Tax Breaks Would Shift Money to Rich, Poor Americans," NPR, November 14, 2017; https://www.npr.org/2017/11/14/562884070/charts-heres-how-gop-s-tax-breaks-would-shift-money-to-rich-poor-americans
폴리팩트도 라이언이 제시한 수치를 비판했다. Louis Jacobson, "Would the House GOP Tax Plan Save a Typical Family $1,182?" PolitiFact, November 3, 2017; http://www.politifact.com/truth-o-meter/statements/2017/nov/03/paul-ryan/would-house-gop-tax-plan-save-typical-family–1182/
9. Alissa Wilkinson, "Black Panther Just Keeps Smashing Box Office Records," Vox, April 20, 2018; https://www.vox.com/culture/2018/4/20/17261614/black-panther-box-office-records-gross-iron-man-thor-captain-america-avengers
10. 박스 오피스 모조에서 물가 상승률을 반영한 전 세계 박스 오피스 흥행 순위를 볼 수 있다. 〈블랙팬서〉는 30위다. "All Time Box Office," Box Office Mojo, accessed January 27, 2019;https://www.boxofficemojo.com/alltime/adjusted.htm
11. http://www.datatableauandme.com
12. "CPI Inflation Calculator," Bureau of Labor Statistics, accessed January 27, 2019; https://www.bls.gov/data/inflation_calculator.htm
13. Dawn C. Chmielewski, "Disney Expects $200-Million Loss on 'John Carter,'" *Los Angeles Times*, March 20, 2012; http://articles.latimes.com/2012/mar/20/business/la-fi-ct-disney-write-down-20120320
14. "Movie Budget and Financial Performance Records," The Numbers, accessed January 27, 2019; https://www.the-numbers.com/movie/budgets/
15. "The 17 Goals," The Global Goals for Sustainable Development, accessed January 27, 2019; https://www.globalgoals.org/
16. Defend Assange Campaign(@DefendAssange), Twitter, September 2, 2017, 8:41 a.m.; https://twitter.com/julianassange/status/904006478616551425?lang=en

5장

1. Bret Stephens, "Climate of Complete Certainty," *New York Times*, April 28, 2017; https://www.nytimes.com/2017/04/28/opinion/climate-of-complete-certainty.html
2. Shaun A. Marcott et al., "A Reconstruction of Regional and Global Temperature for the Past 11,300 Years," *Science* 339 (2013), 1198; http://content.csbs.utah.edu/~mli/Economics%207004/Marcott_Global%20Temperature%20Reconstructed.pdf
3. "하키 채"가 만들어진 과정을 다룬 책은 다음과 같다. Michael E. Mann, *The Hockey Stick and the Climate Wars: Dispatches from the Front Lines*(New York: Columbia University Press, 2012).
4. I. Allison et al., *The Copenhagen Diagnosis, 2009: Updating the World on the Latest Climate Science*(Sydney, Australia: University of New South Wales Climate Change Research Centre, 2009).
5. 숫자에 대해 추론하는 법을 배우고 싶다면 헤더의 블로그가 유용할 것이다. https://idatassist.com/datablog/
6. 대중이 잘못 알고 있는 폭풍 지도 및 그래프에 관한 해박한 글이 있다. Kenneth Broad et al., "Misinterpretations of the 'Cone of Uncertainty' in Florida during the 2004 Hurricane Season," *Bulletin of the American Meteorological Society*, May 2007, 651–668; https://journals.ametsoc.org/doi/pdf/10.1175/BAMS-88-5-651
7. National Hurricane Center, "Potential Storm Surge Flooding Map"; https://www.nhc.noaa.gov/surge/inundation/.

6장

1. John W. Tukey, *Exploratory Data Analysis*(Reading, MA: Addison-Wesley, 1977).
2. 더 자세한 정보는 다음을 참조하라. Heather Krause, "Do You Really Know How to Use Data Correctly?" DataAssist, May 16, 2018; https://idatassist.com/do-you-really-know-how-to-use-data–correctly/
3. 합병 패러독스 중에서 가장 유명한 것은 심슨의 역설이다. "Simpson's Paradox," Wikipedia, s.v., last edited January 23, 2019; https://en.wikipedia.org/wiki/Simpson%27s_paradox

4. 많은 연구 결과가 비슷한 형태의 생존 곡선을 보여준다. Richard Doll et al., "Mortality in Relation to Smoking: 50 Years' Observations on Male British Doctors," *BMJ* 328 (2004), 1519; https://www.bmj.com/content/328/7455/1519
5. Jerry Coyne, "The 2018 UN World Happiness Report: Most Atheistic (and Socially Well Off) Countries Are the Happiest, While Religious Countries Are Poor and Unhappy," Why Evolution Is True, March 20, 2018; https://whyevolutionistrue.wordpress.com/2018/03/20/the-2018-un-world-happiness-report-most-atheistic-and-socially-well-off-countries-are-the-happiest-while-religious-countries-are-poor-and-unhappy/
6. "State of the States," Gallup, accessed January 1, 2019; https://news.gallup.com/poll/125066/State-States.aspx
7. Frederick Solt, Philip Habel, and J. Tobin Grant, "Economic Inequality, Relative Power, and Religiosity," *Social Science Quarterly* 92, no. 2, 447–465; https://onlinelibrary.wiley.com/doi/pdf/10.1111/j.1540-6237.2011.00777.x
8. Nigel Barber, "Are Religious People Happier?" *Psychology Today*, November 20, 2012; https://www.psychologytoday.com/us/blog/the-human-beast/201211/are-religious-people-happier
9. Sally Quinn, "Religion Is a Sure Route to True Happiness," *Washington Post*, January 24, 2014; https://www.washingtonpost.com/national/religion/religion-is-a-sure-route-to-true-happiness/2014/01/23/f6522120-8452-11e3-bbe5-6a2a3141e3a9_story.html?utm_term=.af77dde8deac
10. Alec MacGillis, "Who Turned My Blue State Red?" *New York Times*, November 22, 2015; https://www.nytimes.com/2015/11/22/opinion/sunday/who-turned-my-blue-state-red.html
11. https://ourworldindata.org/
12. Richard Luscombe, "Life Expectancy Gap between Rich and Poor US Regions Is 'More Than 20 Years,'" *Guardian*, May 8, 2017; https://www.theguardian.com/inequality/2017/may/08/life-expectancy-gap-rich-poor-us-regions-more-than-20-years
13. Harold Clarke, Marianne Stewart, and Paul Whiteley, "The 'Trump Bump' in the Stock Market Is Real. But It's Not Helping Trump," *Washington Post*, January 9, 2018; https://www.washingtonpost.com/news/monkey-cage/wp/2018/01/09/

the-trump-bump-in-the-stock-market-is-real-but-its-not-helping-trump/?utm_term=.109918a60cba
14. 자세한 내용은 다음 다큐멘터리를 참조하라. Darwin's Dilemma: The Mystery of the Cambrian Fossil Record by Stand to Reason; https://store.str.org/ProductDetails.asp?ProductCode=DVD018
15. Stephen C. Meyer, *Darwin's Doubt: The Explosive Origin of Animal Life and the Case for Intelligent Design*(New York: HarperOne, 2013).
16. Daniel R. Prothero, *Evolution: What the Fossils Say and Why It Matters*(New York: Columbia University Press, 2007).
17. http://www.tylervigen.com/spurious-correlations

결론

1. Mark Bostridge, *Florence Nightingale: The Woman and Her Legend*(London: Penguin Books, 2008).
2. "Crimean War," Encyclopaedia Britannica Online, s.v., November 27, 2018; https://www.britannica.com/event/Crimean-War
3. Christopher J. Gill and Gillian C. Gill, "Nightingale in Scutari: Her Legacy Reexamined," *Clinical Infectious Diseases* 40, no. 12, June 15, 2005, 1799–1805; https://doi.org/10.1086/430380
4. Hugh Small, *Florence Nightingale: Avenging Angel*(London: Constable, 1998).
5. Bostridge, *Florence Nightingale*.
6. Hugh Small, *A Brief History of Florence Nightingale: And Her Real Legacy, a Revolution in Public Health*(London: Constable, 2017).
7. 해당 데이터는 다음 링크에서 열람할 수 있다. "Mathematics of the Coxcombs," Understanding Uncertainty, May 11, 2008; https://understandinguncertainty.org/node/214
8. Small, *Florence Nightingale*.
9. Hans Rosling, Anna Rosling Ronnlund, and Ola Rosling, *Factfulness: Ten Reasons We're Wrong about the World—And Why Things Are Better Than You Think*(New York: Flatiron Books, 2018).
10. Gary Marcus, *Kluge: The Haphazard Evolution of the Human Mind*(Boston:

Mariner Books, 2008).
11. 이 주제와 관련해 내가 읽었던 책 중 가장 탁월한 책을 소개한다. Steven Sloman and Philip Fernbach, *The Knowledge Illusion*(New York: Riverhead Books, 2017).
12. Brendan Nyhan and Jason Reifler, "The Role of Information Deficits and Identity Threat in the Prevalence of Misperceptions," forthcoming, *Journal of Elections, Public Opinion and Parties*, published ahead of print May 6, 2018; https://www.tandfonline.com/eprint/PCDgEX8KnPVYyytUyzvy/full
13. Susan Bachrach and Steven Luckert, *State of Deception: The Power of Nazi Propaganda*(New York: W. W. Norton, 2009).
14. Heather Bryant, "The Universe of People Trying to Deceive Journalists Keeps Expanding and Newsrooms Aren't Ready"; http://www.niemanlab.org/2018/07/the-universe-of-people-trying-to-deceive-journalists-keeps-expanding-and-newsrooms-arent-ready/
15. 내 블로그에서 실수에 관해 설명했다. http://www.thefunctionalart.com/2014/05/i-should-know-better-journalism-is.html
16. Stephen Jay Gould, "The Median Isn't the Message," CancerGuide, last updated May 31, 2002; https://www.cancerguide.org/median_not_msg.html

마치며

1. Mariano Zafra, Patricia R. Blanco and Luis Sevillano Pires, "Casos confirmados de coronavirus en España y en el mundo," *El Pais*, May 4, 2020; https://elpais.com/sociedad/2020/04/09/actualidad/1586437657_937910.html
2. https://coronavirus.jhu.edu/MAP.HTML
3. https://www.whitehouse.gov/briefings-statements/remarks-president-trump-members-coronavirus-task-force-press-briefing-2/
4. Harry Stevens, "Why outbreaks like coronavirus spread exponentially and how to 'flatten the curve,'" *The Washington Post*, March 14, 2020; https://www.washingtonpost.com/graphics/2020/world/corona-simulator/
5. Alex Mahadevan, "How a blockbuster Washington Post story made 'social distancing' easy to understand," Poynter, March 18, 2020; https://www.poynter.org/reporting-editing/2020/how-a-blockbuster-washington-post-story-made-

social-distancing-easy-to-understand/

6. Siobhan Roberts, "Flattening the Coronavirus Curve," *New York Times*, March 27, 2020; https://www.nytimes.com/article/flatten-curve-coronavirus.html
7. Borja Andrino, Daniele Grasso, and Kiko Llaneras, "Así evoluciona la curva del coronavirus en España y en cada autonomía," *El Pais*, May 3, 2020; https://elpais.com/sociedad/2020/04/28/actualidad/1588071474_165592.html
8. Centers for Disease Control and Prevention, "Excess Deaths Associated with COVID-19"; https://www.cdc.gov/nchs/nvss/vsrr/covid19/excess_deaths.htm
9. Borja Andrino, Daniele Grasso and Kiko Llaneras, "8000 muertes sin contabilizar: asi evoluciona el exceso de fallecidos en España y cada autonomía," *El Pais*, May 1, 2020; https://elpais.com/sociedad/2020/04/25/actualidad/1587831599_926231.html
10. Brady Dennis, William Wan and David A. Fahrenthold, "Even as deaths mount, officials see signs pandemic's toll may not match worst fears," *Washington Post*, April 8, 2020; https://www.washingtonpost.com/politics/even-as-deaths-mount-officials-see-signs-pandemics-toll-may-not-match-worst-fears/2020/04/07/cb2d2290-78d1-11ea-9bee-c5bf9d2e3288_story.html
11. Scott Slovic and Paul Slovic, *Numbers and Nerves: Information, Emotion, and Meaning in a World of Data*(Oregon: Oregon State University Press, 2015).

참고 문헌

Bachrach, Susan and Steven Luckert *State of Deception: The Power of Nazi Propaganda*(New York: W. W. Norton, 2009).

Berkowitz, Bruce, *Playfair: The True Story of the British Secret Agent Who Changed How We See the World*(Fairfax, VA: George Mason University Press, 2018).

Bertin, Jacques, *Semiology of Graphics: Diagrams, Networks, Maps*(Redlands, CA: ESRI Press, 2011).

Börner, Katy, *Atlas of Knowledge: Anyone Can Map*(Cambridge, MA: MIT Press, 2015).

Bostridge, Mark, *Florence Nightingale: The Woman and Her Legend*(London: Penguin Books, 2008).

Boyle, David, *The Tyranny of Numbers*(London: HarperCollins, 2001).

Cairo, Alberto, *The Truthful Art: Data, Charts, and Maps for Communication*(San Francisco: New Riders, 2016).

Caldwell, Sally, *Statistics Unplugged(4th ed.)*(Belmont, CA: Wadsworth Cengage Learning, 2013).

Card, Stuart K., Jock Mackinlay and Ben Shneiderman, *Readings in Information Visualization: Using Vision to Think*(San Francisco: Morgan Kaufmann, 1999).

Cleveland, William, *The Elements of Graphing Data(2nd ed.)*(Summit, NJ: Hobart Press, 1994).

Coyne, Jerry, *Why Evolution Is True*(New York: Oxford University Press, 2009).

Deutsch, David, *The Beginning of Infinity: Explanations That Transform the World*(New York: Viking, 2011).

Ellenberg, Jordan, *How Not to Be Wrong: The Power of Mathematical Thinking*(New York: Penguin Books, 2014).

Few, Stephen, *Show Me the Numbers: Designing Tables and Graphs to Enlighten(2nd ed.)*(El Dorado Hills, CA: Analytics Press, 2012).

Fung, Kaiser, *Numbersense: How to Use Big Data to Your Advantage*(New York: McGraw Hill, 2013).

Gigerenzer, Gerd, *Calculated Risks: How to Know When Numbers Deceive You*(New York: Simon and Schuster, 2002).

Goldacre, Ben, *Bad Science: Quacks, Hacks, and Big Pharma Flacks*(New York: Farrar, Straus and Giroux, 2010).

Haidt, Jonathan, *The Righteous Mind: Why Good People Are Divided by Politics and Religion*(New York: Vintage Books, 2012).

Huff, Darrell, *How to Lie with Statistics*(New York: W. W. Norton, 1993).

Kirk, Andy, *Data Visualisation: A Handbook for Data Driven Design*(Los Angeles: Sage, 2016).

MacEachren, Alan M., *How Maps Work: Representation, Visualization and Design*(New York: Guilford Press, 2004).

Malamed, Connie, *Visual Language for Designers: Principles for Creating Graphics That People Understand*(Beverly, MA: Rockport Publishers, 2011).

Mann, Michael E., *The Hockey Stick and the Climate Wars: Dispatches from the Front Lines*(New York: Columbia University Press, 2012).

Marcus, Gary, *Kluge: The Haphazard Evolution of the Human Mind*(Boston: Mariner Books, 2008).

Meirelles, Isabel, *Design for Information: An Introduction to the Histories, Theories and Best Practices behind E.ective Information Visualizations*(Beverly, MA: Rockport Publishers, 2013).

Mercier, Hugo and Dan Sperber, *The Enigma of Reason*(Cambridge, MA: Harvard University Press, 2017).

Monmonier, Mark, *How to Lie with Maps(2nd ed.)*(Chicago: University of Chicago Press, 2014).

______________, *Mapping It Out: Expository Cartography for the Humanities and Social Sciences*(Chicago: University of Chicago Press, 1993).

Muller, Jerry Z., *The Tyranny of Metrics*(Princeton, NJ: Princeton University Press, 2018).

Munzner, Tamara, *Visualization Analysis and Design*(Boca Raton, FL: CRC Press, 2015).

Nichols, Tom, *The Death of Expertise: The Campaign against Established Knowledge and Why It Matters*(New York: Oxford University Press, 2017).

Nussbaumer Knaflic, Cole, *Storytelling with Data: A Data Visualization Guide for Business Professionals*(Hoboken, NJ: John Wiley and Sons, 2015).

Pearl, Judea and Dana Mackenzie, *The Book of Why: The New Science of Cause and Effect*(New York: Basic Books, 2018).

Pinker, Steven, *Enlightenment Now: The Case for Reason, Science, Humanism, and Progress*(New York: Viking, 2018).

Prothero, Donald R., *Evolution: What the Fossils Say and Why It Matters*(New York: Columbia University Press, 2007).

Rosling, Hans, Anna Rosling Rönnlund and Ola Rosling, *Factfulness: Ten Reasons We're Wrong About the World: And Why Things Are Better Than You Think*(New York: Flatiron Books, 2018).

Silver, Nate, *The Signal and the Noise: Why So Many Predictions Fail—but Some Don't*(New York: Penguin Books, 2012).

Schum, David A., *The Evidential Foundations of Probabilistic Reasoning*(Evanston, IL: Northwestern University Press, 2001).

Shermer, Michael, *The Believing Brain: From Ghosts and Gods to Politics and Conspiracies: How We Construct Beliefs and Reinforce Them as Truths*(New York: Times Books / Henry Holt, 2011).

Sloman, Steven and Philip Fernbach, *The Knowledge Illusion: Why We Never Think Alone*(New York: Riverhead Books, 2017).

Small, Hugh, *A Brief History of Florence Nightingale: And Her Real Legacy, a Revolution in Public Health*(London: Constable, 2017).

______________, *Florence Nightingale: Avenging Angel*(London: Constable, 1998).

Tavris, Carol and Elliot Aronson, *Mistakes Were Made (but Not by Me): Why We Justify Foolish Beliefs, Bad Decisions, and Hurtful Acts*(Boston: Houghton Mifflin Harcourt, 2007).

Tukey, John W., *Exploratory Data Analysis*(Reading, MA: Addison-Wesley, 1977).

Wainer, Howard, *Visual Revelations: Graphical Tales of Fate and Deception From Napoleon Bonaparte to Ross Perot*(London, UK: Psychology Press, 2000).

Ware, Colin, *Information Visualization: Perception for Design(3rd ed.)*(Waltham, MA: Morgan Kaufmann, 2013).

Wheelan, Charles, *Naked Statistics: Stripping the Dread from the Data*(New

York: W. W. Norton, 2013).

Wilkinson, Leland, *The Grammar of Graphics(2nd ed.)*(New York: Springer, 2005).

Wong, Dona M., *The Wall Street Journal Guide to Information Graphics: The Dos and Don'ts of Presenting Data, Facts, and Figures*(New York: W. W. Norton, 2013).

더 읽을거리

20년 넘게 차트를 디자인하고 만드는 법을 가르쳐온 나는 그래프를 능숙하게 읽으려면 단순히 기호와 문법을 이해하는 데 그쳐서는 안 된다는 사실을 깨달았다. 우리는 차트가 보여주는 숫자의 위력과 한계를 분명히 알고, 무의식중에 두뇌가 자신를 속일 수 있다는 사실을 경계해야 한다. 숫자를 이해하는 능력인 산술력과 그래픽을 이해하는 능력인 도해력은 서로 얽혀 있으며, 이 둘은 (아직 적절한 명칭이 부여되지 않은) 심리를 이해하는 능력과도 떼려야 뗄 수 없는 관계다. 이 책을 읽고 산술력과 도해력 나아가 추론 능력의 한계에 관심이 생겼다면 참고로 더 읽을 만한 책들을 소개한다.

추론에 관한 책

- Carol Tavris and Elliot Aronson, *Mistakes Were Made (but Not by Me): Why We Justify Foolish Beliefs, Bad Decisions, and Hurtful Acts*(Boston: Houghton Mifflin Harcourt, 2007).

  캐럴 태브리스, 엘리엇 애런슨, 『거짓말의 진화』, 박웅희 옮김(추수밭, 2007).
- Hugo Mercier and Dan Sperber, *The Enigma of Reason*(Cambridge, MA: Harvard University Press, 2017).

  위고 메르시에, 당 스페르베르, 『이성의 진화』, 최호영 옮김(생각연구소, 2018).
- Jonathan Haidt, *The Righteous Mind: Why Good People Are Divided by Politics and Religion*(New York: Vintage Books, 2012).

  조너선 하이트, 『바른 마음』, 왕수민 옮김(웅진지식하우스, 2014).

산술력에 관한 책

- Ben Goldacre, *Bad Science: Quacks, Hacks and Big Pharma Flacks*(New York: Farrar, Straus and Giroux, 2010).

  벤 골드에이커, 『배드 사이언스』, 강미경 옮김(공존, 2011).
- Charles Wheelan, *Naked Statistics: Stripping the Dread from the Data*(New York: W. W. Norton, 2013).

  찰스 윌런, 『벌거벗은 통계학: 복잡한 세상을 꿰뚫는 수학적 통찰력』, 김명철 옮김(책읽는수요일, 2013).
- Jordan Ellenberg, *How Not to Be Wrong: The Power of Mathematical Thinking*(New York: Penguin Books, 2014).

  조던 엘렌버그, 『틀리지 않는 법: 수학적 사고의 힘』, 김명남 옮김(열린책들, 2016).
- Nate Silver, *The Signal and the Noise: Why So Many Predictions Fail—but Some Don't.*(New York: Penguin Books, 2012).

  네이트 실버, 『신호와 소음: 미래는 어떻게 당신 손에 잡히는가』, 이경식 옮김(더퀘스트, 2014).

차트에 관한 책

- Cole Nussbaumer Knaflic, *Storytelling with Data: A Data Visualization Guide for Business Professionals*(Hoboken, NJ: John Wiley and Sons, 2015).
- Howard Wainer, *Visual Revelations: Graphical Tales of Fate and Deception From Napoleon Bonaparte To Ross Perot*(London, UK: Psychology Press, 2000). 하워드 와이너는 수많은 관련 서적을 집필했는데, 그의 저서들은 차트가 우리를 어

떻게 오도할 수 있는지를 깊고 자세하게 다룬다.

- Isabel Meirelles, *Design for Information: An Introduction to the Histories, Theories and Best Practices behind Effective Information Visuali-zations*(Bev-erly, MA: Rockport Publishers, 2013).
- Mark Monmonier, *How to Lie with Maps(2nd ed.)*(Chicago: University of Chicago Press, 2014).
  마크 몬모니어, 『지도와 거짓말』, 손일 외 옮김(푸른길, 1998).
- Stephen Few, *Show Me the Numbers: Designing Tables and Graphs to En-lighten(2nd ed.)*(El Dorado Hills, CA: Analytics Press, 2012).

데이터 윤리학에 관한 책

- Cathy O'Neil, *Weapons of Math Destruction: How Big Data Increases In-equality and Threatens Democracy*(New York: Broadway Books, 2016).
  캐시 오닐, 『대량살상 수학무기: 어떻게 빅데이터는 불평등을 확산하고 민주주의를 위협하는가』, 김정혜 옮김(흐름출판, 2017).
- Meredith Broussard, *Artificial Unintelligence: How Computers Misun-der-stand the World*(Cambridge, MA: MIT Press, 2018).
  메러디스 브루서드, 『페미니즘 인공지능: 오해와 편견의 컴퓨터 역사 뒤집기』, 고현석 옮김(이음, 2019).
- Virginia Eubanks, *Automating Inequality: How High-Tech Tools Profile, Po-lice, and Punish the Poor*(New York: St. Martin's Press, 2017).
  버지니아 유뱅크스, 『자동화된 불평등: 첨단 기술은 어떻게 가난한 사람들을 분석하고 감시하고 처벌하는가』, 김영선 옮김(북트리거, 2018).

마지막으로, 이 책에서 소개한 차트들을 더 자세히 알고 싶으면 다음 웹사이트에 방문하길 바란다. www.howchartlies.com

숫자는 거짓말을 한다

초판 1쇄 발행 2020년 10월 13일
초판 7쇄 발행 2023년 9월 18일

지은이 알베르토 카이로 **옮긴이** 박슬라

발행인 이재진 **단행본사업본부장** 신동해 **편집장** 김경림
교정교열 강진홍 **표지 디자인** 김윤남 **본문 디자인** 데시그 호예원
마케팅 최혜진 이은미 **홍보** 반여진 허지호 정지연 송임선
국제업무 김은정 **제작** 정석훈

브랜드 웅진지식하우스
주소 경기도 파주시 회동길 20
문의전화 031-956-7213(편집) 02-3670-1123(마케팅)
홈페이지 www.wjbooks.co.kr
인스타그램 www.instagram.com/woongjin_readers
페이스북 www.facebook.com/woongjinreaders
블로그 blog.naver.com/wj_booking

발행처 ㈜웅진씽크빅
출판신고 1980년 3월 29일 제406-2007-000046호

ISBN 978-89-01-24559-1

웅진지식하우스는 ㈜웅진씽크빅 단행본사업본부의 브랜드입니다.